大学入試

▼

10日 あればいい！

短期集中ゼミ

数学B+C

福島國光

●本書の特色

▶大学入試には，一度は解いておかないと手のつけようがない問題が
よく出題されます。このようなタイプの問題 96 題を選びました。

▶各例題の後には，明快な『アドバイス』と，入試に役立つテクニック
『これで解決』を掲げました。

※問題文に付記された大学名は、過去に同様の問題が入学試験に出題されたことを
参考までに示したものです。

ベクトル

1 等差数列

(1) 第 5 項が 22，第 10 項が 47 である等差数列 $\{a_n\}$ の一般項を求め
よ。また，初項から第 15 項までの和を求めよ。 〈九州産大〉

(2) 初項から第 6 項までの和が 72，初項から第 12 項までの和が 360
である等差数列 $\{a_n\}$ の初項から第 20 項までの和を求めよ。〈大阪産大〉

解 初項を a，公差を d とする。

> 等差数列の一般項
> 初項 a，公差 d
> $a_n = a + (n-1)d$

(1) $a_5 = a + 4d = 22$ ……①

$a_{10} = a + 9d = 47$ ……②

①，②を解いて，$a = 2$，$d = 5$

よって，$a_n = 2 + (n-1) \cdot 5 = \mathbf{5n-3}$

$S_{15} = \dfrac{1}{2} \cdot 15\{2 \cdot 2 + (15-1) \cdot 5\} = \mathbf{555}$ ←$S_n = \dfrac{1}{2}n\{2a + (n-1)d\}$ に代入

別解 $a_{15} = 2 + 14 \cdot 5 = 72$ より $S_{15} = \dfrac{1}{2} \cdot 15(2+72) = \mathbf{555}$ ←$S_n = \dfrac{1}{2}n(a+l)$ に代入

(2) $S_6 = \dfrac{1}{2} \cdot 6\{2a + (6-1)d\} = 72$ より

$2a + 5d = 24$ ……①

$S_{12} = \dfrac{1}{2} \cdot 12 \cdot \{2a + (12-1)d\} = 360$ より

$2a + 11d = 60$ ……②

> 等差数列の和
> $S_n = \dfrac{1}{2}n\{2a + (n-1)d\}$
> $= \dfrac{1}{2}n(a+l)$ (l は末項)

①，②を解いて $a = -3$，$d = 6$

よって，$S_{20} = \dfrac{1}{2} \cdot 20 \cdot \{2 \cdot (-3) + (20-1) \cdot 6\} = \mathbf{1080}$

アドバイス ••

• 等差数列は初項 a，公差 d，第 n 項（または項数）の 3 つの要素から成り立っている。問題中の条件を一般項や和の公式を使って式化すると，多くは連立方程式や不等式が出てくるからそれを解くことになる。

これで 解決！

等差数列 ➡

一般項	和
$a_n = a + (n-1)d$	$S_n = \dfrac{1}{2}n\{2a + (n-1)d\}$

■練習1 (1) 第 20 項が -1，第 50 項が 5 である等差数列の第 n 項は $a_n = \boxed{}$ である。
また，$a_n > 2$ となる最小の n は $\boxed{}$ である。 〈法政大〉

(2) 初項から 5 項までの和が 20，第 6 項から第 10 項までの和が 30 である等差数列の一般項を求めよ。 〈駒澤大〉

(3) 等差数列 $\{a_n\}$ が次の(i), (ii)を満たすとき，初項と公差（自然数）を求めよ。

(i) $a_4 + a_6 + a_8 = 84$ (ii) $a_n > 50$ となる最小の n は 11 である。
〈愛知大〉

2　等比数列

(1)　第 4 項が 24，第 7 項が 192 である等比数列の初項と公比，第 n 項
　　までの和を求めよ。　　　　　　　　　　　　　　　　　〈近畿大〉
(2)　はじめの 3 項の和が 3，次の 3 項の和が -24 である等比数列の
　　初項と公比を求めよ。　　　　　　　　　　　　　　　　〈愛知工大〉

解　初項を a，公比を r とする。

(1)　$ar^3 = 24$ ……① ，　$ar^6 = 192$ ……②

　　②÷①より　$\dfrac{ar^{\cancel{6}3}}{ar^{\cancel{3}}} = \dfrac{\cancel{192}^8}{\cancel{24}}$，　$r^3 = 8$

　　よって，$r = 2$　　①に代入して　$a = 3$

　　$S_n = \dfrac{3(2^n - 1)}{2 - 1} = 3 \cdot 2^n - 3$

(2)　$a + ar + ar^2 = 3$　　　　　……①

　　$ar^3 + ar^4 + ar^5 = -24$ ……②

　　②÷①より　$\dfrac{r^3(a + ar + ar^2)}{a + ar + ar^2} = \dfrac{-24}{3}$，　$r^3 = -8$

　　よって，$r = -2$　　①に代入して　$a = 1$

別解　$\dfrac{a(r^3 - 1)}{r - 1} = 3$ ……①，　$\dfrac{a(r^6 - 1)}{r - 1} = -24 + 3 = -21$ ……②

　　②÷①より　$\dfrac{a(r^6 - 1)}{r - 1} \times \dfrac{r - 1}{a(r^3 - 1)} = \dfrac{(r^3 + 1)(r^3 - 1)}{r^3 - 1} = -7$

　　$r^3 = -8$　よって，$r = -2$

> **等比数列の一般項**
> 初項 a，公比 r
> $a_n = ar^{n-1}$

←②÷①のように左辺どうし，
右辺どうしで辺々割る計算は
等比数列ではよく使う。

> **等比数列の和**
> $r \neq 1$ のとき
> $S_n = \dfrac{a(r^n - 1)}{r - 1}$
> $r = 1$ のとき
> $S_n = na$

アドバイス ···

- 等比数列は初項 a，公比 r，第 n 項（または項数）の 3 つの要素から成り立っている。
- 計算の中に累乗が出てくることが多いので，次の指数法則は知っておきたい。

$$a^m \times a^n = a^{m+n}, \quad a^m \div a^n = a^{m-n}, \quad (a^m)^n = a^{mn}, \quad a^{-n} = \dfrac{1}{a^n}$$

	一般項	和
等比数列 ➡	$a_n = ar^{n-1}$	$S_n = \dfrac{a(r^n - 1)}{r - 1} = \dfrac{a(1 - r^n)}{1 - r}$　$(r \neq 1)$

練習2　(1)　第 3 項が 36，第 5 項が 324 である等比数列がある。この数列の初項と公比を
　　　　求めよ。また，初項から第 5 項までの和を求めよ。　　　　　　　　　〈福井工大〉
　　　　(2)　公比が正の数である等比数列について，はじめの 3 項の和が 21 であり，次の 6
　　　　項の和が 1512 であるという。この数列の初項を求めよ。また，はじめの 5 項の和
　　　　を求めよ。　　　　　　　　　　　　　　　　　　　　　　　　　　　〈成蹊大〉

8

3 等差数列の和の最大値

> 初項 50，公差 −3 の等差数列の初項から第 n 項までの和の最大値は ☐ である。　　　　　　　　　　〈工学院大〉

解　$a_n=50+(n-1)(-3)=-3n+53$

$a_n\geqq0$ となるのは $-3n+53\geqq0$ から　$n\leqq17.6\cdots\cdots$　　←0 以上の項が第何項目までか調べる。

よって，第 17 項までは正であるから，最大値は

$$S_{17}=\frac{1}{2}\cdot17\{2\cdot50+(17-1)\cdot(-3)\}=442$$

←初項から第 17 項までの和が最大

アドバイス

• 等差数列の和の最大値を求めるには，負になる前までの項を加えればよいから $a_n\geqq0$ を満たす最大の n をみつければよい。

これで解決！

等差数列の和の最大値　➡　$a_n\geqq0$ となる最大の n をさがせ！

練習3　第 10 項が 39，第 30 項が −41 である等差数列 $\{a_n\}$ の一般項は $a_n=$ ☐ で，初項から第 n 項までの和を S_n とすると，S_n の最大値は ☐ である。　〈福岡大〉

4 a，b，c が等差・等比数列をなすとき

> 3 つの数 2，a，b はこの順に等差数列をなし，3 つの数 a，b，9 はこの順に等比数列をなすとき，a，b を求めよ。　〈摂南大〉

解　2，a，b が等差数列より　$2a=2+b$……①

a，b，9 が等比数列より　$b^2=9a$……②

①，②を解いて，

$$a=\frac{1}{4},\ b=-\frac{3}{2}\quad または\quad a=4,\ b=6$$

←$b=2a-2$ を②に代入
$(2a-2)^2=9a$
$(4a-1)(a-4)=0$
$a=\frac{1}{4},\ 4$

アドバイス

• a，b，c がこの順で等差数列をなすとき，公差 $b-a=c-b$ だから $2b=a+c$

また，等比数列をなすとき，公比 $\frac{b}{a}=\frac{c}{b}$ から $b^2=ac$ の関係が導ける。

これで解決！

a，b，c がこの順に　➡　等差数列をなす ……▶ $2b=a+c$／等比数列をなす ……▶ $b^2=ac$　を使う

練習4　相異なる 3 つの実数 a，b，c が a，b，c の順に等比数列，c，a，b の順に等差数列となっていて，a，b，c の和が 6 である。a，b，c を求めよ。　〈埼玉大〉

5 　等差・等比数列をなす3数のおき方

(1) 　等差数列をなす3つの数があって，その和は27，積は693である。この3つの数を求めよ。　〈日本大〉

(2) 　等比数列をなす3つの数があって，その和は13，積は27である。この3つの数を求めよ。　〈工学院大〉

解

(1) 　等差数列をなす3数を $a-d$, a, $a+d$ とおくと

$(a-d)+a+(a+d)=27$ ……①

$(a-d)\cdot a\cdot(a+d)=693$ ……②

①より　$3a=27$　よって，$a=9$

②に代入して，$(9-d)\cdot 9\cdot(9+d)=693$

整理すると，$d^2=4$　より　$d=\pm2$

よって，どちらの場合も3数は　**7, 9, 11**

←$a-d$, a, $a+d$ とおくと，加えたとき d が消える。

(2) 　等比数列をなす3数を a, ar, ar^2 とおくと

$a+ar+ar^2=13$ ……①，　$a\cdot ar\cdot ar^2=27$ ……②

②より　$(ar)^3=27=3^3$　よって，$ar=3$

$a=\dfrac{3}{r}$ として，①に代入して　$\dfrac{3}{r}(1+r+r^2)=13$

$3r^2-10r+3=0$, $(3r-1)(r-3)=0$

$r=\dfrac{1}{3}$ のとき　$a=9$，　$r=3$ のとき　$a=1$

よって，どちらの場合も3数は　**1, 3, 9**

←①，②の連立方程式は，$ar=3$ を①に代入して，$a+3+3r=13$
$\begin{cases} a+3r=10 \\ ar=3 \end{cases}$
を解いてもよい。

アドバイス

- 等差数列，等比数列をなす3つの数を a, b, c とおくこともある。ただし，この場合，等差数列なら $2b=a+c$，等比数列なら $b^2=ac$ と連立させることになる。
- a, b, c を使うより，次のように2つの文字で表すほうが simple で計算も楽だ。

これで解決！

等差数列をなす
等比数列をなす
｝3数のおき方 ➡ $a-d$, a, $a+d$ （等差）
a, ar, ar^2 （等比）

注意 等差数列をなす3数のおき方は，a, $a+d$, $a+2d$ とおくこともある。

練習5 (1) 等差数列をなす3つの数があり，それらの和が27で，積が704である。この3つの数を求めよ。　〈徳島文理大〉

(2) 三角形の3辺の長さが小さい順に等比数列をなすとき，公比 r の満たすべき条件を求めよ。　〈東京農大〉

6 p で割って r_1 余り，q で割って r_2 余る数列

> 1000 以下の自然数のうちで 4 で割っても，6 で割っても 1 余るものはいくつあるか。　　　　　　　　　　　　　　〈北見工大〉

解　4 で割って 1 余る数は　1，5，9，13，17，21，25，……
6 で割って 1 余る数は　1，7，13，19，25，31，……
問題の数列は，初項が 1，公差は 4 と 6 の最小公倍数 12 であるから
$$a_n=1+(n-1)\cdot 12=12n-11, \qquad 1\leqq 12n-11\leqq 1000$$
$$1\leqq n\leqq 84.2\cdots\cdots \quad から \quad n=84 \text{（個）}$$

アドバイス
- p で割って r_1 余り，q で割って r_2 余る数でつくられる数列の公差は，p と q の最小公倍数になっている。初項は少し並べてかけばわかるだろう。

これで 解決！
$\left.\begin{array}{l}p \text{ で割って } r_1 \\ q \text{ で割って } r_2\end{array}\right\}$ 余る数列 ➡ 等差数列で，公差は p と q の最小公倍数

練習6　1 から 200 までの自然数のうち，4 で割ると 3 余り，5 で割ると 4 余る数の和 S を求めよ。　　　　　　　　　　　　　　〈北海学園大〉

7 S_n-rS_n で和を求める

> $S_n=1+2\cdot 2+3\cdot 2^2+\cdots\cdots+n\cdot 2^{n-1}=\boxed{}$ である。　　〈青山学院大〉

解
$$\begin{array}{rl}
S_n= & 1+2\cdot 2+3\cdot 2^2+\cdots\cdots \qquad\quad +n\cdot 2^{n-1} \\
-)\ 2S_n= & \quad\ \ 2+2\cdot 2^2+3\cdot 2^3\ +\cdots\cdots+(n-1)\cdot 2^{n-1}+n\cdot 2^n \\
\hline
(1-2)S_n= & \underline{1+2\ \ +2^2\ \ +2^3\quad +\cdots\cdots+2^{n-1}}\ -n\cdot 2^n
\end{array}$$
←S_n-rS_n をつくった。
初項 1，公比 2，項数 n の等比数列の和
$$-S_n=\frac{1\cdot(1-2^n)}{1-2}-n\cdot 2^n \qquad よって，S_n=(n-1)\cdot 2^n+1$$

アドバイス
$a_n=n\cdot r^{n-1}$　$\left.\begin{array}{l}\text{等比数列}\\ \text{等差数列}\end{array}\right.$ の形の数列の和は S_n-rS_n をつくって求める。　公比
この計算では各項の指数をそろえて引く。特に，最後の項の計算に注意する。

これで 解決！
一般項 $a_n=$（等差）・（等比）の和 ➡ S_n-rS_n をつくれ！

練習7　$x\neq 1$ のとき，$S_n=1+2x+3x^2+\cdots\cdots+nx^{n-1}=\boxed{}$ である。　〈関西学院大〉

8　Σ の計算

次の数列の和を求めよ。

(1)　$1^2+3^2+5^2+7^2+\cdots\cdots+(2n-1)^2$　　　〈日本医大〉

(2)　$2\cdot(2n-1)+4\cdot(2n-3)+6\cdot(2n-5)+\cdots\cdots+2n\cdot1$　　　〈東海大〉

解

(1)　第 k 項は $a_k=(2k-1)^2$

$S_n=\displaystyle\sum_{k=1}^{n}(2k-1)^2=4\sum_{k=1}^{n}k^2-4\sum_{k=1}^{n}k+\sum_{k=1}^{n}1$

←$\displaystyle\sum_{k=1}^{n}a_k$ の計算では
第 k 項にして表す。

$=4\cdot\dfrac{1}{6}n(n+1)(2n+1)-4\cdot\dfrac{1}{2}n(n+1)+n$

$=\dfrac{1}{3}n\{2(n+1)(2n+1)-6(n+1)+3\}$

←共通因数 n でくくる。
同時に $\dfrac{1}{3}$ も前に出す。

$=\dfrac{1}{3}n(4n^2-1)=\dfrac{1}{3}\boldsymbol{n(2n+1)(2n-1)}$

(2)　第 k 項は $a_k=2k\cdot\{2n-(2k-1)\}$

←マイナスは 1, 3, 5, …, $(2k-1)$

$S_n=\displaystyle\sum_{k=1}^{n}\{-4k^2+(4n+2)k\}$

$=-4\displaystyle\sum_{k=1}^{n}k^2+(4n+2)\sum_{k=1}^{n}k$

←k 以外は Σ の外に出す。

$=-4\cdot\dfrac{1}{6}n(n+1)(2n+1)+(4n+2)\cdot\dfrac{1}{2}n(n+1)$

$=-\dfrac{1}{3}n(n+1)\{2(2n+1)-3(2n+1)\}$

←共通因数 $n(n+1)$ でくくる。
同時に $-\dfrac{1}{3}$ も前に出す。

$=\dfrac{1}{3}\boldsymbol{n(n+1)(2n+1)}$

アドバイス ・・・

・Σ の計算では，一般項を k を使って，第 k 項 $a_k=(k\text{の式})$ と表す。

・(2)のように一般項に n を含んでいる場合もある。この場合，n は Σ の影響を受けないからただの定数として $\displaystyle\sum_{k=1}^{n}nk=n\sum_{k=1}^{n}k$ のように Σ の外に出す。

これで 解決 !

$1+2+3+\cdots+n$	$1^2+2^2+3^2+\cdots+n^2$	$1^3+2^3+3^3+\cdots+n^3$
$\displaystyle\sum_{k=1}^{n}k=\dfrac{1}{2}n(n+1)$	$\displaystyle\sum_{k=1}^{n}k^2=\dfrac{1}{6}n(n+1)(2n+1)$	$\displaystyle\sum_{k=1}^{n}k^3=\left\{\dfrac{1}{2}n(n+1)\right\}^2$

上の公式に当てはまらないときは，$k=1$, 2, 3, …と代入して，どんな数列の和なのかを確かめることが大切だ！

練習8　次の数列の和を求めよ。

(1)　$1\cdot1^2+2\cdot3^2+3\cdot5^2+\cdots\cdots+n\cdot(2n-1)^2$　　　〈獨協大〉

(2)　$1^2\cdot n+2^2\cdot(n-1)+3^2\cdot(n-2)+\cdots\cdots+n^2\cdot1$　　　〈東北学院大〉

9 分数で表された数列の和

次の計算をせよ。

(1) $\displaystyle\sum_{k=1}^{n}\frac{1}{k^2+2k}$ 〈明治大〉 (2) $\displaystyle\sum_{k=1}^{500}\frac{1}{\sqrt{k}+\sqrt{k-1}}$ 〈大阪薬大〉

解

(1) $\dfrac{1}{k^2+2k}=\dfrac{1}{k(k+2)}=\dfrac{1}{2}\left(\dfrac{1}{k}-\dfrac{1}{k+2}\right)$ と変形 ←$\square\left(\dfrac{1}{k}-\dfrac{1}{k+2}\right)$

これを計算して分子が1になるように□で合わせる。

$\displaystyle\sum_{k=1}^{n}\frac{1}{k^2+2k}=\frac{1}{2}\sum_{k=1}^{n}\left(\frac{1}{k}-\frac{1}{k+2}\right)$

$=\dfrac{1}{2}\left\{\left(1-\dfrac{1}{3}\right)+\left(\dfrac{1}{2}-\dfrac{1}{4}\right)+\left(\dfrac{1}{3}-\dfrac{1}{5}\right)+\cdots+\left(\dfrac{1}{n-1}-\dfrac{1}{n+1}\right)+\left(\dfrac{1}{n}-\dfrac{1}{n+2}\right)\right\}$

前が2項残れば後も2項残る。

$=\dfrac{1}{2}\left(1+\dfrac{1}{2}-\dfrac{1}{n+1}-\dfrac{1}{n+2}\right)=\dfrac{n(3n+5)}{4(n+1)(n+2)}$

(2) $\dfrac{1}{\sqrt{k}+\sqrt{k-1}}=\dfrac{\sqrt{k}-\sqrt{k-1}}{(\sqrt{k}+\sqrt{k-1})(\sqrt{k}-\sqrt{k-1})}$

$=\sqrt{k}-\sqrt{k-1}$ ←分母の $\sqrt{}$ は有理化してみる。

$\displaystyle\sum_{k=1}^{500}\frac{1}{\sqrt{k}+\sqrt{k-1}}=\sum_{k=1}^{500}(\sqrt{k}-\sqrt{k-1})$

$=(\sqrt{1}-\sqrt{0})+(\sqrt{2}-\sqrt{1})+(\sqrt{3}-\sqrt{2})+\cdots+(\sqrt{500}-\sqrt{499})$

前が1項残れば後も1項残る。

$=\sqrt{500}=10\sqrt{5}$

アドバイス ・・・

▶分数の数列の和の求め方◀

• 部分分数に分けると前後の項が相殺され，はじめの項と後の項が同じ数だけ残る。

• 分母に $\sqrt{}$ がある場合は，とりあえず有理化してみる。

• 数列では，前後が消えるように，分子は必ず1にすると覚えておく。

• 代表的な部分分数（右辺を計算すると左辺になる。）

$$\frac{1}{n(n+1)}=\frac{1}{n}-\frac{1}{n+1}, \quad \frac{1}{n(n+1)(n+2)}=\frac{1}{2}\left\{\frac{1}{n(n+1)}-\frac{1}{(n+1)(n+2)}\right\}$$

これで 解決！

分数の数列の和 ➡ 部分分数に変形して，規則的に消える！消える！

$$\left(\frac{1}{a_1}-\frac{1}{a_2}\right)+\left(\frac{1}{a_2}-\frac{1}{a_3}\right)+\cdots+\left(\frac{1}{a_{n-1}}-\frac{1}{a_n}\right)$$

練習9 次の計算をせよ。

(1) $\displaystyle\sum_{k=1}^{n}\frac{1}{(2k-1)(2k+1)}$ 〈星薬大〉 (2) $\displaystyle\sum_{k=1}^{48}\frac{1}{\sqrt{k+2}+\sqrt{k}}$ 〈日本大〉

10 特定の項を取り出してできる数列

(1) 等差数列 $a_n=4n-1$ に対して，数列 $\{b_n\}$ を $b_n=a_{3n-1}$ で定める。$\{b_n\}$ の一般項と初項から第 n 項までの和 S_n を求めよ。

(2) 等比数列 $\{a_n\}$ の初項が 3，公比が 2 であるとき，次の和を求めよ。
$$S_n=(a_2-a_1)+(a_4-a_3)+\cdots\cdots+(a_{2n}-a_{2n-1})$$ 〈類 東北学院大〉

解

(1) $\{b_n\}$ の一般項は

$b_n=a_{3n-1}=4(3n-1)-1$ ←$a_n=4n-1$ の n に $3n-1$ を代入したもの。
$\qquad =12n-5$

$S_n=\displaystyle\sum_{k=1}^{n}b_k=\sum_{k=1}^{n}(12k-5)$ ←$a=7$, $d=12$, 項数 n の等差数列の和

$\qquad =12\cdot\dfrac{1}{2}n(n+1)-5n$ $S_n=\dfrac{1}{2}n\{2\cdot7+(n-1)\cdot12\}$
$\qquad\qquad\qquad\qquad\qquad\qquad\qquad =6n^2+n$
$\qquad =6n^2+n$ でも求まる。

(2) $a_n=3\cdot2^{n-1}$ だから

$a_{2n}=3\cdot2^{2n-1}=3\cdot2\cdot2^{2n-2}$ ←等比数列の一般項 ar^{n-1}
$\qquad =6\cdot2^{2(n-1)}=6\cdot4^{n-1}$ の形をつくるための変形は重要。

$a_{2n-1}=3\cdot2^{(2n-1)-1}=3\cdot2^{2(n-1)}=3\cdot4^{n-1}$

$$\boxed{\begin{array}{c}\text{等比数列の和}\\[2pt]\displaystyle\sum_{k=1}^{n}ar^{k-1}=\dfrac{a(1-r^n)}{1-r}\end{array}}$$

$S_n=\displaystyle\sum_{k=1}^{n}(a_{2k}-a_{2k-1})=\sum_{k=1}^{n}(6\cdot4^{k-1}-3\cdot4^{k-1})$

$\qquad =\displaystyle\sum_{k=1}^{n}3\cdot4^{k-1}=\dfrac{3(4^n-1)}{4-1}=\boldsymbol{4^n-1}$ ←$(6-3)\cdot4^{k-1}=3\cdot4^{k-1}$

アドバイス ••

- 数列では，並んでいる数列の偶数番目や奇数番目あるいは，(1)のように3つおきに，特定の項を取り出してできる数列を問題にすることがよくある。
- その場合，取り出した項の一般項は，n を取り出す項の順番を表す式に置きかえればよいことを知っておこう。例えば

$$\text{数列 } a_n=f(n) \text{ の}\begin{cases}\text{偶数番目の数列は } n \longrightarrow 2n\\\text{奇数番目の数列は } n \longrightarrow 2n-1\end{cases}\text{に置きかえれば OK}$$

練習10 数列 $\{a_n\}$ を初項が 1 で公比が $\dfrac{1}{3}$ の等比数列とする。$\{a_n\}$ の偶数番目の項を取り出して，数列 $\{b_n\}$ を $b_n=a_{2n}$ で定める。

(1) $\{b_n\}$ の一般項と $\displaystyle\sum_{k=1}^{n}b_k$ を求めよ。

(2) b_1 から b_n までの積 $b_1b_2\cdots\cdots b_n$ を求めよ。 〈類 センター試験〉

11 a_n と S_n の関係

(1) 初項から第 n 項までの和が $S_n = n(2n+3)$ で与えられるとき，数列 $\{a_n\}$ の一般項を求めよ。〈東京都市大〉

(2) 数列 $\{a_n\}$ が $2a_n = S_n + 3$ を満たすとき，a_n を求めよ。〈福岡工大〉

解

(1) $a_1 = S_1 = 1 \cdot (2 \cdot 1 + 3) = 5$

$a_n = S_n - S_{n-1} \ (n \geqq 2)$ より

$\qquad = 2n^2 + 3n - \{2(n-1)^2 + 3(n-1)\}$

$\qquad = 4n + 1 \cdots\cdots ①$

　←S_{n-1} は $n=1$ のとき S_0 となって使えないので，$n \geqq 2$ のときを考える。

①に $n=1$ を代入すると $4 \cdot 1 + 1 = 5$

これは $a_1 = 5$ を満たす。よって，$\boldsymbol{a_n = 4n+1}$

　←①は $n \geqq 2$ のときの式なので，$n=1$ のときにも成り立つか調べる。

(2) $2a_n = S_n + 3 \cdots\cdots ①$

$2a_{n+1} = S_{n+1} + 3 \cdots\cdots ②$　として

②−①より

$\qquad 2a_{n+1} - 2a_n = S_{n+1} - S_n = a_{n+1}$

　←n を $n+1$ に置きかえて1つ前の関係式をかき②−①で $S_{n+1} - S_n$ をつくる。

よって，$a_{n+1} = 2a_n$

　←これは公比 2 の等比数列を表す。

初項 a_1 は①に $n=1$ を代入して

$\qquad 2a_1 = S_1 + 3 = a_1 + 3$　より　$a_1 = 3$

　←$S_1 = a_1$ である。

よって，$\boldsymbol{a_n = 3 \cdot 2^{n-1}}$

アドバイス

▼a_n と S_n の関係◢

• S_n と $S_{n-1} \ (n \geqq 2)$ の式を縦に並べて引くと

$$S_n = a_1 + a_2 + a_3 + \cdots\cdots + a_{n-1} + a_n \quad \longleftarrow \ (\text{これは } S_n = \sum_{k=1}^{n} a_k \text{ とも表せる。})$$
$$\underline{) \ S_{n-1} = a_1 + a_2 + a_3 + \cdots\cdots + a_{n-1}}$$
$$S_n - S_{n-1} = a_n \ (a_n \text{ だけが残る。})$$

• (1)のように $S_n = f(n)$ の形や，(2)のように a_n と S_n の関係式が出てきたらまず $S_n - S_{n-1}$ をつくって a_n に置きかえることを考える。

• また，初項 a_1 がどこにもかいてないときは，$n=1$ を代入して S_1 を a_1 にして a_1 を求めることを忘れずに。なお，$\boxed{a_{n+1} = S_{n+1} - S_n}$ のときもある。

a_n と $S_n \ (=\sum\limits_{k=1}^{n} a_k)$ を結ぶ式 $\implies$ $a_n = S_n - S_{n-1} \ (n \geqq 2)$　これしかない

■**練習11** (1) 数列 $\{a_n\}$ の初項から第 n 項までの和が $S_n = 2^n - n$ であるとき，a_n を n の式で表せ。〈杏林大〉

(2) 数列 $\{a_n\}$ について $\sum\limits_{k=1}^{n} a_k = \dfrac{1}{2}(1 - a_n)$ であるとき，a_n を n の式で表せ。

〈成蹊大〉

12 群数列

正の偶数を次のように組み分けるとき

$$2 \mid 4, \ 6 \mid 8, \ 10, \ 12 \mid 14, \ 16, \ 18, \ 20 \mid 22, \ 24, \ \cdots\cdots$$

(1) 第 n 群の初項を求めよ。

(2) 第 n 群に含まれる数の総和を求めよ。　　　　　　　　〈釧路公立大〉

解 (1) 第 n 群の中にある項の数は n 個だから

第 $(n-1)$ 群までの項の総数は

$$1+2+3+\cdots\cdots+(n-1)=\frac{1}{2}n(n-1) \quad \leftarrow 1+2+3+\cdots\cdots+n=\frac{1}{2}n(n+1)$$

群をとり払った数列の一般項を a_N とすると　　の公式で，$n \rightarrow n-1$
として代入する。
$$a_N = 2N \ \cdots\cdots①$$

第 n 群の初項は①で $\dfrac{1}{2}n(n-1)+1$ 番目だから　　$\leftarrow N = \boxed{\dfrac{1}{2}n(n-1)+1}$ を代入
$$a_N = 2N$$
$$2\left\{\frac{1}{2}n(n-1)+1\right\} = n^2-n+2$$

(2) 第 n 群の数列は初項 n^2-n+2，公差 2，
項数 n の等差数列の和だから
$$\leftarrow S_n = \frac{1}{2}n\{2a+(n-1)d\}$$
（項数／初項／公差）

$$\frac{1}{2}n\{2(n^2-n+2)+(n-1)\cdot2\} = n^3+n$$

アドバイス

• 群数列を考えるには，まず，第 $(n-1)$ 群，または第 n 群の終わりまでの項の総数を知る必要がある。それには，各群に含まれる項の数を数列として並べてみる。

| 第1群 | 第2群 | 第3群 | …… | 第 $(n-1)$ 群 | 第 n 群 |

$$|\,2\,| \quad |\,4, \ 6\,| \quad |\,8, \ 10, \ 12\,| \quad \cdots\cdots \quad |\,\bigcirc,\bigcirc,\cdots\cdots,\bigcirc\,| \quad |\,\bullet,\bigcirc,\bigcirc,\cdots\cdots,\bigcirc\,|$$

1個 ＋ 2個 ＋ 3個 ＋……＋ $n-1$ 個 → $\dfrac{n(n-1)}{2}+1$ 番目 $\quad n$ 個

これで 解決 !

群数列の
基本的考え　⇒　$(1群), (2群), (3群), \cdots\cdots, (n-1群), (n群)$
・第 $(n-1)$ 群までの項の総数を求める
・群をとり払った数列の一般項 a_N を求める

練習12 奇数の数列 $1, \ 3, \ 5, \ \cdots\cdots$ を，第 n 群が n 個の奇数を含むように分ける。

$$\{1\}, \{3, \ 5\}, \{7, \ 9, \ 11\}, \{13, \ 15, \ 17, \ 19\}, \ \cdots\cdots$$

(1) 第10群の最初の数は $\boxed{}$ である。

(2) 第8群の数の和は $\boxed{}$ である。

(3) 999 は第 $\boxed{}$ 群の第 $\boxed{}$ 番目の数である。　　　　〈青山学院大〉

13 階差数列

数列 $1,\ 3,\ 7,\ 15,\ 31,\ 63,\ \cdots\cdots$ の一般項を求めよ。　　　　〈弘前大〉

解

$$1,\ 3,\ 7,\ 15,\ 31,\ 63,\ \cdots\cdots\{a_n\}$$
$$\quad 2\ \ 4\ \ 8\ \ 16\ \ 32\quad \cdots\cdots\{b_n\}$$

数列 $\{a_n\}$ の階差数列 $\{b_n\}$ は

初項 2，公比 2 の等比数列だから

$$b_n=2\cdot 2^{n-1}=2^n$$

よって，$n\geqq 2$ のとき

$$a_n=a_1+\sum_{k=1}^{n-1}b_k=1+\sum_{k=1}^{n-1}2^k$$
$$=1+\frac{2(2^{n-1}-1)}{2-1}=2^n-1$$

$n=1$ のとき，$a_1=2^1-1=1$ で成り立つ。

したがって，$\boldsymbol{a_n=2^n-1}$

← 等差でも等比でもないから，階差をとってみる。

← 階差をとってつくられる数列を階差数列という。

← $\displaystyle\sum_{k=1}^{n-1}2^k$ は初項 2，公比 2
　項数 $n-1$ の等比数列の和

← $n=1$ のときも調べる。

アドバイス ••

▶階差数列の構造と一般項◀

• この数列の構造は，$a_2-a_1=b_1,\ a_3-a_2=b_2,\ \cdots\cdots$ とすると

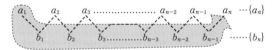

となっている。

• a_n を求めるためには，a_1 に数列 $\{b_n\}$ の項を $(n-1)$ 個 （n 個でない）加えればよいから次の式で表せる。

$$a_n=a_1+(\underbrace{b_1+b_2+b_3+\cdots\cdots+b_{n-1}}_{\sum\text{で表すと}})=a_1+\sum_{k=1}^{n-1}b_k$$

• 一般に，階差数列は $a_{n+1}-a_n=f(n)$ （⑭参照）の型の漸化式で表される。
　なお，この数列は $a_1=1,\ a_{n+1}-a_n=2^n$ として表せる。

階差数列の一般項 ➡ $a_n=a_1+\displaystyle\sum_{k=1}^{n-1}b_k\ (n\geqq 2)$

練習 13 次の数列 $\{a_n\}$ の一般項を求めよ。

(1) $4,\ 11,\ 24,\ 43,\ 68,\ \cdots\cdots$ 　　　　〈秋田大〉

(2) $\dfrac{1}{3},\ \dfrac{1}{10},\ \dfrac{1}{19},\ \dfrac{1}{30},\ \dfrac{1}{43},\ \cdots\cdots$ 　　　〈静岡文化芸術大〉

14　階差数列の漸化式 $a_{n+1}-a_n=f(n)$ 型

次の漸化式で定義される数列 $\{a_n\}$ の一般項を求めよ。

(1)　$a_1=1$,　$a_{n+1}=a_n+2n-1$　　　　　　　　　　　〈広島工大〉

(2)　$a_1=1$,　$a_{n+1}=\dfrac{a_n}{3a_n+1}$　　　　　　　　　　〈同志社大〉

解　(1)　$a_{n+1}-a_n=2n-1$　だから　　　　　←$a_{n+1}-a_n$ を階差という。

$n\geqq2$ のとき

$$a_n=a_1+\sum_{k=1}^{n-1}(2k-1)=1+2\sum_{k=1}^{n-1}k-\sum_{k=1}^{n-1}1$$

$$=1+n(n-1)-(n-1)=\boldsymbol{n^2-2n+2}\quad(n=1\text{ でも成り立つ。})$$

(2)　両辺の逆数をとる。　　　　　　　　　　←分数で表された漸化式
　　　　　　　　　　　　　　　　　　　　　　は逆数にして考えてみる。

$$\frac{1}{a_{n+1}}=\frac{3a_n+1}{a_n}=\frac{1}{a_n}+3$$

$b_n=\dfrac{1}{a_n}$ とおくと $b_{n+1}-b_n=3$,　$b_1=\dfrac{1}{a_1}=1$　　←$b_{n+1}=b_n+3$ より

$n\geqq2$ のとき　　　　　　　　　　　　　　　　　　　$b_{n+1}-b_n=3$ となる。

$$b_n=b_1+\sum_{k=1}^{n-1}3=1+3(n-1)=3n-2$$　←初項 1，公差 3 の等差数列

よって，$a_n=\dfrac{1}{b_n}=\dfrac{1}{\boldsymbol{3n-2}}$　（$n=1$ でも成り立つ。）

アドバイス

・$a_{n+1}-a_n=f(n)$ は階差数列を漸化式で表したもので，
漸化式の中では最もシンプルな形である。しかし，出題
されると，意外と公式に結びつけられない人が多い。

・この漸化式の公式は右のように数列をかき並べて辺々加
えて導かれるから確認しておこう。

・例えば $a_n-a_{n-1}=n^2$ の形の場合，このまま公式にあて
はめるのは誤り。必ず $a_{n+1}-a_n=f(n)$，すなわち
$a_{n+1}-a_n=(n+1)^2$ の形に直して公式を適用する。

$$
\begin{aligned}
a_2-a_1&=f(1)\\
a_3-a_2&=f(2)\\
a_4-a_3&=f(3)\\
&\vdots\\
+)\quad a_n-a_{n-1}&=f(n-1)\\
\hline
a_n-a_1&=\sum_{k=1}^{n-1}f(k)
\end{aligned}
$$

これで　解決!

漸化式　$\underbrace{a_{n+1}-a_n}_{\text{階差}}=f(n)$　⟹　$a_n=a_1+\displaystyle\sum_{k=1}^{n-1}f(k)\ (n\geqq2)$

■練習14　次の漸化式で定義される数列 $\{a_n\}$ の一般項を求めよ。

(1)　$a_1=0$,　$a_{n+1}=a_n+2^n-2n$　（$n=1,\ 2,\ 3,\ \cdots\cdots$）　　〈法政大〉

(2)　$a_1=1$,　$a_{n+1}=\dfrac{3a_n}{a_n+3}$　　　　　　　　　　　〈東京工芸大〉

(3)　$a_1=1$,　$a_{n+1}-2a_n=n\cdot2^{n+1}$　　　　　　　　　　〈日本獣医大〉

15 漸化式 $a_{n+1}=pa_n+q$ $(p \neq 1)$ の型（基本型）

次の条件によって定められる数列 $\{a_n\}$ の一般項は $a_n=\boxed{}$ である。

$a_1=1$, $a_{n+1}=3a_n+2$ $(n=1, 2, 3, \cdots\cdots)$ 〈慶応大〉

解

▶等比型◀

$a_{n+1}+1=3(a_n+1)$ と変形すると

数列 $\{a_n+1\}$ は，

初項 $a_1+1=2$, 公比 3 の等比数列だから

$a_n+1=2\cdot3^{n-1}$

よって，$a_n=2\cdot3^{n-1}-1$

←$a_{n+1}-\alpha=p(a_n-\alpha)$
α は $a_{n+1}=a_n=\alpha$ として
$\alpha=p\alpha+q$ を解く。
この問題では
$\alpha=3\alpha+2$ より $\alpha=-1$

▶階差型◀

$a_{n+1}-a_n=3(a_n-a_{n-1})$ $(n\geqq2)$ と変形すると

階差数列 $\{a_{n+1}-a_n\}$ は，

初項 $a_2-a_1=5-1=4$, 公比 3 の等比数列だから

$a_{n+1}-a_n=4\cdot3^{n-1}$

$n\geqq2$ のとき

$a_n=a_1+\sum_{k=1}^{n-1}4\cdot3^{k-1}=1+4\cdot\dfrac{3^{n-1}-1}{3-1}$

よって，$a_n=2\cdot3^{n-1}-1$ $(n=1$ でも成り立つ。$)$

←$\begin{aligned}a_{n+1}&=3a_n&+2\\-)\quad a_n&=3a_{n-1}+2\\\hline a_{n+1}-a_n&=3(a_n-a_{n-1})\end{aligned}$

←$a_2=3a_1+2=5$

←$a_{n+1}-a_n=f(n)$ のとき
$a_n=a_1+\sum_{k=1}^{n-1}f(k)$ $(n\geqq2)$

アドバイス

• 漸化式の中で最も基本的な形である。16，17など，その他のいろいろな形の漸化式も，置きかえにより，この型に帰着させることを考えると最重要である。

• まず，$a_{n+1}=pa_n+q \to \alpha=p\alpha+q$ として，特性解 α を求める。
それから，$a_{n+1}-\alpha=p(a_n-\alpha)$ と変形すると，$\{a_n-\alpha\}$ を 1 つの項に見たとき，公比が p の等比数列になる。

これで 解決！

漸化式	$a_{n+1}-\alpha=p(a_n-\alpha)$ と変形
$a_{n+1}=pa_n+q$	数列 $\{a_n-\alpha\}$ は初項 $a_1-\alpha$, 公比 p
（基本型）	$a_n-\alpha=(a_1-\alpha)p^{n-1}$ より $a_n=(a_1-\alpha)p^{n-1}+\alpha$

なお，$a_{n+1}=pa_n+q$ $(p\neq1)$ と $a_{n+1}-a_n=f(n)$ （14参照）と混同しがちなので，しっかり区別しておこう。

解法は，"等比型" と "階差型" があるが，明らかに等比型のほうが simple で，この型の漸化式を階差型で解くのは見かけなくなった。

練習15 次の漸化式で定義される数列 $\{a_n\}$ の一般項を求めよ。

(1) $a_1=1$, $a_{n+1}=2a_n+3$ $(n=1, 2, 3, \cdots\cdots)$ 〈お茶の水女子大〉

(2) $a_1=1$, $3a_{n+1}-a_n-6=0$ $(n=1, 2, 3, \cdots\cdots)$ 〈山形大〉

16 漸化式 $a_{n+1}=\dfrac{a_n}{sa_n+t}$ の型

> 数列 $\{a_n\}$ を $a_1=1$, $a_{n+1}=\dfrac{a_n}{3a_n+2}$ $(n=1,\ 2,\ 3,\ \cdots\cdots)$ と定める。
>
> このとき，次の問いに答えよ。
>
> (1)　$b_n=\dfrac{1}{a_n}$ とおくとき，b_{n+1} と b_n の関係式を求めよ。
>
> (2)　数列 $\{a_n\}$ の一般項を求めよ。　　　　　　　　　〈岡山理科大〉

解　(1)　与式の両辺の逆数をとると

$$\frac{1}{a_{n+1}}=\frac{3a_n+2}{a_n}=3+\frac{2}{a_n}$$

ここで，$b_n=\dfrac{1}{a_n}$ とおくと　$b_{n+1}=2b_n+3$　　　←$a_{n+1}=pa_n+q$ の基本型
　　　　　　　　　　　　　　　　　　　　　　　　　　　　　$\alpha=2\alpha+3$ より $\alpha=-3$

(2)　$b_{n+1}=2b_n+3$ を

$b_{n+1}+3=2(b_n+3)$　と変形すると

数列 $\{b_n+3\}$ は，初項 b_1+3，公比 2 の等比数列。

ここで，$b_1=\dfrac{1}{a_1}=1$　だから　初項は $1+3=4$　　←$\{b_n+3\}$ の初項は b_1+3

よって，$b_n+3=4\cdot2^{n-1}$　より　$b_n=2^{n+1}-3$

ゆえに，$a_n=\dfrac{1}{2^{n+1}-3}$　　　　　　　　　　　←$\dfrac{1}{a_n}=b_n$ だから $a_n=\dfrac{1}{b_n}$

アドバイス・・・

▶**分数で表された漸化式**◀

- 分数の形で表された漸化式で，誘導がある場合は，誘導に従って解くことになる。誘導がない場合は，まず，両辺の逆数をとってみる。

- $b_n=\dfrac{1}{a_n}$ のように置きかえるとたいてい，$b_{n+1}=pb_n+q$ の基本形になる。このとき，$b_1=\dfrac{1}{a_1}$ の値をしっかり押えることを忘れない。

これで 解決！

漸化式 $a_{n+1}=\dfrac{a_n}{sa_n+t}$ ➡ "逆数" にして $\begin{cases} b_n=\dfrac{1}{a_n} \text{とおき} \\ b_{n+1}=pb_n+q \text{ の基本型に} \end{cases}$

■**練習16**　$a_1=1$, $a_{n+1}=\dfrac{a_n}{2a_n+3}$ $(n=1,\ 2,\ 3,\ \cdots\cdots)$ で定められた数列 $\{a_n\}$ について，一般項を n で表すと，$a_n=\boxed{}$ である。　　　　〈日本獣医生命科学大〉

17 漸化式 $a_{n+1}=pa_n+q^n$ の型

次の関係式を満たす数列 $\{a_n\}$ の一般項を求めよ。

$a_1=1$, $a_{n+1}=2a_n+3^n$ $(n=1, 2, 3, \cdots\cdots)$ 〈大阪府大〉

解 与式の両辺を 3^{n+1} で割ると

$$\frac{a_{n+1}}{3^{n+1}}=\frac{2a_n}{3^{n+1}}+\frac{3^n}{3^{n+1}} \quad \text{より} \quad \frac{a_{n+1}}{3^{n+1}}=\frac{2}{3}\cdot\frac{a_n}{3^n}+\frac{1}{3}$$

← $\underbrace{\frac{a_{n+1}}{3^{n+1}}}_{n+1}=\frac{2}{3}\cdot\underbrace{\frac{a_n}{3^n}}_{n}+\frac{1}{3}$

文字をそろえる

$b_n=\dfrac{a_n}{3^n}$ とおくと

$$b_{n+1}=\frac{2}{3}b_n+\frac{1}{3}, \quad b_1=\frac{a_1}{3^1}=\frac{1}{3}$$

$$b_{n+1}-1=\frac{2}{3}(b_n-1) \quad \text{と変形すると}$$

← $\alpha=\dfrac{2}{3}\alpha+\dfrac{1}{3}$ より $\alpha=1$

数列 $\{b_n-1\}$ は，初項 $b_1-1=\dfrac{1}{3}-1=-\dfrac{2}{3}$

公比 $\dfrac{2}{3}$ の等比数列だから

$$b_n-1=-\frac{2}{3}\cdot\left(\frac{2}{3}\right)^{n-1} \quad \text{より} \quad b_n=1-\left(\frac{2}{3}\right)^n$$

$b_n=\dfrac{a_n}{3^n}$ より $a_n=3^n b_n=3^n\left\{1-\left(\dfrac{2}{3}\right)^n\right\}$

← $3^n\left\{1-\left(\dfrac{2}{3}\right)^n\right\}$

よって，$a_n=3^n-2^n$

$=3^n-3^n\cdot\dfrac{2^n}{3^n}$

アドバイス ・・

◤$a_{n+1}=pa_n+q^n$ の型の漸化式◢

・q^{n+1} で両辺を割って $\dfrac{a_n}{q^n}=b_n$ とおくと $b_{n+1}=p'b_n+q'$ の基本型になる。

・この変形の point は $\dfrac{a_{n+1}}{q^{n+1}}$・・・そろえる。$\dfrac{a_n}{q^n}$・・・そろえる。このように添字が

一致するように変形する。

・添字がそろってない場合は $\dfrac{a_{n+1}}{3^n}=3\cdot\dfrac{a_{n+1}}{3^{n+1}}$，$\dfrac{a_n}{2^{n+1}}=\dfrac{1}{2}\cdot\dfrac{a_n}{2^n}$ の要領で変形する。

これで 解決!

漸化式 $a_{n+1}=pa_n+q^n$ ➡ 両辺を q^{n+1} で割って，$b_n=\dfrac{a_n}{q^n}$ とおく

$b_{n+1}=p'b_n+q'$ の基本型になる

■**練習17** 次の関係式で定められる数列 $\{a_n\}$ の一般項を求めよ。

$a_1=4$, $a_{n+1}=4a_n-2^{n+1}$ $(n=1, 2, 3, \cdots\cdots)$ 〈信州大〉

18 連立された漸化式

> すべての自然数 n に対して $a_1=4$, $b_1=-1$, $a_{n+1}=-a_n-6b_n$,
> $b_{n+1}=a_n+4b_n$ で定められた数列 $\{a_n\}$, $\{b_n\}$ を考える。
>
> (1) $a_{n+1}+\alpha b_{n+1}=\beta(a_n+\alpha b_n)$ が成り立つような α, β の組を求めよ。
>
> (2) 一般項 a_n, b_n を求めよ。 〈津田塾大〉

解

(1) $a_{n+1}+\alpha b_{n+1}=\beta(a_n+\alpha b_n)$ より
$(-a_n-6b_n)+\alpha(a_n+4b_n)=\beta(a_n+\alpha b_n)$
$(\alpha-1)a_n+(4\alpha-6)b_n=\beta a_n+\alpha\beta b_n$

よって，$\alpha-1=\beta$，$4\alpha-6=\alpha\beta$

これを解いて $(\alpha, \beta)=(2, 1)$, $(3, 2)$

←a_{n+1} と b_{n+1} を a_n, b_n の式にする。

←a_n, b_n の恒等式

←$4\alpha-6=\alpha(\alpha-1)$ より
$(\alpha-2)(\alpha-3)=0$
$\alpha=2, 3$

(2) $\alpha=2$, $\beta=1$ のとき
$a_{n+1}+2b_{n+1}=1\cdot(a_n+2b_n)$
数列 $\{a_n+2b_n\}$ は
初項 $a_1+2b_1=4-2=2$
公比 1 の等比数列だから
$a_n+2b_n=2$ ……①

$\alpha=3$, $\beta=2$ のとき
$a_{n+1}+3b_{n+1}=2(a_n+3b_n)$
数列 $\{a_n+3b_n\}$ は
初項 $a_1+3b_1=4-3=1$
公比 2 の等比数列だから
$a_n+3b_n=1\cdot2^{n-1}$ ……②

①×3−②×2 より $a_n=6-2^n$
②−① より $b_n=2^{n-1}-2$

アドバイス ••

▶連立された漸化式 $(a_{n+1}=pa_n+qb_n,\ b_{n+1}=ra_n+sb_n)$ ◀

• 誘導がない場合は，まず，a_n+b_n，a_n-b_n を考える。

• 一般的には，$a_{n+1}+\alpha b_{n+1}=\beta(a_n+\alpha b_n)$ とおき，a_n, b_n の恒等式にして，α, β の組を求める。（この誘導がある場合が多い。）

• 最後は a_n と b_n で表された 2 つの式の連立方程式を解くことになる。

a_n, b_n が連立された漸化式 ➡
• まず，a_n+b_n, a_n-b_n を考える
• だめなら，$a_{n+1}+\alpha b_{n+1}=\beta(a_n+\alpha b_n)$ とおいて，α, β を求める

練習18 $a_1=1$, $b_1=3$, $a_{n+1}=3a_n+b_n$, $b_{n+1}=2a_n+4b_n$ で定められている数列 $\{a_n\}$, $\{b_n\}$ がある。

(1) $a_{n+1}+\alpha b_{n+1}=\beta(a_n+\alpha b_n)$ を満たす α, β の組を求めよ。

(2) $\{a_n\}$, $\{b_n\}$ の一般項を求めよ。 〈三重大〉

19 漸化式 $a_{n+2}=pa_{n+1}+qa_n$ の型 （フィボナッチ型）

$a_1=0$，$a_2=1$，$a_{n+2}=a_{n+1}+6a_n$ $(n=1, 2, \cdots\cdots)$ で与えられている数列 $\{a_n\}$ に対して，次の問いに答えよ。

(1) $a_{n+2}-\alpha a_{n+1}=\beta(a_{n+1}-\alpha a_n)$ となる実数の組 (α, β) を求めよ。

(2) 数列 $\{a_n\}$ の一般項を求めよ。 〈福岡大〉

解 (1) $a_{n+2}-\alpha a_{n+1}=\beta(a_{n+1}-\alpha a_n)$

$a_{n+2}-(\alpha+\beta)a_{n+1}+\alpha\beta a_n=0 \iff a_{n+2}-a_{n+1}-6a_n=0$

$\alpha+\beta=1$，$\alpha\beta=-6$ より α，β は $t^2-t-6=0$ ←2数の和と積がわかれば
の解だから，$(t+2)(t-3)=0$ より $t=-2, 3$ $\quad t^2-(和)t+(積)=0$

よって，$(\boldsymbol{\alpha}, \boldsymbol{\beta})=(\boldsymbol{-2}, \boldsymbol{3}), (\boldsymbol{3}, \boldsymbol{-2})$ ←α，β を特性解という。

(2)(i) $\alpha=-2$，$\beta=3$ のとき

$a_{n+2}+2a_{n+1}=3(a_{n+1}+2a_n)$

より，数列 $\{a_{n+1}+2a_n\}$ は

初項 $a_2+2a_1=1$，公比 3

の等比数列だから

$a_{n+1}+2a_n=1\cdot3^{n-1}\cdots\cdots①$

(ii) $\alpha=3$，$\beta=-2$ のとき

$a_{n+2}-3a_{n+1}=-2(a_{n+1}-3a_n)$

より，数列 $\{a_{n+1}-3a_n\}$ は

初項 $a_2-3a_1=1$，公比 -2

の等比数列だから

$a_{n+1}-3a_n=1\cdot(-2)^{n-1}\cdots\cdots②$

①−②より

$$5a_n=3^{n-1}-(-2)^{n-1} \quad よって，a_n=\frac{1}{5}\{3^{n-1}-(-2)^{n-1}\}$$

アドバイス

- a_{n+2}，a_{n+1}，a_n の3項間でつくられる漸化式には，すぐ階差型の漸化式に変形できるものもある。 （例） $a_{n+2}=3a_{n+1}-2a_n \longrightarrow a_{n+2}-a_{n+1}=2(a_{n+1}-a_n)$

- この例題のような漸化式では，特性解を求めて，次のように2つの等比数列の形に変形するのが point となる。この型（フィボナッチ型）の数列は誘導形式が多いが，一度解いておかないと難しい。

これで 解決！

$a_{n+2}=pa_{n+1}+qa_n$
（フィボナッチ型）
$\Longrightarrow$
$t^2=pt+q$ の2つの解を α，β として
$a_{n+2}-\alpha a_{n+1}=\beta(a_{n+1}-\alpha a_n)$
$a_{n+2}-\beta a_{n+1}=\alpha(a_{n+1}-\beta a_n)$ と変形する

練習19 数列 $\{a_n\}$ が次の条件を満たすとき，以下の問いに答えよ。

$$a_1=-1, \quad a_2=1, \quad a_{n+2}=5a_{n+1}-6a_n \quad (n=1, 2, 3, \cdots\cdots)$$

(1) a_3，a_4，a_5 を求めよ。

(2) $a_{n+2}-\alpha a_{n+1}=\beta(a_{n+1}-\alpha a_n)$ を満たす実数 α，β の組をすべて求めよ。

(3) 数列 $\{a_n\}$ の一般項を求めよ。 〈福岡教育大〉

20 図形と数列の和

1辺が1の正三角形を F_1 とする。F_1 の各辺を2:1に内分する点を結んでできる正三角形を F_2 とする。以下，このようにしてつくられる正三角形を F_n とし，F_n の面積を S_n とする。このとき $S=S_1+S_2+\cdots\cdots+S_n$ を求めよ。

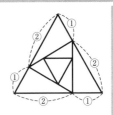

解 F_2 の1辺の長さを l とすると余弦定理より

$$l^2=\left(\frac{1}{3}\right)^2+\left(\frac{2}{3}\right)^2-2\cdot\frac{1}{3}\cdot\frac{2}{3}\cdot\cos 60°$$

$$=\frac{1}{9}+\frac{4}{9}-\frac{2}{9}=\frac{1}{3} \quad \text{より} \quad l=\frac{1}{\sqrt{3}}$$

F_1 と F_2 の相似比は $\sqrt{3}:1$ だから

$$S_n=\left(\frac{1}{\sqrt{3}}\right)^2 S_{n-1}=\frac{1}{3}S_{n-1} \quad \text{となる。}$$

$$S_1=\frac{1}{2}\cdot 1\cdot 1\cdot \sin 60°=\frac{\sqrt{3}}{4} \quad \text{だから}$$

$$S_n=\frac{\sqrt{3}}{4}\cdot\left(\frac{1}{3}\right)^{n-1} \quad \text{と表せる。}$$

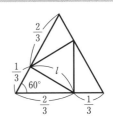

←相似比が $\sqrt{3}:1$ だから
面積比は $(\sqrt{3})^2:1^2=3:1$

$$\text{よって，} \quad S=\frac{\frac{\sqrt{3}}{4}\left\{1-\left(\frac{1}{3}\right)^n\right\}}{1-\frac{1}{3}}=\frac{3\sqrt{3}}{8}\left\{1-\left(\frac{1}{3}\right)^n\right\} \quad \Longleftarrow S_n=\frac{a(1-r^n)}{1-r}$$

アドバイス ··

▶図形と数列の和の考え方◀

- 図形が関係した数列の和ではまず，相似比に目を向けよう。
- 1番目と2番目の図形で調べれば，後は一定の相似比で図形は連続してくる。
- 相似比が明らかになれば，公比もわかるから一般項が求まる。

| 図形と等比数列 | ➡ | 1番目と2番目の図形から相似比（公比）r を求める。 | ➡ | $S_n=rS_{n-1}$ |

練習20 半径1の円を C_1 とし，C_1 に内接する正三角形を A_1 とする。さらに，A_1 に内接する円を C_2，C_2 に内接する正三角形を A_2 とし，同様にして次々に，円 C_3，正三角形 A_3，円 C_4，正三角形 A_4，…をつくる。以下の問いに答えよ。

(1) A_1 の1辺の長さ l_1 および A_2 の1辺の長さ l_2 を求めよ。

(2) 正三角形 A_n の面積を T_n とするとき，次の値を求めよ。

$$S=T_1+T_2+T_3+\cdots+T_n$$

〈類 奈良女子大〉

21 数学的帰納法

n が自然数のとき，次の式が成り立つことを数学的帰納法で証明せよ。

(1) $1+2+2^2+\cdots\cdots+2^{n-1}=2^n-1$

(2) $2^n>n$ 〈(2)弘前大〉

解 (1) [Ⅰ] $n=1$ のとき，(左辺)=1，(右辺)=1 で成り立つ。

[Ⅱ] $n=k$ のときに成り立つとすれば   ←[Ⅰ] 段階   帰納法

$$1+2+2^2+\cdots\cdots+2^{k-1}=2^k-1 \cdots\cdots ①$$ ←[Ⅱ] 段階   の形式

  $n=k+1$ のとき，①を使って変形すると

$$1+2+2^2+\cdots\cdots+2^{k-1}+2^k$$ ←$n=k$ のときの式

$$=(2^k-1)+2^k=2^{k+1}-1$$ $1+2+2^2+\cdots+2^{k-1}=2^k-1$

  となり $n=k+1$ のときにも成り立つ。   を代入した。

[Ⅰ]，[Ⅱ] により与式はすべての自然数 n に   ←$2^k-1+2^k=2\cdot2^k-1$

ついて成り立つ。 $=2^{k+1}-1$

(2) [Ⅰ] $n=1$ のとき，(左辺)=$2^1=2$，(右辺)=1 となり，

  $2>1$ で成り立つ。

[Ⅱ] $n=k$ のときに成り立つとすれば

$$2^k>k \cdots\cdots ①$$

  $n=k+1$ のとき，①を使って変形すると

$$2^{k+1}=2\cdot2^k>2\cdot k=k+k\geqq k+1$$ ←———— $2^k>k$

  よって，$2^{k+1}>k+1$ ←2^k の代わりに k を代入

  となるので $n=k+1$ のときにも成り立つ。   めざす式は

[Ⅰ]，[Ⅱ] により与式はすべての自然数 n について成り立つ。 $2^{k+1}>k+1$

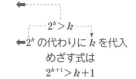

アドバイス

・数学的帰納法のポイントは $n=k$ のときの①の式をいかに利用するかにある。

・(1)の等式では，$n=k$ のときの式①を直接代入すれば，$n=k+1$ のときの等式が得られる。(2)の不等式では，①より $2^{k+1}=2\cdot2^k>2\cdot k\geqq k+1$ の不等式の移行が重要。
$n=k$ のときの式が $2^k>k$ だから $\boxed{2^k \text{ の代わりに } k \text{ を代入}}$ した。

これで 解決！

数学的帰納法 ➡ $\boxed{\begin{array}{c}n=k\\ \text{のときの式}\end{array}}$ を必ず使って $\boxed{\begin{array}{c}n=k+1\\ \text{のときの式}\end{array}}$ を示す

練習21 次の式が成り立つことを数学的帰納法で証明せよ。（n は自然数）

(1) $\displaystyle\sum_{i=1}^{n}i^3=\frac{n^2(n+1)^2}{4}$ 〈鹿児島大〉 (2) $n!>2^n$ $(n\geqq4)$ 〈富山県立大〉

22 一般項の推測と帰納法による証明

> 数列 $\{a_n\}$ が $a_1=2$, 漸化式 $a_{n+1}=2-\dfrac{a_n}{2a_n-1}$ で定められている。
>
> (1) a_2, a_3, a_4 を求め，一般項 a_n を推測せよ。　　　　〈日本女子大〉
>
> (2) (1)で推測した式が正しいことを数学的帰納法で証明せよ。

解 (1) $a_2=2-\dfrac{a_1}{2a_1-1}=2-\dfrac{2}{2\cdot2-1}=\dfrac{4}{3}$

←$a_{n+1}=2-\dfrac{a_n}{2a_n-1}$ に $n=1$, 2, 3 を順々に代入する。

$a_3=2-\dfrac{\dfrac{4}{3}}{2\cdot\dfrac{4}{3}-1}=\dfrac{6}{5}$, $a_4=2-\dfrac{\dfrac{6}{5}}{2\cdot\dfrac{6}{5}-1}=\dfrac{8}{7}$

よって，$a_n=\dfrac{2n}{2n-1}$ ……① と推定できる。

←分子は 4, 6, 8, ……
分母は 3, 5, 7, ……

(2) ［Ⅰ］ $n=1$ のとき①は $a_1=2$ となり成り立つ。

［Ⅱ］ $n=k$ のとき $a_k=\dfrac{2k}{2k-1}$ が成り立つとすると　←$n=k$ のときの①の式

$n=k+1$ のとき

$a_{k+1}=2-\dfrac{a_k}{2a_k-1}=2-\dfrac{\dfrac{2k}{2k-1}}{2\cdot\dfrac{2k}{2k-1}-1}=2-\dfrac{2k}{2k+1}$

←$n=k+1$ のときの式は漸化式 a_{n+1} の n を k に置きかえる。

$=\dfrac{2k+2}{2k+1}=\dfrac{2(k+1)}{2(k+1)-1}$

となり，$n=k+1$ のときにも成り立つ。

［Ⅰ］，［Ⅱ］によりすべての自然数で①は成り立つ。

アドバイス

・漸化式から一般項を推定するには，a_1, a_2, a_3, ……の値の変化をよく見て推定する。
・それを帰納法で証明するには，推定した $n=k$ のときの式 $a_k=f(k)$ を漸化式の $a_{k+1}=a_k$ の式 に代入し，それが $n=k+1$ のときの a_{k+1} になる。

これで 解決 !

一般項の推定と帰納法による証明	漸化式　　a_1, a_2, a_3, ……から $a_n=f(n)$ を推定 ⇒ $n=k$ のときの式 $a_k=f(k)$ を $n=k+1$ のときの式 $a_{k+1}=a_k$ の式 に代入

練習22 次の条件で定められる数列 $\{a_n\}$ を考える。

$a_1=\dfrac{1}{3}$, $a_{n+1}=\dfrac{1-a_n}{3-4a_n}$ $(n=1, 2, 3, \cdots\cdots)$ 以下の問いに答えよ。

(1) a_2, a_3, a_4 を求めよ。

(2) 一般項 a_n を推測し，それを数学的帰納法を用いて証明せよ。　　　〈会津大〉

23 確率と漸化式

$\boxed{1}$，$\boxed{2}$，$\boxed{3}$ の 3 枚のカードの中から，1 枚を取り出し数字を記録してもとに戻す。この操作を n 回繰り返すとき，取り出したカードの数の合計が偶数である確率を P_n とする。

(1) P_{n+1} を P_n の式で表せ。　(2) P_n を n の式で表せ。　〈鳴門教育大〉

解 (1) 1 回の操作で偶数である確率は $\dfrac{1}{3}$，奇数である確率は $\dfrac{2}{3}$，

n 回後に偶数である確率が P_n だから，奇数である確率は $1-P_n$，

したがって，$n+1$ 回後に偶数となる確率 P_{n+1} は

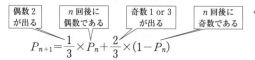

$$P_{n+1}=\frac{1}{3}\times P_n+\frac{2}{3}\times(1-P_n)$$

←n 回後，カードの合計が奇数である事象は，偶数である事象の余事象。

偶数	奇数
P_n	$1-P_n$

よって，$\boldsymbol{P_{n+1}=-\dfrac{1}{3}P_n+\dfrac{2}{3}}$

(2) $P_{n+1}-\dfrac{1}{2}=-\dfrac{1}{3}\left(P_n-\dfrac{1}{2}\right)$ と変形すると　　←$\alpha=-\dfrac{1}{3}\alpha+\dfrac{2}{3}$ より $\alpha=\dfrac{1}{2}$

数列 $\left\{P_n-\dfrac{1}{2}\right\}$ は初項 $P_1-\dfrac{1}{2}=\dfrac{1}{3}-\dfrac{1}{2}=-\dfrac{1}{6}$，　←$P_1=\dfrac{1}{3}$

公比 $-\dfrac{1}{3}$ の等比数列だから

$$P_n-\frac{1}{2}=-\frac{1}{6}\cdot\left(-\frac{1}{3}\right)^{n-1}\quad\text{よって，}\quad \boldsymbol{P_n=\frac{1}{2}\left\{1+\left(-\frac{1}{3}\right)^n\right\}}$$

アドバイス

- 確率を漸化式で表すとき，いきなり n 回目が終わった場面にタイムスリップするからイメージがわかない。しかし，P_n はどういう確率なのか？その余事象 $1-P_n$ は何を意味するのか？正にこれを使って，P_{n+1} を表すことがテーマになる。
- 次の関係に注目。ルーツは P_1 と P_2 の関係にある。

$$P_2=\square P_1+\bigcirc(1-P_1)\longrightarrow P_{n+1}=\square P_n+\bigcirc(1-P_n)$$

漸化式で表される確率 ➡ | $n+1$ 回目に起こる確率 | n 回目に起こっている確率 | n 回目に起こっていない確率 |

$$P_{n+1}=\square P_n+\bigcirc(1-P_n)$$

練習23 さいころを n 回投げたとき，1 の目が出る回数が奇数である確率を P_n とおく。

(1) P_1，P_2，P_3 を求めよ。　(2) $P_{n+1}=\dfrac{2}{3}P_n+\dfrac{1}{6}$ が成り立つことを示せ。

(3) P_n を求めよ。　　　　　　　　　　　　　　　　　〈奈良女子大〉

24　確率変数の期待値（平均）

　1のカードが1枚，2のカードが2枚，3のカードが3枚の計6枚のカードがある。このカードから3枚取り出し，カードにかかれている数の和を X とするとき，次の問いに答えよ。

(1)　X の確率分布を求めよ。

(2)　X の期待値（平均）$E(X)$ を求めよ。　　　　〈北海学園大〉

解　(1)　6枚から3枚を取り出す総数は ${}_6C_3 = 20$（通り）

　　　X のとる値は5，6，7，8，9のいずれか。　←X のとりうる値を押える。

　　　$X=5$ となるのは①，②，②のときで $1 \times {}_2C_2 = 1$（通り）

　　　$X=6$ となるのは①，②，③のときで $1 \times {}_2C_1 \times {}_3C_1 = 6$（通り）

　　　$X=7$ となるのは①，③，③と②，②，③のときで

　　　　　　　　　$1 \times {}_3C_2 + {}_2C_2 \times {}_3C_1 = 6$（通り）

　　　$X=8$ となるのは②，③，③のときで ${}_2C_1 \times {}_3C_2 = 6$（通り）

　　　$X=9$ となるのは③，③，③のときで ${}_3C_3 = 1$（通り）

　　　よって，確率分布は次のようになる。

X	5	6	7	8	9	計
P	$\frac{1}{20}$	$\frac{6}{20}$	$\frac{6}{20}$	$\frac{6}{20}$	$\frac{1}{20}$	1

←確率の和が1になることを確かめる。分母は約分しないほうが計算が楽

(2)　$E(X) = 5 \times \frac{1}{20} + 6 \times \frac{6}{20} + 7 \times \frac{6}{20} + 8 \times \frac{6}{20} + 9 \times \frac{1}{20}$

　　　　$= \frac{140}{20} = 7$

アドバイス

・確率分布の期待値（平均）を求めるには，確率変数 X のとりうる値をすべて求め，それぞれに対応する確率を確率の基本に戻って求める。

・それから次のような分布表をかいて，すべての確率の和が1になることを確認すると間違いが少ない。

これで解決！

確率変数 X の期待値 ⇒

X	x_1	x_2	$\cdots$	x_n	計
P	p_1	p_2	$\cdots$	p_n	1

$E(X) = x_1 p_1 + x_2 p_2 + \cdots + x_n p_n$

練習24　袋の中に赤球3個，白球2個，黒球1個が入っている。この袋から2個の球を同時に取り出す。赤球1個につき1点，白球1個につき2点，黒球1個につき3点もらえるとき，もらえる合計点の期待値（平均）を求めよ。　　　　〈佐賀大〉

28

25 確率変数の分散と標準偏差

0，1，2，3 の 4 個の数の中より任意に 2 個取り出し，その和を X とする。このとき，X の分散 $V(X)$，標準偏差 $\sigma(X)$ を求めよ。

〈類　慈恵医大〉

解　4 個の中から 2 個選ぶのは $_4C_2=6$ 通り。2 数の組合せとその和は右の表のようになるので確率分布は次のようになる。

2数の和	1	2	3	4	5
（2数）	$(0,1)$	$(0,2)$	$(0,3)$ $(1,2)$	$(1,3)$	$(2,3)$

X	1	2	3	4	5	計
$P(X)$	$\frac{1}{6}$	$\frac{1}{6}$	$\frac{2}{6}$	$\frac{1}{6}$	$\frac{1}{6}$	1

$$E(X)=1\times\frac{1}{6}+2\times\frac{1}{6}+3\times\frac{2}{6}+4\times\frac{1}{6}+5\times\frac{1}{6}$$
$$=\frac{1}{6}(1+2+6+4+5)=3$$

期待値・分散
$$E(X)=\sum_{k=1}^{n}x_kp_k=m$$
$$V(X)=\sum_{k=1}^{n}(x_k-m)^2p_k$$

$$V(X)=(1-3)^2\times\frac{1}{6}+(2-3)^2\times\frac{1}{6}+(3-3)^2\times\frac{2}{6}+(4-3)^2\times\frac{1}{6}+(5-3)^2\times\frac{1}{6}$$
$$=\frac{1}{6}(4+1+0+1+4)=\frac{5}{3}$$
$$\sigma(X)=\sqrt{V(X)}=\sqrt{\frac{5}{3}}=\frac{\sqrt{15}}{3}$$

標準偏差 $\sigma(X)$
$$\sigma(X)=\sqrt{分散}=\sqrt{V(X)}$$

アドバイス
- 確率変数の分散，標準偏差を求めるには，まず，確率分布表がかけないと話にならない。分布表がかければ，期待値 $E(X)$ を求めて公式にあてはめればよい。
- 分散の公式は次ページの公式（簡便法）を使うことが多いが，期待値 $E(X)=m$ が簡単な値で $(x_i-m)^2$ が計算しやすい場合は次の式がよい。

これで 解決！

確率変数の分散
➡ 分散　$V(X)=(x_1-m)^2p_1+(x_2-m)^2p_2+\cdots+(x_n-m)^2p_n$
（期待値 $E(X)=m=x_1p_1+x_2p_2+\cdots+x_np_n$）

練習25 箱の中に数字 0 を記入したカードが 1 枚，1 を記入したカードが 2 枚，2 を記入したカードが 3 枚，3 を記入したカードが 4 枚計10枚入っている。この中から同時に 2 枚のカードを取り出すとき，カードに記された数字の和を X とする。
(1) X の確率分布を求めよ。
(2) X の期待値と分散を求めよ。また，標準偏差を求めよ。　〈北海道学園大〉

26 確率変数の分散 （簡便法の公式による）

n 個の数字 1, 2, 3, ……, n から無作為に1つの数字を選ぶ。選ばれた数字の値を表す確率変数を X とする。このとき，X の期待値は $E(X)=\boxed{}$ であり，分散 $V(X)=\boxed{}$ となる。　〈慶応大〉

解 それぞれのカードが選ばれる確率は $\dfrac{1}{n}$ だから確率分布は次のようになる。

X	1	2	3	……	n	計
$P(X)$	$\dfrac{1}{n}$	$\dfrac{1}{n}$	$\dfrac{1}{n}$	……	$\dfrac{1}{n}$	1

┌─────── Σ の公式 ───────┐
$$\sum_{k=1}^{n} k = \frac{n(n+1)}{2}$$
$$\sum_{k=1}^{n} k^2 = \frac{n(n+1)(2n+1)}{6}$$
$$\sum_{k=1}^{n} k^3 = \left\{\frac{n(n+1)}{2}\right\}^2$$
└──────────────────────┘

$$E(X)=1\times\frac{1}{n}+2\times\frac{1}{n}+3\times\frac{1}{n}+\cdots+n\times\frac{1}{n}$$
$$=\frac{1}{n}(1+2+3+\cdots+n)=\frac{1}{n}\cdot\frac{n(n+1)}{2}=\frac{n+1}{2}$$

$$V(X)=E(X^2)-\{E(X)\}^2$$
$$=1^2\times\frac{1}{n}+2^2\times\frac{1}{n}+3^2\times\frac{1}{n}+\cdots+n^2\times\frac{1}{n}-\left(\frac{n+1}{2}\right)^2$$
$$=\frac{1}{n}(1^2+2^2+3^2+\cdots+n^2)-\left(\frac{n+1}{2}\right)^2$$
$$=\frac{1}{n}\cdot\frac{n(n+1)(2n+1)}{6}-\frac{(n+1)^2}{4}=\frac{(n+1)(n-1)}{12}$$

アドバイス

• 確率変数の分散を求めるには次の公式（簡便法）がある。$E(X)=m$ とすると
$$V(X)=(x_1-m)^2 p_1+(x_2-m)^2 p_2+\cdots+(x_n-m)^2 p_n$$
$$=(x_1^2 p_1+x_2^2 p_2+\cdots+x_n^2 p_n)-2(x_1 p_1+x_2 p_2+\cdots+x_n p_n)m$$
$$+m^2(p_1+p_2+\cdots+p_n)$$
ここで，$x_1 p_1+x_2 p_2+\cdots+x_n p_n=m$，$p_1+p_2+\cdots+p_n=1$ だから
$$V(X)=\sum_{k=1}^{n} x_k^2 p_k-2m^2+m^2=\sum_{k=1}^{n} x_k^2 p_k-m^2=E(X^2)-\{E(X)\}^2$$

これで 解決！

確率変数の分散 （簡便法）　➡　$V(X)=E(X^2)-\{E(X)\}^2$ $\left(E(X^2)=\displaystyle\sum_{k=1}^{n} x_k^2 p_k\right)$
（2乗の期待値）−（期待値の2乗）

練習26 箱の中に1から n までの番号のついた n 枚のカードが入っている。この中から1枚取り出したときの番号を x，これを箱に戻して再び1枚取り出したときの番号を y とする。このとき x と y の最大値を X とする。
(1) $X\leqq k$ である確率を求めよ。ただし，k は $1\leqq k\leqq n$ となる整数とする。
(2) X の確率分布を求めよ。
(3) X の期待値と分散を求めよ。　〈新潟大〉

27 確率変数 $aX+b$ の期待値と分散

確率変数 X は4個の値1，2，3，6をとるものとする。X がそれぞれの値を等しい確率でとるとき，$2X+3$ の期待値は $\boxed{}$，分散は $\boxed{}$ である。

〈日本大〉

解　確率分布は次のようになる。

X	1	2	3	6	計
$P(X)$	$\frac{1}{4}$	$\frac{1}{4}$	$\frac{1}{4}$	$\frac{1}{4}$	1

> **確率変数 X の期待値と分散**
> $$E(X)=\sum_{k=1}^{n} x_k p_k = m$$
> $$V(X)=\sum_{k=1}^{n} (x_k-m)^2 \cdot p_k$$

$$E(X)=1\times\frac{1}{4}+2\times\frac{1}{4}+3\times\frac{1}{4}+6\times\frac{1}{4}$$

$$=\frac{1}{4}(1+2+3+6)=3$$

$$E(2X+3)=2E(X)+3=2\times3+3=\mathbf{9} \qquad \leftarrow E(aX+b)=aE(X)+b$$

$$V(X)=(1-3)^2\times\frac{1}{4}+(2-3)^2\times\frac{1}{4}+(3-3)^2\times\frac{1}{4}+(3-6)^2\times\frac{1}{4}$$

$$=\frac{1}{4}(4+1+9)=\frac{7}{2}$$

$$V(2X+3)=2^2\cdot V(X)=4\times\frac{7}{2}=\mathbf{14} \qquad \leftarrow V(aX+b)=a^2V(X)$$

アドバイス ・・・

・確率変数が $aX+b$ で表される期待値と分散の公式は次のように導かれる。

$$E(X)=\sum_{k=1}^{n} x_k p_k = m, \quad V(X)=\sum_{k=1}^{n} (x_k-m)^2 p_k \text{ とすると}$$

$$E(aX+b)=\sum_{k=1}^{n}(ax_k+b)p_k=a\sum_{k=1}^{n}x_k p_k+b\sum_{k=1}^{n}p_k=aE(X)+b$$

$$V(aX+b)=\sum_{k=1}^{n}(ax_k+b-am-b)^2 p_k=a^2\sum_{k=1}^{n}(x_k-m)^2 p_k=a^2V(X)$$

確率変数 $aX+b$ の期待値と分散	$\Rightarrow$	$E(aX+b)=aE(X)+b$ $V(aX+b)=a^2V(X)$

■練習27　1から4までの数字を1つずつかいた4個の球が袋の中に入っている。この袋の中から同時に2個取り出すとき，番号の大きい数を X とする。

(1)　X の確率分布を求め，それを表で示せ。さらに，この表から X の期待値と分散を求めよ。

(2)　$Z=aX+b$ で表される確率変数 Z の期待値を15，分散を5としたい。定数 a, b の値を定めよ。

〈類　帯広畜産大〉

28 独立な確率変数 X，Y の期待値，分散

袋 A の中に赤玉 3 個，黒玉 2 個，袋 B の中に白玉 3 個，青玉 2 個が入っている。A から玉を 2 個同時に取り出したときの赤玉の個数を X，B から玉を 2 個同時に取り出したときの青玉の個数を Y とする。

(1) XY の期待値を求めよ。

(2) $Z = X + 3Y$ とおく。Z の期待値と分散を求めよ。　〈類　琉球大〉

解　X と Y の確率分布は次のようになる。

X	0	1	2	計
$P(X)$	$\dfrac{1}{10}$	$\dfrac{6}{10}$	$\dfrac{3}{10}$	1

Y	0	1	2	計
$P(Y)$	$\dfrac{3}{10}$	$\dfrac{6}{10}$	$\dfrac{1}{10}$	1

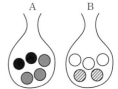

(1) $E(X) = 0 \times \dfrac{1}{10} + 1 \times \dfrac{6}{10} + 2 \times \dfrac{3}{10} = \dfrac{6}{5}$

$E(Y) = 0 \times \dfrac{3}{10} + 1 \times \dfrac{6}{10} + 2 \times \dfrac{1}{10} = \dfrac{4}{5}$

$E(XY) = E(X)E(Y) = \dfrac{6}{5} \times \dfrac{4}{5} = \underline{\dfrac{24}{25}}$

(2) $V(X) = 0^2 \times \dfrac{1}{10} + 1^2 \times \dfrac{6}{10} + 2^2 \times \dfrac{3}{10} - \left(\dfrac{6}{5}\right)^2 = \dfrac{9}{25}$　←分散の公式（簡便法）

$$V(X) = \sum_{k=1}^{n} x_k{}^2 p_k - m^2$$

$V(Y) = 0^2 \times \dfrac{3}{10} + 1^2 \times \dfrac{6}{10} + 2^2 \times \dfrac{1}{10} - \left(\dfrac{4}{5}\right)^2 = \dfrac{9}{25}$

$E(Z) = E(X + 3Y) = E(X) + 3E(Y) = \dfrac{6}{5} + 3 \times \dfrac{4}{5} = \underline{\dfrac{18}{5}}$

$V(Z) = V(X + 3Y) = 1^2 V(X) + 3^2 V(Y) = \dfrac{9}{25} + 9 \times \dfrac{9}{25} = \underline{\dfrac{18}{5}}$

アドバイス・・・

• 独立な確率変数 X，Y に対して，その期待値と分散については次の式が成り立つ。

確率変数 X，Y の期待値と分散	$E(X + Y) = E(X) + E(Y)$, $E(XY) = E(X)E(Y)$
	$V(aX + bY) = a^2 V(X) + b^2 V(Y)$

練習28　表の出る確率が p $(0 < p < 1)$ の硬貨を 2 回投げる。このとき，1 回目に表が出たら $X_1 = 1$，裏が出たら $X_1 = 0$，2 回目に表が出たら $X_2 = 1$，裏が出たら $X_2 = 0$ とすることにより，確率変数 X_1，X_2 を定義する。a, b, c を p に無関係な定数とするとき，次の問いに答えよ。

(1) $E(X_1)$, $V(X_1)$ および $E(X_2)$, $V(X_2)$ を求めよ。

(2) 確率変数 $Y = aX_1 + bX_2 + cX_1X_2$ の期待値 $E(Y)$ を求めよ。

(3) $a + b = 1$, $c = 0$ のとき，$V(Y)$ の最小値を求めよ。　〈類　大阪大〉

29 二項分布の期待値と分散

さいころを投げて，3以下の目が出たら点Pは数直線上を正の方向に1進み，4以上の目が出たら負の方向に1進むものとする。点Pは原点にあるものとし，さいころを3回投げた後の点Pの座標をXとする。Xの確率分布，期待値，分散を求めよ。　　　　〈弘前大〉

解　さいころを3回投げたとき，3以下の目が出る回数をkとすると

$$P(k=r) = {}_3C_r\left(\frac{1}{2}\right)^r\left(\frac{1}{2}\right)^{3-r} \quad (r=0,\ 1,\ 2,\ 3)$$

また，$X=k-(3-k)=2k-3$　と表せるから
Xの確率分布は右のようになる。

X	-3	-1	1	3	計
$P(X)$	$\frac{1}{8}$	$\frac{3}{8}$	$\frac{3}{8}$	$\frac{1}{8}$	1

kは二項分布$B\left(3,\ \frac{1}{2}\right)$に従うから

$$E(k)=3\times\frac{1}{2}=\frac{3}{2}, \quad V(k)=3\times\frac{1}{2}\times\frac{1}{2}=\frac{3}{4}$$

$$E(X)=E(2k-3)=2E(k)-3=2\times\frac{3}{2}-3=\mathbf{0}$$

$$V(X)=V(2k-3)=2^2V(k)=4\times\frac{3}{4}=\mathbf{3}$$

←$X=2k-3$なので，まず$E(k)$, $V(k)$を求めてから$E(X)$, $V(X)$を求める。

アドバイス ••

• $P(X=r)={}_nC_r p^r q^{n-r}$ $(r=0,\ 1,\ 2,\ \cdots\cdots,\ n：q=1-p)$ であるとき，この確率分布を二項分布といい$B(n,\ p)$で表す。すなわち

$$P(X=r)={}_nC_r p^r q^{n-r} \Longleftrightarrow B(n,\ p)$$

n回の試行 ↓　　確率がp

二項分布$B(n,\ p)$に従う確率変数Xの期待値（平均），分散は次の式で表される。

これで 解決！

二項分布 $B(n,\ p)$
の期待値と分散 ➡ $E(X)=np,\ V(X)=npq \quad (q=1-p)$

練習29　甲，乙2つのさいころを同時に振る試行をAで表すとき，動点Pは原点Oを出発し，試行Aにおいてさいころ甲の出た目がさいころ乙の出た目より大きいときにのみx軸の正の方向に1だけ進むものとする。試行Aをn回繰り返した後の動点Pのx座標をXで表す。このとき，次の問いに答えよ。

(1) 試行Aにおいて，甲の出た目が乙の出た目より大きい確率を求めよ。

(2) Xの確率分布を求めよ。

(3) xy平面上で定点$Q(n, 2)$，$R(-1, 0)$と動点Pとを頂点とする三角形の面積をYで表すとき，Yの期待値$E(Y)$と分散$V(Y)$を求めよ。　　　　〈新潟大〉

30 確率密度関数

区間 $1 \leqq X \leqq 3$ のすべての値をとる確率変数 X の確率密度関数 $f(x)$ が $f(x)=px+1$ （p は定数）で与えられている。次の問いに答えよ。

(1) p の値を求めよ。　　　　　(2) $P(2 \leqq X \leqq 3)$ を求めよ。

(3) X の期待値 $E(X)$ を求めよ。

解

(1) $\displaystyle \int_1^3 (px+1)\,dx = \left[\frac{1}{2}px^2+x\right]_1^3 = 4p+2$　　　　←$f(x)$ が X の確率密度関数だから $\displaystyle \int_a^b f(x)\,dx=1$

$4p+2=1$　より　$p=-\dfrac{1}{4}$

(2) $\displaystyle P(2 \leqq X \leqq 3) = \int_2^3 \left(-\frac{1}{4}x+1\right)dx$　　　　←$\alpha \leqq X \leqq \beta$ となる確率は $\displaystyle P(\alpha \leqq X \leqq \beta)=\int_\alpha^\beta f(x)\,dx$

$\displaystyle = \left[-\frac{1}{8}x^2+x\right]_2^3 = \frac{3}{8}$

(3) $\displaystyle E(X)=\int_1^3 x\left(-\frac{1}{4}x+1\right)dx = \left[-\frac{1}{12}x^3+\frac{1}{2}x^2\right]_1^3$　　←$\displaystyle E(X)=\int_a^b xf(x)\,dx$

$\displaystyle = \left(-\frac{27}{12}+\frac{9}{2}\right)-\left(-\frac{1}{12}+\frac{1}{2}\right)=\frac{11}{6}$

アドバイス ....

- 連続的な確率変数 X の分布曲線が $y=f(x)$ で表されるとき，関数 $f(x)$ を X の確率密度関数という。
- 確率変数 X のとりうる値の範囲が

> $a \leqq X \leqq b$ であるとき　$\displaystyle \int_a^b f(x)\,dx=1$
>
> $\displaystyle P(\alpha \leqq X \leqq \beta)=\int_\alpha^\beta f(x)\,dx$

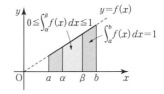

- X の期待値，分散は，次の式で与えられる。

これで 解決！

確率密度関数 ➡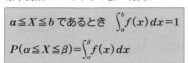

期待値：$\displaystyle E(X)=m=\int_a^b xf(x)\,dx$

分散：$\displaystyle V(X)=\int_a^b (x-m)^2 f(x)\,dx$

練習30 区間 $0 \leqq X \leqq 4$ のすべての値をとる確率変数 X の確率密度関数 $f(x)$ が k を定数として，$f(x)=kx$ で与えられている。次の問いに答えよ。

(1) 定数 k の値を求めよ。　　　　(2) 確率 $P(2 \leqq X \leqq 4)$ を求めよ。

(3) X の期待値 $E(X)$ と分散 $V(X)$ を求めよ。

31 正規分布と標準化

ある高校の生徒 300 人の身長は，平均 170 cm，標準偏差 5 cm の正規分布に従うという。このとき，165 cm 以上 175 cm 以下の人は全体のおよそ何％か。また，175 cm 以上の生徒はおよそ何人いるか。

解 身長を X cm とすると，X は正規分布 $N(170, 5^2)$ に従うから

$Z = \dfrac{X-170}{5}$ とおくと Z は $N(0, 1)$ に従う。　　←標準化する。

$X = 165$ のとき，$Z = \dfrac{165-170}{5} = -1$

$X = 175$ のとき，$Z = \dfrac{175-170}{5} = 1$　だから

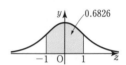

$P(165 \leqq X \leqq 175) = P(-1 \leqq Z \leqq 1) = 0.6826$

よって，およそ **68 %**

また，$P(X \geqq 175) = P(Z \geqq 1)$

$\qquad\qquad\qquad = 0.5 - P(0 \leqq Z \leqq 1)$

$\qquad\qquad\qquad = 0.5 - 0.3413 = 0.1587$

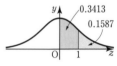

175 cm 以上の生徒数は　$300 \times 0.1587 = 47.61$　　←（全体の人数）×（確率）

よって，およそ **48 人**

アドバイス •

• 確率変数 X が正規分布 $N(\mu, \sigma^2)$ に従うとき，$Z = \dfrac{X-\mu}{\sigma}$ とおいて標準化する。

• 標準化された確率変数 X は $N(0, 1)$ に従い，このときの確率は正規分布表から求まる。なお，よく使われる代表的な確率は次のようになる。

これで 解決 !

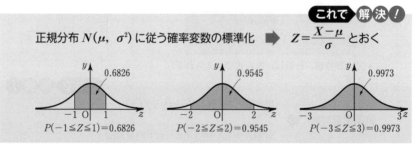

正規分布 $N(\mu, \sigma^2)$ に従う確率変数の標準化 ➡ $Z = \dfrac{X-\mu}{\sigma}$ とおく

$P(-1 \leqq Z \leqq 1) = 0.6826$　　$P(-2 \leqq Z \leqq 2) = 0.9545$　　$P(-3 \leqq Z \leqq 3) = 0.9973$

注 確率変数 X が正規分布曲線のどの範囲にあるかを確認して求めることが大切である。

練習31 (1) ある工場で製造される 1000 個の缶詰の重さは，平均 200 g，標準偏差 3 g の正規分布に従うという。194 g 以上 209 g 以下を規格品とするとき，規格品はおよそ何個あるか。

(2) 500 人が 100 点満点の試験を受験した結果が，平均 62 点，標準偏差 16 点の正規分布に従うという。30 点以下を不合格とすると，不合格者はおよそ何人いるか。

32 二項分布の正規分布による近似

2枚の硬貨を同時に48回投げるとき，2枚とも表の出る回数が15回以下となる確率を求めよ。

解　2枚の硬貨を同時に投げるとき，2枚とも表の出る確率は $\frac{1}{4}$ である。

2枚とも表の出る回数を X とすると X は二項分布 $B\left(48, \frac{1}{4}\right)$ に従う。

┌─ 二項分布 ─────────────
X が二項分布 $B(n, p)$ に従うとき
$E(X)=np$ （期待値）
$V(X)=np(1-p)$ （分散）
$\sigma(X)=\sqrt{np(1-p)}$ （標準偏差）
└───────────────────────

$$E(X)=48\times\frac{1}{4}=12$$

$$\sigma(X)=\sqrt{48\times\frac{1}{4}\times\frac{3}{4}}=3$$

$n=48$ は十分大きな値だから

$Z=\dfrac{X-12}{3}$ とおくと　←$Z=\dfrac{X-\mu}{\sigma}$ で標準化

Z は近似的に正規分布 $N(0, 1)$ に従う。

$X=15$ のとき，$Z=\dfrac{15-12}{3}=1$ だから

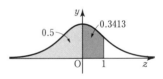

$$
\begin{aligned}
P(X\leqq15)&=P(Z\leqq1)\\
&=0.5+P(0\leqq Z\leqq1)\\
&=0.5+0.3413=\mathbf{0.8413}
\end{aligned}
$$

アドバイス ・・

- 確率変数 X が二項分布 $B(n, p)$ に従うとき，n が十分大きければ正規分布 $N(np, np(1-p))$ に従う。

- さらに，$Z=\dfrac{X-np}{\sqrt{np(1-p)}}$　←$Z=\dfrac{X-\mu\ ←np}{\sigma\ ←\sqrt{np(1-p)}}$ とした式

とすれば標準正規分布 $N(0, 1)$ で近似できるから，次の正規分布の考えが適用できる。

これで 解決！

二項分布の正規分布による近似	
二項分布 $B(n, p)$ （n が十分大きいとき）　➡	期待値　　分散 正規分布 $N(np, np(1-p))$ $Z=\dfrac{X-np}{\sqrt{np(1-p)}}$ は $N(0, 1)$ に従う。

■練習32　1個のさいころを450回投げるとき，1の目または6の目が出る回数について，次のようになる確率を求めよ。

(1)　140回以下となる。　　　　　(2)　160回以上180回以下となる。

33 標本平均の期待値と分散

母平均 50，母標準偏差 30 の母集団から大きさ 100 の標本を無作為抽出するとき，標本平均 $\overline{X}$ が 44 以上 53 以下となる確率を求めよ。また，56 以上となる確率を求めよ。

解 $n=100$，$\mu=50$，$\sigma=30$ だから

$\overline{X}$ は正規分布 $N\left(50,\ \dfrac{30^2}{100}\right)$，すなわち $N(50,\ 3^2)$ で近似できるので

$\quad Z=\dfrac{\overline{X}-50}{3}$ とおくと，Z は $N(0,\ 1)$ に従う。←$\overline{X}$ を標準化 $N(0,\ 1)$ とする。

$\quad \overline{X}=44$ のとき，$Z=\dfrac{44-50}{3}=-2$

$\quad \overline{X}=53$ のとき，$Z=\dfrac{53-50}{3}=1$ だから

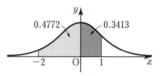

44 以上 53 以下となる確率は

$\begin{aligned}
P(44\leqq\overline{X}\leqq53)&=P(-2\leqq Z\leqq1)\\
&=P(0\leqq Z\leqq1)+P(0\leqq Z\leqq2)\\
&=0.3413+0.4772=\textbf{0.8185}
\end{aligned}$

56 以上となる確率は

$\begin{aligned}
P(\overline{X}\geqq56)&=P\left(Z\geqq\dfrac{56-50}{3}\right)=P(Z\geqq2)\\
&=0.5-P(0\leqq Z\leqq2)=0.5-0.4772=\textbf{0.0228}
\end{aligned}$

アドバイス

• 母平均 μ，母標準偏差 σ の母集団から大きさ n の標本を抽出するとき，標本平均 $\overline{X}$ の期待値と標準偏差は

$\quad$ 期待値：$E(\overline{X})=\mu$

$\quad$ 標準偏差：$\sigma(\overline{X})=\dfrac{\sigma}{\sqrt{n}}$

• このことから，標本平均 $\overline{X}$ の分布は次のように標準化できる。

これで解決！

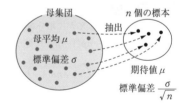

練習33 母平均 120，母標準偏差 150 の母集団から大きさ 100 の標本を抽出するとき，標本平均 $\overline{X}$ が次のようになる確率を求めよ。

(1) 105 以上 135 以下となる。　　(2) 150 以上または 90 以下となる。

34 母平均の推定

　　A 社で製造されるピザ 100 枚を無作為に抽出して重さを測ったら，
平均値 600 g，標準偏差 25 g であった。
(1)　このピザの平均 μ に対する信頼度 95 % の信頼区間を求めよ。
(2)　母平均 μ に対する信頼区間の幅を 10 g 以下にするには，標本の
　　大きさ n はどのようにすればよいか。

解　(1)　標本平均は $\overline{X}=600$，標本の大きさは
　　　　$n=100$，標準偏差は $\sigma=25$ だから

$$600-\frac{1.96\times25}{\sqrt{100}}\leqq\mu\leqq600+\frac{1.96\times25}{\sqrt{100}}$$

$$600-4.9\leqq\mu\leqq600+4.9$$

よって，**$595.1\leqq\mu\leqq604.9$**

> 信頼度 95 %
> $$\overline{X}-\frac{1.96\sigma}{\sqrt{n}}\leqq\mu\leqq\overline{X}+\frac{1.96\sigma}{\sqrt{n}}$$

(2)　信頼度 95 % の信頼区間の幅は

$$2\times\frac{1.96\sigma}{\sqrt{n}} \text{ だから} \quad 2\times\frac{1.96\times25}{\sqrt{n}}\leqq10$$

$$10\sqrt{n}\geqq98 \quad \text{より} \quad n\geqq96.04$$

よって，標本の大きさを **97 枚以上**とすればよい。

> 信頼度 95 % の信頼区間の幅
> $$2\times\frac{1.96\sigma}{\sqrt{n}}$$

アドバイス ・・・・・・・・・・・・・・・・・・・・・・・・・・・・・・・・・・・・・・・

・母平均 μ，母標準偏差 σ の母集団から大きさ n の標本を抽出したとき，n の大きさ
　が十分大きければ，標本平均 $\overline{X}$ は正規分布 $N\left(\mu,\ \dfrac{\sigma^2}{n}\right)$ に従うと考えてよい。

・$Z=\dfrac{\overline{X}-\mu}{\dfrac{\sigma}{\sqrt{n}}}$ とおくと，$P\left(-1.96\leqq\dfrac{\overline{X}-\mu}{\dfrac{\sigma}{\sqrt{n}}}\leqq1.96\right)=0.95$ となり，この式を μ につい

て解くと，次の公式が得られる。

母平均 μ の推定 ➡

信頼度 95 %　$\overline{X}-\dfrac{1.96\sigma}{\sqrt{n}}\leqq\mu\leqq\overline{X}+\dfrac{1.96\sigma}{\sqrt{n}}$

信頼度 99 %　$\overline{X}-\dfrac{2.58\sigma}{\sqrt{n}}\leqq\mu\leqq\overline{X}+\dfrac{2.58\sigma}{\sqrt{n}}$

練習34　(1)　C 社で製造される缶詰 400 個を無作為に抽出して重さを測ったら，平均値
　　　300 g，標準偏差 50 g であった。この缶詰の平均 μ に対する信頼度 95 % の信頼区
　　　間を求めよ。
　　(2)　ある工場でつくられるパンの重さの母標準偏差 σ は 12.5 g であるという。パン
　　　の重さの平均 μ を信頼度 95 % で推定するとき，信頼区間の幅を 5 g 以下にするに
　　　は，標本の大きさ n はどのようにすればよいか。

35 母比率の推定

ある工場で，多数の製品の中から 900 個を無作為抽出して調べたところ，90 個の不良品が含まれていた。この製品全体の不良品の母比率 p に対する信頼度 95 ％の信頼区間を求めよ。

解 標本の大きさは $n=900$

標本比率は $p_0=\dfrac{90}{900}=0.1$ だから

母比率 p に対する信頼度 95 ％の信頼区間は

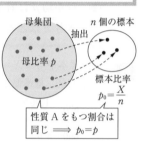

母集団　抽出　n 個の標本

母比率 p

標本比率 $p_0=\dfrac{X}{n}$

性質 A をもつ割合は同じ $\Longrightarrow p_0=p$

$$0.1-1.96\times\sqrt{\frac{0.1\times0.9}{900}}\leqq p\leqq0.1+1.96\times\sqrt{\frac{0.1\times0.9}{900}}$$

$$0.1-0.0196\leqq p\leqq0.1+0.0196$$

よって，**$0.0804\leqq p\leqq0.1196$**

アドバイス ・・

- 母集団の中で，ある性質 A をもつものの割合を p とするとき，p を性質 A をもつものの**母比率**という。

- この母集団から大きさ n の標本を抽出するとき，性質 A をもつものの個数を X とすると，X は二項分布 $B(n, p)$ に従うので $\left(p=\dfrac{X}{n}$ である$\right)$，X は正規分布 $N(np, np(1-p))$ に従う。(32参照)

- $Z=\dfrac{X-np}{\sqrt{np(1-p)}}$ と標準化すれば，$P\left(-1.96\leqq\dfrac{X-np}{\sqrt{np(1-p)}}\leqq1.96\right)=0.95$ となる。

- 上の式の（　）の中を変形して，p について解くと

$$P\left(\frac{X}{n}-1.96\sqrt{\frac{p(1-p)}{n}}\leqq p\leqq\frac{X}{n}+1.96\sqrt{\frac{p(1-p)}{n}}\right)=0.95$$

n が十分大きいとき，標本比率 $\dfrac{X}{n}=p_0\doteqdot p$ としてよいから次の公式が得られる。

これで **解決!**

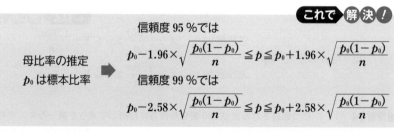

母比率の推定
p_0 は標本比率

信頼度 95 ％では
$$p_0-1.96\times\sqrt{\frac{p_0(1-p_0)}{n}}\leqq p\leqq p_0+1.96\times\sqrt{\frac{p_0(1-p_0)}{n}}$$

信頼度 99 ％では
$$p_0-2.58\times\sqrt{\frac{p_0(1-p_0)}{n}}\leqq p\leqq p_0+2.58\times\sqrt{\frac{p_0(1-p_0)}{n}}$$

■**練習35** ある選挙区で 100 人を無作為に選んで，A 候補の支持者を調べたところ 20 人であった。この選挙区における A 候補の支持率 p に対する信頼度 95 ％の信頼区間を求めよ。

36 母平均の検定

ある学力試験の全国平均は 60 点であった。A 県の受験者 100 人の点数を無作為に抽出して調べた結果，平均点が 63 点，標準偏差が 16 点であった。A 県の成績は全国平均と異なるといえるか。有意水準 5 ％で検定せよ。

解 帰無仮説は「A 県の成績は全国平均と変わらない」

有意水準 5 ％の検定なので $|z|>1.96$ を棄却域とする。

100 人の点数の標本平均は正規分布

$N\left(63, \dfrac{16^2}{100}\right)$ に従う。

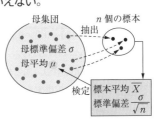

$$z=\dfrac{63-60}{\dfrac{16}{\sqrt{100}}}=\dfrac{10\times3}{16}=1.875 \quad \longleftarrow \dfrac{\overline{X}-\mu}{\dfrac{\sigma}{\sqrt{n}}}$$

←z の値を統計検定量という。

$|z|=1.875<1.96$

z は棄却域に含まれないので仮説は棄却されない。

よって，A 県の成績は全国平均と異なるといえない。

アドバイス ・・・・・・・・・・・・・・・・・・・・・・・・

- 母標準偏差または標本標準偏差が σ である母集団において，「母平均が μ である」という帰無仮説に対し，大きさ n の標本平均が $\overline{X}$ のとき，n が十分大きければ正規分布で近似できるから，有意水準 5 ％の仮説検定では次のようになる。

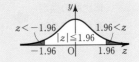

これで　解決！

仮説 H：「母平均は μ である」（帰無仮説）
母集団から大きさ n の標本を抽出（平均 $\overline{X}$，標準偏差 σ）

母平均の検定
有意水準 5 ％ $\Longrightarrow$ $z=\dfrac{\overline{X}-\mu}{\dfrac{\sigma}{\sqrt{n}}}=\dfrac{\sqrt{n}(\overline{X}-\mu)}{\sigma}$

$|z|>1.96$ のとき，仮説 H を棄却する。
$|z|\leqq1.96$ のとき，仮説 H を棄却しない。

練習36 ある工場で生産される製品は，1 個の平均の重さが 170 g である。このたび，新しい機械で同じ製品を生産した。その中から無作為に 100 個を抽出して調べた結果，重さの平均は 168 g，標準偏差は 12 g であった。このことから，新しい機械によって製品の重さに変化があったといえるか。有意水準 5 ％で検定せよ。

37 母比率の検定

> ある植物の種子は，これまでの経験から20％が発芽することがわかっている。この種子を無作為に400個選んで発芽させたところ，60個発芽した。今年は例年の種子と異なると考えられるか。有意水準5％で検定せよ。

解 帰無仮説は「発芽する数の母比率は0.2である」

有意水準5％なので $|z|>1.96$ を棄却域とする。

母比率は $p=0.2$

標本比率は $p_0=\dfrac{60}{400}=0.15$ だから

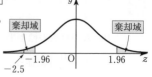

棄却域　棄却域
-1.96　O　1.96　z
-2.5

$$z=\frac{0.15-0.2}{\sqrt{\dfrac{0.2\times 0.8}{400}}}=-\frac{0.05\times 20}{0.4}=-2.5 \quad \Longleftarrow z=\frac{p_0-p}{\sqrt{\dfrac{p(1-p)}{n}}}$$

$|z|=2.5>1.96$

z は棄却域に含まれるので仮説は棄却される。

よって，今年は例年の種子と異なると考えられる。

別解 $z=\dfrac{60-80}{\sqrt{400\times 0.2\times 0.8}}=-2.5 \quad \Longleftarrow \dfrac{X-np}{\sqrt{np(1-p)}}$ の式に代入

アドバイス ••

- 母集団の中で，ある性質をもつものの割合を p とする。この母集団から大きさ n の標本を抽出するとき，その中に含まれる性質Aをもつものの個数を X とすると，標本比率は $p_0=\dfrac{X}{n}$ である。これをもとにして母比率の検定には次の式を使う。

これで 解決！

仮説 H：「母比率は p である」（帰無仮説）

母集団から大きさ n の標本を抽出。標本比率 $p_0=\dfrac{X}{n}$

母比率の検定
有意水準5％ $\Longrightarrow$ $z=\dfrac{p_0-p}{\sqrt{\dfrac{p(1-p)}{n}}} \cdots\cdots p_0=\dfrac{X}{n} \to z=\dfrac{X-np}{\sqrt{np(1-p)}}$

$|z|>1.96$ のとき，仮説 H を棄却する。

$|z|\leqq 1.96$ のとき，仮説 H を棄却しない。

$z<-1.96$　$1.96<z$
$|z|\leqq 1.96$
-1.96　O　1.96　z

練習37 ある病気の予防のためのワクチンAは接種した人の75％に効果があるといわれている。最近新しいワクチンBが開発され，それを100人に接種したところ80人に効果があった。2つのワクチンAとBには効果の違いはあるといえるか。有意水準5％で検定せよ。

38 ベクトルの加法と減法

正六角形 ABCDEF において，ベクトル $\overrightarrow{AB}=\vec{a}$, $\overrightarrow{BC}=\vec{b}$ とするとき，次のベクトルは

$\overrightarrow{CD}=\boxed{}\vec{a}+\boxed{}\vec{b}$

$\overrightarrow{BD}=\boxed{}\vec{a}+\boxed{}\vec{b}$

$\overrightarrow{EC}=\boxed{}\vec{a}+\boxed{}\vec{b}$ となる。 〈立教大〉

解 右図のように正六角形の中心を O とすると

$\overrightarrow{CD}=\overrightarrow{BO}$

$\quad=\overrightarrow{BA}+\overrightarrow{AO}$

$\quad=-\vec{a}+\vec{b}$

$\overrightarrow{BD}=\overrightarrow{BC}+\overrightarrow{CD}$

$\quad=\vec{b}+(\vec{b}-\vec{a})$

$\quad=-\vec{a}+2\vec{b}$

$\overrightarrow{EC}=\overrightarrow{ED}+\overrightarrow{DC}$

$\quad=\overrightarrow{ED}-\overrightarrow{CD}$

$\quad=\vec{a}-(\vec{b}-\vec{a})$

$\quad=2\vec{a}-\vec{b}$

別解

$\overrightarrow{CD}=\overrightarrow{AD}-\overrightarrow{AC}$

$\quad=2\vec{b}-(\vec{a}+\vec{b})$

$\quad=-\vec{a}+\vec{b}$

$\overrightarrow{BD}=\overrightarrow{AD}-\overrightarrow{AB}$

$\quad=-\vec{a}+2\vec{b}$

← 正六角形の図形的性質を利用する。

解は $\overrightarrow{OB}=\overrightarrow{OA}+\overrightarrow{AB}$ の考え方（ベクトルの和）

別解は $\overrightarrow{AB}=\overrightarrow{OB}-\overrightarrow{OA}$ の考え方（ベクトルの差）

アドバイス ・・・

・ベクトルの和と差は，次のような考え方が中心になっているから，自由に使えるように。また，正多角形などでは図形の性質を最大限に利用すること。

これで 解決 !

ベクトルの加法と減法 ⇒

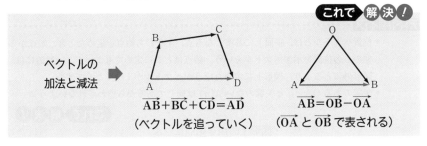

$\overrightarrow{AB}+\overrightarrow{BC}+\overrightarrow{CD}=\overrightarrow{AD}$
（ベクトルを追っていく）

$\overrightarrow{AB}=\overrightarrow{OB}-\overrightarrow{OA}$
（$\overrightarrow{OA}$ と $\overrightarrow{OB}$ で表される）

練習38 右の正六角形 ABCDEF において，$\overrightarrow{AB}=\vec{a}$, $\overrightarrow{AF}=\vec{b}$ とする。辺 OC の中点を G，辺 EF の中点を H とするとき，次のベクトルを $\vec{a}$, $\vec{b}$ で表せ。

(1) $\overrightarrow{BC}$ 　　(2) $\overrightarrow{AH}$ 　　(3) $\overrightarrow{CH}$ 　　(4) $\overrightarrow{HG}$

〈類　京都産大〉

39 位置ベクトルについて

四角形 ABCD において，辺 AB，BC，CD，DA の中点をそれぞれ，P，Q，R，S とするとき，四角形 PQRS は平行四辺形であることを位置ベクトルを用いて示せ。

解　A を始点とする点 B，C，D の位置ベクトルをそれぞれ $\vec{b}$，$\vec{c}$，$\vec{d}$ とすると

$$P\left(\frac{\vec{b}}{2}\right),\ Q\left(\frac{\vec{b}+\vec{c}}{2}\right),\ R\left(\frac{\vec{c}+\vec{d}}{2}\right),\ S\left(\frac{\vec{d}}{2}\right)$$

$$\overrightarrow{PQ}=\frac{\vec{b}+\vec{c}}{2}-\frac{\vec{b}}{2}=\frac{\vec{c}}{2}\quad \Leftarrow\overrightarrow{PQ}=\overrightarrow{AQ}-\overrightarrow{AP}$$

$$\overrightarrow{SR}=\frac{\vec{c}+\vec{d}}{2}-\frac{\vec{d}}{2}=\frac{\vec{c}}{2}\quad \Leftarrow\overrightarrow{SR}=\overrightarrow{AR}-\overrightarrow{AS}$$

よって，$\overrightarrow{PQ}=\overrightarrow{SR}$ が成り立つから
四角形 PQRS は平行四辺形である。

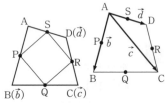

（右図のほうが考えやすいが，左図は見えない矢線があると思えばよい。）

別解　定点 O を始点とする点 A，B，C，D の位置ベクトルをそれぞれ $\vec{a}$，$\vec{b}$，$\vec{c}$，$\vec{d}$ とすると

$$P\left(\frac{\vec{a}+\vec{b}}{2}\right),\ Q\left(\frac{\vec{b}+\vec{c}}{2}\right),\ R\left(\frac{\vec{c}+\vec{d}}{2}\right),\ S\left(\frac{\vec{d}+\vec{a}}{2}\right)$$

$$\overrightarrow{PQ}=\frac{\vec{b}+\vec{c}}{2}-\frac{\vec{a}+\vec{b}}{2}=\frac{\vec{c}-\vec{a}}{2}\quad \Leftarrow\overrightarrow{PQ}=\overrightarrow{OQ}-\overrightarrow{OP}$$

$$\overrightarrow{SR}=\frac{\vec{c}+\vec{d}}{2}-\frac{\vec{d}+\vec{a}}{2}=\frac{\vec{c}-\vec{a}}{2}\ \ \text{より，}\quad \Leftarrow\overrightarrow{SR}=\overrightarrow{OR}-\overrightarrow{OS}$$

$$\overrightarrow{PQ}=\overrightarrow{SR}\ \text{を示してもよい。}$$

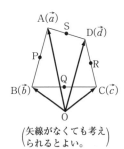

（矢線がなくても考えられるとよい。）

アドバイス

• 位置ベクトルとは，平面上に基準となる点，すなわち始点を定めたとき，始点から他の点の位置を示すベクトルをいう。始点はどこに定めてもよいが，一般的には，図形外にとるより，図形上に定めたほうがベクトルが1つ少なくてすむ。

• 矢線のある $\overrightarrow{OA}=\vec{a}$ と矢線のない $A(\vec{a})$ は同じであるから惑わされないように。

これで　解決！

位置ベクトル ➡
（位置を示すベクトル）

・図形上の点を始点にせよ
・$\overrightarrow{OA}=\vec{a}$ と $A(\vec{a})$ は同じ表現だ

矢線がなくても示す点は同じ

練習39　△ABC の辺 BC，CA，AB を $2:1$ に内分する点をそれぞれ P，Q，R とするとき，△ABC の重心 G と △PQR の重心 G′ が一致することを示せ。

40 内分点の位置ベクトル

△OAB の辺 OB を $2:1$ に内分する点を C，辺 AB を $1:3$ に外分する点を D とする。$\overrightarrow{OA}=\vec{a}$，$\overrightarrow{OB}=\vec{b}$ として，次の問いに答えよ。

(1) $\overrightarrow{OC}$，$\overrightarrow{OD}$ を $\vec{a}$，$\vec{b}$ で表せ。

(2) 辺 CD を $2:3$ に内分する点を P，OP の延長線と辺 AB の交点を Q とするとき，AQ：QB，OP：PQ を求めよ。 〈類 東京電機大〉

解

(1) $\overrightarrow{OC}=\dfrac{2}{3}\vec{b}$，$\overrightarrow{OD}=\dfrac{-3\vec{a}+\vec{b}}{1-3}=\dfrac{3\vec{a}-\vec{b}}{2}$

(2) $\overrightarrow{OP}=\dfrac{3\overrightarrow{OC}+2\overrightarrow{OD}}{2+3}=\dfrac{2\vec{b}+3\vec{a}-\vec{b}}{5}$

$=\dfrac{3\vec{a}+\vec{b}}{5}=\dfrac{4}{5}\cdot\dfrac{3\vec{a}+\vec{b}}{4}$

より $\overrightarrow{OQ}=\dfrac{3\vec{a}+\vec{b}}{4}$ で，

Q は AB を $1:3$ に内分する点である。

よって，**AQ：QB＝1：3，OP：PQ＝4：1**

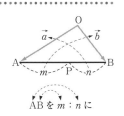

内分点の公式
$$\vec{p}=\dfrac{n\vec{a}+m\vec{b}}{m+n}$$

外分点の公式
$$\vec{q}=\dfrac{-n\vec{a}+m\vec{b}}{m-n}$$

アドバイス

• 内分点，外分点の公式は逆の見方ができないと困る。
$\overrightarrow{OA}=\vec{a}$，$\overrightarrow{OB}=\vec{b}$ とすると
$\dfrac{2\vec{a}+\vec{b}}{3}$ は $\dfrac{2\vec{a}+\vec{b}}{1+2}$ だから，AB を $1:2$ に内分した点，
$\dfrac{-2\vec{a}+5\vec{b}}{3}$ は $\dfrac{-2\vec{a}+5\vec{b}}{5-2}$ だから AB を $5:2$ に外分した点である。

• 公式の覚え方は上の図のようにタスキにかけるのがふつうであるが，図によってはやりにくいこともある。そこで式だけで考える場合，分子は "中と中，外と外" を掛けると覚えておくとよい。

これで 解決!

内分点 $\vec{p}=\dfrac{n\vec{a}+m\vec{b}}{m+n}$

（外分点は n を $-n$ にする）

分子の計算は 中と中，外と外 ：**AB を $m:n$ に内 (外) 分する**

練習40 △OAB において，辺 OA を $2:3$ に内分する点を C，辺 OB を $2:1$ に内分する点を D，CD の中点を E とする。$\overrightarrow{OA}=\vec{a}$，$\overrightarrow{OB}=\vec{b}$ として，次の問いに答えよ。

(1) $\overrightarrow{OE}$ を $\vec{a}$，$\vec{b}$ で表せ。

(2) OE の延長線と辺 AB の交点を F とするとき，OE：EF，AF：FB を求めよ。

(3) CD を $9:5$ に外分する点を G とするとき，AB：BG を求めよ。

〈類 青山学院大〉

41 3点が同一直線上にある条件

> 平行四辺形 ABCD の辺 AB の延長上に点 P を $\overrightarrow{BP}=2\overrightarrow{AB}$ となる
> ようにとる。対角線 AC を $3:1$ に内分する点を Q とするとき，P，Q，
> D は同一直線上にあることを示せ。　　　　　　　　　〈中央大〉

解　$\overrightarrow{AB}=\vec{a}$，$\overrightarrow{AD}=\vec{b}$ とすると

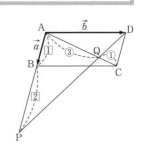

$\overrightarrow{AP}=3\vec{a}$，$\overrightarrow{AQ}=\dfrac{3}{4}(\vec{a}+\vec{b})$

$\overrightarrow{PQ}=\overrightarrow{AQ}-\overrightarrow{AP}$　　　　　　$\overrightarrow{PD}=\overrightarrow{AD}-\overrightarrow{AP}$

$\quad=\dfrac{3}{4}(\vec{a}+\vec{b})-3\vec{a}$　　　　　$\quad=\vec{b}-3\vec{a}$

$\quad=-\dfrac{3}{4}(3\vec{a}-\vec{b})$　　　　　　$\quad=-(3\vec{a}-\vec{b})$

よって，$\overrightarrow{PQ}=\dfrac{3}{4}\overrightarrow{PD}$ が成り立つから

　　　　P，Q，D は同一直線上にある。

アドバイス ・・

- 図形の問題をベクトルで考える場合，平面なら平行でない基本となる2つのベクトルが設定される。次に考えることは，この2つのベクトルで，問題の中のすべてのベクトルを表すことだ。

  この考え方は，すべてのベクトルの問題にいえる重要な方針になる。

- 2つのベクトルは，たいていは問題
  の中で，設定されているが，自分で
  設定する場合は図形上の1点を始点
  にとって，右図のように設定すると
  よい。

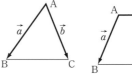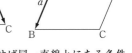

- この例題でも，$\overrightarrow{PQ}$ と $\overrightarrow{PD}$ を設定された $\vec{a}$，$\vec{b}$ で表せば同一直線上にある条件
  $\overrightarrow{PQ}=k\overrightarrow{PD}$ が自然に示せる。

これで 解決!

| 3点 P，Q，R が同一直線上にある条件 $\overrightarrow{PQ}$，$\overrightarrow{PR}$ を設定した2つのベクトルで表し | ⟹ | $\overrightarrow{PQ}=k\overrightarrow{PR}$ を示す。 |

練習41　△ABC において，辺 AB を $2:3$ に内分する点を P，辺 BC を $2:1$ に内分する点を Q，さらに，線分 AQ を $2:1$ に内分する点を R とする。このとき，3点 P，R，C は同一直線上にあることを示し，比 PR：RC を最も簡単な整数比で表せ。

〈長崎総合科学大〉

42 座標とベクトルの成分

4 点 A(1, 0)，B(−1, 2)，C(−3, −1)，P(a, b) が $\overrightarrow{PA}=\overrightarrow{PB}+\overrightarrow{PC}$ を満たすとき，$a=\boxed{}$，$b=\boxed{}$。　　　〈千葉工大〉

解　$\overrightarrow{PA}=(1-a,\ -b)$，$\overrightarrow{PB}=(-1-a,\ 2-b)$，$\overrightarrow{PC}=(-3-a,\ -1-b)$
$\overrightarrow{PA}=\overrightarrow{PB}+\overrightarrow{PC}$ だから

$(1-a,\ -b)=(-1-a,\ 2-b)+(-3-a,\ -1-b)$
$\qquad\qquad\quad\ =(-4-2a,\ 1-2b)$

$1-a=-4-2a$ ……①，　　$-b=1-2b$ ……②　　←x 成分，y 成分どうしを
①，②より　$a=-5$，$b=1$　　　　　　　　　　　　　　等しくおく。

アドバイス・・・

• 2 点 A，B の座標が与えられたとき，座標を成分とみると，$\overrightarrow{AB}$ は x 成分の差と y 成分の差で表され，図形をベクトルで考える上で基本となるものだ。

A(x_1, y_1)，B(x_2, y_2) のとき $\ \Longrightarrow\ $ $\overrightarrow{AB}=(x_2-x_1,\ y_2-y_1)$
$\qquad\qquad\qquad\qquad\qquad\qquad\qquad\qquad\quad$ x 成分の差　y 成分の差

■**練習42**　4 点 A(−2, 1)，B(a, 4)，C(4, b)，D(−1, 3) を頂点とする四角形 ABCD が平行四辺形となるようにベクトルを用いて，a, b の値を定めよ。　　〈類　工学院大〉

43 $\vec{c}=m\vec{a}+n\vec{b}$ を満たす m, n

$\vec{a}=(1, 2)$，$\vec{b}=(3, 1)$，$\vec{c}=(1, -3)$ に対して　$m\vec{a}+n\vec{b}=\vec{c}$ となる実数 m, n の値を求めよ。　　　　　　　　　　〈追手門学院大〉

解　$m(1,\ 2)+n(3,\ 1)=(1,\ -3)$　　　　　　　←$m\vec{a}+n\vec{b}=\vec{c}$ に成分を
$\qquad(m+3n,\ 2m+n)=(1,\ -3)$　　　　　　　　あてはめる。
x 成分，y 成分を等しくおいて
$\qquad m+3n=1$ ……①，　$2m+n=-3$ ……②　　←①，②の連立方程式を
①，②を解いて，$m=-2$，$n=1$　　　　　　　　　解く。

アドバイス・・・

• 平面上の任意のベクトル $\vec{c}$ は 2 つのベクトル $\vec{a}$, $\vec{b}$ ($\vec{a}\neq\vec{0}$, $\vec{b}\neq\vec{0}$, $\vec{a}\not\!\!\times\vec{b}$) を使って，$\vec{c}=m\vec{a}+n\vec{b}$ の形で表される。

$\vec{c}=m\vec{a}+n\vec{b}\ \Longrightarrow\ $ x 成分，y 成分を比較，m, n の連立方程式に

■**練習43**　ベクトル $\vec{a}=(-1, 2)$，$\vec{b}=(2, 1)$ について，ベクトル $\vec{p}=(-7, 4)$ を $\vec{a}$, $\vec{b}$ を用いて表せ。　　　　　　　　　　　　　　　　　　〈福井工大〉

44 ベクトルの内積・なす角・大きさ

$|\vec{a}|=2$, $|\vec{b}|=\sqrt{3}$, $|\vec{a}-\vec{b}|=1$ であるとき, 次の問いに答えよ.

(1) $\vec{a}$, $\vec{b}$ のなす角 θ を求めよ.

(2) $|2\vec{a}-3\vec{b}|$ の値を求めよ。 〈岡山理科大〉

解

(1) $|\vec{a}-\vec{b}|^2=|\vec{a}|^2-2\vec{a}\cdot\vec{b}+|\vec{b}|^2$

$\qquad\qquad =4-2\vec{a}\cdot\vec{b}+3=1$ よって, $\vec{a}\cdot\vec{b}=3$

> これは誤り
> $|\vec{a}-\vec{b}|^2=|\vec{a}|^2+|\vec{b}|^2$

$\qquad \cos\theta=\dfrac{\vec{a}\cdot\vec{b}}{|\vec{a}||\vec{b}|}=\dfrac{3}{2\cdot\sqrt{3}}=\dfrac{\sqrt{3}}{2}$

$\qquad 0°\leqq\theta\leqq180°$ より $\theta=30°$

←ベクトルのなす角は
$0°\leqq\theta\leqq180°$ である。

(2) $|2\vec{a}-3\vec{b}|^2=4|\vec{a}|^2-12\vec{a}\cdot\vec{b}+9|\vec{b}|^2$

$\qquad\qquad\quad =4\cdot4-12\cdot3+9\cdot3=7$

よって, $|2\vec{a}-3\vec{b}|=\sqrt{7}$

アドバイス ･･

・ベクトルの内積の
定義は

$$\vec{a}\cdot\vec{b}=|\vec{a}||\vec{b}|\cos\theta$$

であるが, この定義をみてもわかるように, 内積 大きさ なす角 は密接
な関係がある。そしてこの関係がからんだ問題はきわめて多い。

・$\vec{a}+k\vec{b}$ の大きさを求めるには絶対値をつけて平方する。このとき,
$|\vec{a}+k\vec{b}|^2=|\vec{a}|^2+2k\vec{a}\cdot\vec{b}+k^2|\vec{b}|^2$ となり, $\vec{a}\cdot\vec{b}$ の内積が出てくることに注意する
必要がある。なお, $|\vec{a}+k\vec{b}|^2=|\vec{a}|^2+2k|\vec{a}||\vec{b}|+k^2|\vec{b}|^2$ の誤りも見かける。

これで 解決!

ベクトルの内積
と
なす角・大きさ
$\Rightarrow$
$\vec{a}\cdot\vec{b}=|\vec{a}||\vec{b}|\cos\theta \Longleftrightarrow \cos\theta=\dfrac{\vec{a}\cdot\vec{b}}{|\vec{a}||\vec{b}|}$

$|\vec{a}+k\vec{b}|^2=|\vec{a}|^2+2k\vec{a}\cdot\vec{b}+k^2|\vec{b}|^2$ として
$|\vec{a}|$, $|\vec{b}|$, $\vec{a}\cdot\vec{b}$ はもうベクトルでない。

練習44 (1) $|\vec{a}|=4$, $|\vec{b}|=5$, $(2\vec{a}+\vec{b})\cdot(\vec{a}-2\vec{b})=12$ であるとき, $\vec{a}\cdot\vec{b}=\boxed{}$, $\vec{a}$ と $\vec{b}$
のなす角は $\boxed{}$, $|2\vec{a}+\vec{b}|=\boxed{}$ である。 〈千葉工大〉

(2) 平面上の3点 A, B, C に対して $|\overrightarrow{AB}|=1$, $|\overrightarrow{AC}|=5$, $\overrightarrow{AB}\cdot\overrightarrow{AC}=3$ である。
$|\overrightarrow{BC}|$ を求めよ。 〈福岡教育大〉

(3) 平面上の2つのベクトル $\vec{p}$, $\vec{q}$ が $|\vec{p}+\vec{q}|=\sqrt{13}$, $|\vec{p}-\vec{q}|=1$, $|\vec{p}|=\sqrt{3}$ を満た
している。このとき, 内積 $\vec{p}\cdot\vec{q}$ は $\boxed{}$ であり, $\vec{p}$ と $\vec{q}$ のなす角 θ は $\boxed{}°$ であ
る。 〈慶応大〉

45 成分による大きさ・なす角・垂直・平行

$\vec{a}=(1,\ 2),\ \vec{b}=(3,\ 1),\ \vec{c}=(x,\ -1)$ のとき，次の問いに答えよ。

(1) $2\vec{a}-\vec{b}$ の大きさを求めよ。 〈類 北海道工大〉

(2) $\vec{a}$ と $\vec{b}$ のなす角 θ を求めよ。

(3) $\vec{a}$ と $2\vec{b}-\vec{c}$ が垂直になるように x の値を求めよ。

(4) $\vec{a}+2\vec{b}$ と $\vec{a}-2\vec{c}$ が平行になるように x の値を求めよ。

解

(1) $2\vec{a}-\vec{b}=2(1,\ 2)-(3,\ 1)=(-1,\ 3)$

　　よって，$|2\vec{a}-\vec{b}|=\sqrt{(-1)^2+3^2}=\sqrt{10}$

(2) $\cos\theta=\dfrac{1\times3+2\times1}{\sqrt{1^2+2^2}\sqrt{3^2+1^2}}=\dfrac{1}{\sqrt{2}}$

　　$0°\leqq\theta\leqq180°$ より $\theta=45°$

(3) $2\vec{b}-\vec{c}=(6-x,\ 3)$

　　$\vec{a}\cdot(2\vec{b}-\vec{c})=1\times(6-x)+2\times3=0$ ←垂直条件 ⟺ 内積＝0

　　$-x+12=0$

　　よって，$x=12$

(4) $\vec{a}+2\vec{b}=(7,\ 4),\ \vec{a}-2\vec{c}=(1-2x,\ 4)$ ←平行条件 $\vec{a}+2\vec{b}=k(\vec{a}-2\vec{c})$

　　$(1-2x,\ 4)=k(7,\ 4)$ となればよい。

　　$1-2x=7k,\ 4=4k$ より $k=1$

　　よって，$x=-3$

アドバイス ・・

▶成分で表されたベクトルの演算公式◀

● ベクトルが成分で表されている場合，ベクトルの計算は当然成分での計算になる。その場合に使われる公式は，次の式だから確実に使えるようにしよう。

これで 解決！

$\vec{a}=(a_1,\ a_2),\ \vec{b}=(b_1,\ b_2)$ のとき

大きさ $|\vec{a}|=\sqrt{a_1^2+a_2^2}$

内積 $\vec{a}\cdot\vec{b}=a_1b_1+a_2b_2$

垂直 $\vec{a}\perp\vec{b}\Longleftrightarrow\vec{a}\cdot\vec{b}=0$

平行 $\vec{a}/\!/\vec{b}\Longleftrightarrow(a_1,\ a_2)=k(b_1,\ b_2)$

なす角 $\cos\theta=\dfrac{a_1b_1+a_2b_2}{\sqrt{a_1^2+a_2^2}\sqrt{b_1^2+b_2^2}}$

練習45 2つのベクトル $\vec{a}=(1,\ x),\ \vec{b}=(2,\ -1)$ について，次の問いに答えよ。

(1) $\vec{a}+\vec{b}$ と $2\vec{a}-3\vec{b}$ が垂直であるとき，x の値を求めよ。

(2) $\vec{a}+\vec{b}$ と $2\vec{a}-3\vec{b}$ が平行であるとき，x の値を求めよ。

(3) $\vec{a}$ と $\vec{b}$ のなす角が $60°$ であるとき，x の値を求めよ。 〈静岡大〉

46 単位ベクトル

(1) ベクトル $\vec{a}=(3,\ 4)$ に垂直な単位ベクトルを求めよ。 〈日本大〉

(2) ベクトル $\vec{a}=(-2,\ 1)$ と同じ向きの単位ベクトルを求めよ。

〈類 大阪産大〉

解 (1) 単位ベクトルを $\vec{e}=(x,\ y)$ とすると

$\vec{a}\perp\vec{e}$ より $\vec{a}\cdot\vec{e}=3x+4y=0$ ……①

$|\vec{e}|=1$ より $|\vec{e}|^2=x^2+y^2=1$ ……②

①, ②を解いて, $x=\pm\dfrac{4}{5}$, $y=\mp\dfrac{3}{5}$ （複号同順）

よって, $\vec{e}=\left(\dfrac{4}{5},\ -\dfrac{3}{5}\right),\ \left(-\dfrac{4}{5},\ \dfrac{3}{5}\right)$

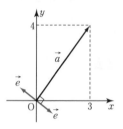

(2) $|\vec{a}|=\sqrt{(-2)^2+1^2}=\sqrt{5}$ だから

同じ向きの単位ベクトルは

$\dfrac{\vec{a}}{|\vec{a}|}=\dfrac{1}{\sqrt{5}}(-2,\ 1)=\left(-\dfrac{2}{\sqrt{5}},\ \dfrac{1}{\sqrt{5}}\right)$

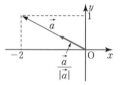

アドバイス

• ベクトル $\vec{a}$ に垂直な単位ベクトルを求めるには，垂直条件と大きさが1であることから連立方程式をつくる。

• ベクトル $\vec{a}$ と同じ向きの単位ベクトルを求めるには，$\vec{a}$ の大きさ $|\vec{a}|$ で $\vec{a}$ を割ると大きさは1になり，向きも同じになる。

これで 解決 !

$\vec{a}$ と $\begin{cases} \text{垂直な単位ベクトル } \vec{e} \ \Rightarrow\ \text{内積 } \vec{a}\cdot\vec{e}=0,\ \text{大きさ } |\vec{e}|=1 \\ \text{同じ向きの単位ベクトル } \vec{e} \ \Rightarrow\ \vec{e}=\dfrac{\vec{a}}{|\vec{a}|} \leftarrow\ \vec{a} \text{ の大きさで割る} \end{cases}$

• また，右図のように角の2等分線を表すベクトル $\overrightarrow{\text{OP}}$ は，同じ向きの単位ベクトルを加えて

$\overrightarrow{\text{OP}}=t\left(\dfrac{\vec{a}}{|\vec{a}|}+\dfrac{\vec{b}}{|\vec{b}|}\right)$ と表せる。$\left(\overrightarrow{\text{OP}}=t\cdot\dfrac{\vec{a}+\vec{b}}{2}\ \text{は誤り}\right)$

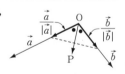

練習46 (1) ベクトル $\vec{b}=(-2,\ 3)$ に垂直な単位ベクトルを求めよ。 〈明治大〉

(2) ベクトル $\vec{a}=(1,\ 2),\ \vec{b}=(-4,\ 2)$ のそれぞれとなす角が等しく，大きさが1であるベクトルをすべて求めよ。 〈龍谷大〉

47　$\vec{a}=(a_1,\ a_2),\ \vec{b}=(b_1,\ b_2)$ のとき $|\vec{a}+t\vec{b}|$ の最小値

$\vec{a}=(2,\ 4),\ \vec{b}=(1,\ -3)$ とする。t を実数値とするとき，$|\vec{a}+t\vec{b}|$ の最小値を求めよ。　　　　　　　　　　　　　　　　〈日本大〉

解

$\vec{a}+t\vec{b}=(2,\ 4)+t(1,\ -3)=(2+t,\ 4-3t)$

$\begin{aligned}|\vec{a}+t\vec{b}|^2&=(2+t)^2+(4-3t)^2\\&=10t^2-20t+20\\&=10(t-1)^2+10\end{aligned}$

よって，$t=1$ のとき，最小値 $\sqrt{10}$

> ─ベクトルの大きさ─
> $\vec{p}=(a_1,\ a_2)$ のとき
> $|\vec{p}|=\sqrt{a_1{}^2+a_2{}^2}$

←$|\vec{a}+t\vec{b}|^2$ で計算しているので，最小値は 10 でなく $\sqrt{10}$ となる。

別解

$|\vec{a}+t\vec{b}|^2=|\vec{a}|^2+2t\vec{a}\cdot\vec{b}+t^2|\vec{b}|^2$

ここで，$|\vec{a}|^2=2^2+4^2=20,\ |\vec{b}|^2=1^2+(-3)^2=10$

$\vec{a}\cdot\vec{b}=2\times1+4\times(-3)=-10$　だから

$|\vec{a}+t\vec{b}|^2=10t^2-20t+20$（以下同様）

アドバイス ・・・

- ベクトル $\vec{a}+t\vec{b}$ の大きさを求める基本的問題である。$\vec{a},\ \vec{b}$ が成分で表されているから，$\vec{a}+t\vec{b}$ の成分を求めてから，2 次関数に帰着させる。
- 別解のように $|\vec{a}+t\vec{b}|^2$ を展開してから計算する方法もある。

▼この問題の図形的意味▲

- $\vec{p}=\vec{a}+t\vec{b}$ の終点は，ベクトル $\vec{a}$ の終点を通り，ベクトル $\vec{b}$ に平行な直線上にある。
- $|\vec{a}+t\vec{b}|$ が最小になるのは，右図のように，直線上の点で原点 O との距離が最短になるところである。
  このとき，
  $\vec{b}\perp(\vec{a}+t\vec{b})$ だから，内積を利用して
  $\begin{aligned}\vec{b}\cdot(\vec{a}+t\vec{b})&=1\times(2+t)+(-3)\times(4-3t)\\&=2+t-12+9t=0\end{aligned}$　よって，$t=1$
  としても求められる。

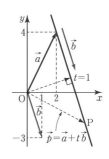

これで　解決！

$\vec{a}=(a_1,\ a_2),\ \vec{b}=(b_1,\ b_2)$ のとき

$|\vec{a}+t\vec{b}|$ の最小値 ➡ ・成分で表して　・$|\vec{a}+t\vec{b}|^2$ を展開 ┈┈▶ t の 2 次関数へ

練習47　$\vec{a}=(-4,\ 3),\ \vec{b}=(3,\ 1)$ に対して，$|\vec{a}+t\vec{b}|$ を最小にする実数 t の値は $\boxed{}$ で，そのときの最小値は $\boxed{}$ である。また，このとき $\vec{a}+t\vec{b}$ と $\vec{b}$ のなす角を θ とすると $\theta=\boxed{}$ である。　　　　　　　　　　　〈立命館大〉

48 $|\vec{a}+t\vec{b}|$ の最小値（ベクトルによる演算）

2つのベクトル $\vec{a}$, $\vec{b}$ について，ベクトル $2\vec{a}+t\vec{b}$（t は実数）の大きさ $|2\vec{a}+t\vec{b}|$ が最小となるとき，次の問いに答えよ。

(1) t の値を求めよ。

(2) $2\vec{a}+t\vec{b}$ は $\vec{b}$ と垂直であることを証明せよ。　　〈宇都宮大〉

解

(1) $|2\vec{a}+t\vec{b}|^2$

$=4|\vec{a}|^2+4t\vec{a}\cdot\vec{b}+t^2|\vec{b}|^2$

$=|\vec{b}|^2t^2+4(\vec{a}\cdot\vec{b})t+4|\vec{a}|^2$

$=|\vec{b}|^2\left(t^2+\dfrac{4\vec{a}\cdot\vec{b}}{|\vec{b}|^2}t\right)+4|\vec{a}|^2$

$=|\vec{b}|^2\left(t+\dfrac{2\vec{a}\cdot\vec{b}}{|\vec{b}|^2}\right)^2-\dfrac{4(\vec{a}\cdot\vec{b})^2}{|\vec{b}|^2}+4|\vec{a}|^2$

←大きさは平方して内積で考える。

←t の2次関数とみる。
at^2+bt+c
$=a\left(t^2+\dfrac{b}{a}t\right)+c$
$=a\left(t+\dfrac{b}{2a}\right)^2-\dfrac{b^2}{4a}+c$
と同じ変形。

よって，$t=-\dfrac{2\vec{a}\cdot\vec{b}}{|\vec{b}|^2}$ のとき最小になる。

(2) $(2\vec{a}+t\vec{b})\cdot\vec{b}=\left(2\vec{a}-\dfrac{2\vec{a}\cdot\vec{b}}{|\vec{b}|^2}\vec{b}\right)\cdot\vec{b}$

$=2\vec{a}\cdot\vec{b}-\dfrac{2\vec{a}\cdot\vec{b}}{|\vec{b}|^2}\cdot|\vec{b}|^2$

$=2\vec{a}\cdot\vec{b}-2\vec{a}\cdot\vec{b}=0$

よって，$(2\vec{a}+t\vec{b})\perp\vec{b}$

これは実数値
←$\dfrac{2\vec{a}\cdot\vec{b}}{|\vec{b}|^2}\vec{b}$
これはベクトル

これは誤り
$\dfrac{2\vec{a}\cdot\vec{b}}{|\vec{b}|^2}=\dfrac{2\vec{a}}{\vec{b}}$

アドバイス

▶ベクトル $\vec{a}$, $\vec{b}$ による演算◀

• この計算は，ベクトル $\vec{a}$, $\vec{b}$ で計算を進めなくてはならないので，なかなか式が見えにくいので困る。

• ここで大切なことは，$\vec{a}$, $\vec{b}$ はベクトルであるが，$|\vec{a}|^2$, $|\vec{b}|^2$, $\vec{a}\cdot\vec{b}$ になると，もうベクトルではなく単なる実数値になってしまうことだ。

• この問題も係数に，$|\vec{a}|^2$, $|\vec{b}|^2$, $\vec{a}\cdot\vec{b}$ があって複雑そうだが，ただの文字と見れば t の2次関数の問題になる。記号の意味をしっかり理解して，惑わされないように。

これで　解決！

平方して t の2次関数へ

$|\vec{a}+t\vec{b}|$ の最小値 ➡ $|\vec{a}+t\vec{b}|^2=|\vec{a}|^2+2\vec{a}\cdot\vec{b}\,t+|\vec{b}|^2t^2$

$|\vec{a}|^2$, $|\vec{b}|^2$, $\vec{a}\cdot\vec{b}$ はもうベクトルでない

■**練習48** ベクトル $\vec{a}$, $\vec{b}$ はどちらも零ベクトルでないとする。$|\vec{b}-t\vec{a}|$ が最小となる実数 t の値を t_0 とするとき，$\vec{a}\cdot(\vec{b}-t_0\vec{a})=0$ が成り立つことを示せ。　　〈愛媛大〉

49 三角形の面積の公式

△ABC において，$\vec{AB}=\vec{a}$，$\vec{AC}=\vec{b}$，∠BAC$=\theta$ とするとき，次の問いに答えよ。

(1) $\sin\theta$ を $\vec{a}$，$\vec{b}$ で表せ。

(2) △ABC の面積 S を $\vec{a}$，$\vec{b}$ で表せ。　　　　〈類　熊本女子大〉

解 (1) ベクトル $\vec{a}$，$\vec{b}$ のなす角の公式より

$$\cos\theta=\frac{\vec{a}\cdot\vec{b}}{|\vec{a}||\vec{b}|},\quad \sin^2\theta+\cos^2\theta=1\quad \text{だから}$$

$$\sin\theta=\sqrt{1-\cos^2\theta}=\sqrt{1-\left(\frac{\vec{a}\cdot\vec{b}}{|\vec{a}||\vec{b}|}\right)^2}$$

$$=\frac{\sqrt{|\vec{a}|^2|\vec{b}|^2-(\vec{a}\cdot\vec{b})^2}}{|\vec{a}||\vec{b}|}$$

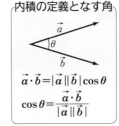

内積の定義となす角

$$\vec{a}\cdot\vec{b}=|\vec{a}||\vec{b}|\cos\theta$$
$$\cos\theta=\frac{\vec{a}\cdot\vec{b}}{|\vec{a}||\vec{b}|}$$

(2) $S=\dfrac{1}{2}|\vec{a}||\vec{b}|\sin\theta=\dfrac{1}{2}|\vec{a}||\vec{b}|\dfrac{\sqrt{|\vec{a}|^2|\vec{b}|^2-(\vec{a}\cdot\vec{b})^2}}{|\vec{a}||\vec{b}|}$　　←$S=\dfrac{1}{2}\text{AB}\cdot\text{AC}\cdot\sin\theta$

$$=\dfrac{1}{2}\sqrt{|\vec{a}|^2|\vec{b}|^2-(\vec{a}\cdot\vec{b})^2}$$

アドバイス

- これは三角形の面積を求める公式として大変重要である。平面ベクトルでも，空間ベクトルでも使えるから必ず覚えておくこと。
- $\vec{a}=(a_1,\ a_2)$，$\vec{b}=(b_1,\ b_2)$ の成分で示されているとき，

$$S=\dfrac{1}{2}\sqrt{(a_1^2+a_2^2)(b_1^2+b_2^2)-(a_1b_1+a_2b_2)^2}$$

$$=\dfrac{1}{2}\sqrt{a_1^2b_2^2-2a_1a_2b_1b_2+a_2^2b_1^2}=\dfrac{1}{2}\sqrt{(a_1b_2-a_2b_1)^2}=\dfrac{1}{2}|a_1b_2-a_2b_1|$$

としても表せる。これも利用価値のある式だ。

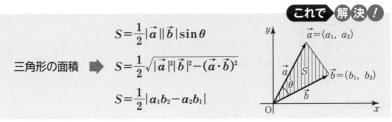

これで解決！

三角形の面積 ➡
$$S=\dfrac{1}{2}|\vec{a}||\vec{b}|\sin\theta$$
$$S=\dfrac{1}{2}\sqrt{|\vec{a}|^2|\vec{b}|^2-(\vec{a}\cdot\vec{b})^2}$$
$$S=\dfrac{1}{2}|a_1b_2-a_2b_1|$$

練習49 △OAB において，辺 AB を 2：1 に内分する点を C とし，OA$=7$，OB$=6$，OC$=5$ とする。$\vec{OA}=\vec{a}$，$\vec{OB}=\vec{b}$，$\vec{OC}=\vec{c}$ とするとき，次の問いに答えよ。

(1) $\vec{a}$，$\vec{b}$ を用いて $\vec{c}$ を表せ。　　(2) 内積 $\vec{a}\cdot\vec{b}$ の値を求めよ。

(3) △OAB の面積を求めよ。　　　　〈山口大〉

50 $x\overrightarrow{OA}+y\overrightarrow{OB}+z\overrightarrow{OC}=\vec{0}$ と内積 $\overrightarrow{OA}\cdot\overrightarrow{OB}$

平面上の3点 A, B, C が点 O を中心とする半径1の円周上にあり,
$3\overrightarrow{OA}+5\overrightarrow{OB}+7\overrightarrow{OC}=\vec{0}$ を満たしている。

(1) 内積 $\overrightarrow{OA}\cdot\overrightarrow{OB}$ の値を求めよ。

(2) 線分 AB の長さを求めよ。　　　　　　　　　〈類 早稲田大〉

解

(1) $3\overrightarrow{OA}+5\overrightarrow{OB}=-7\overrightarrow{OC}$ より

$|3\overrightarrow{OA}+5\overrightarrow{OB}|^2=|-7\overrightarrow{OC}|^2$

$9|\overrightarrow{OA}|^2+30\overrightarrow{OA}\cdot\overrightarrow{OB}+25|\overrightarrow{OB}|^2=49|\overrightarrow{OC}|^2$

$|\overrightarrow{OA}|=|\overrightarrow{OB}|=|\overrightarrow{OC}|=1$ だから

$9+30\overrightarrow{OA}\cdot\overrightarrow{OB}+25=49$

$30\overrightarrow{OA}\cdot\overrightarrow{OB}=15$ より $\overrightarrow{OA}\cdot\overrightarrow{OB}=\dfrac{1}{2}$

←両辺2乗することにより, 内積 $\overrightarrow{OA}\cdot\overrightarrow{OB}$ が出てくる。

←A, B, C は半径1の円周上にあるから大きさはすべて1である。

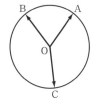

(2) $\overrightarrow{AB}=\overrightarrow{OB}-\overrightarrow{OA}$ より

$|\overrightarrow{AB}|^2=|\overrightarrow{OB}-\overrightarrow{OA}|^2$

$\quad\quad=|\overrightarrow{OB}|^2-2\overrightarrow{OA}\cdot\overrightarrow{OB}+|\overrightarrow{OA}|^2$

$\quad\quad=1-2\cdot\dfrac{1}{2}+1=1$

よって, AB$=|\overrightarrow{AB}|=1$

アドバイス••

• この問題のように, $x\overrightarrow{OA}+y\overrightarrow{OB}+z\overrightarrow{OC}=\vec{0}$ で条件が与えられている場合, 内積 $\overrightarrow{OA}\cdot\overrightarrow{OB}$ は $z\overrightarrow{OC}$ を移項して, 両辺の絶対値を2乗すれば出てくる。

• $\overrightarrow{OB}\cdot\overrightarrow{OC}$, $\overrightarrow{OA}\cdot\overrightarrow{OC}$ についても同様にして求まる。これもちょっとしたことだが, 一度やっておかないと焦ってしまいそうだ。

これで 解決!

$x\overrightarrow{OA}+y\overrightarrow{OB}+z\overrightarrow{OC}=\vec{0}$
のとき, 内積 $\overrightarrow{OA}\cdot\overrightarrow{OB}$ は ➡ $|x\overrightarrow{OA}+y\overrightarrow{OB}|^2=|-z\overrightarrow{OC}|^2$ を計算

なお, $\overrightarrow{OB}\cdot\overrightarrow{OC}$ は $|y\overrightarrow{OB}+z\overrightarrow{OC}|^2=|-x\overrightarrow{OA}|^2$

$\overrightarrow{OA}\cdot\overrightarrow{OC}$ は $|x\overrightarrow{OA}+z\overrightarrow{OC}|^2=|-y\overrightarrow{OB}|^2$

の計算から求める。

練習50 点 O を中心とする半径1の円周上の3点 A, B, C が

$5\overrightarrow{OA}+6\overrightarrow{OB}=-7\overrightarrow{OC}$

を満たすとする。このとき, $\overrightarrow{OA}\cdot\overrightarrow{OB}=\boxed{}$ であり, $|\overrightarrow{AB}|=\boxed{}$ である。また, $\angle ACB$ の大きさを θ ($0°\leqq\theta\leqq180°$) とすると, $\sin\theta=\boxed{}$ である。　　　〈慶応大〉

51 △ABC：$a\overrightarrow{PA}+b\overrightarrow{PB}+c\overrightarrow{PC}=\vec{0}$ の点 P の位置と面積比

　△ABC の内部の点 P が $3\overrightarrow{PA}+2\overrightarrow{PB}+\overrightarrow{PC}=\vec{0}$ を満たしている。次の問いに答えよ。

(1)　直線 AP と辺 BC の交点を D とするとき，BD：DC を求めよ。

(2)　△PBC：△PCA：△PAB の面積比を求めよ。　　　　　〈信州大〉

解 (1)　$-3\overrightarrow{AP}+2(\overrightarrow{AB}-\overrightarrow{AP})+(\overrightarrow{AC}-\overrightarrow{AP})=\vec{0}$　　←すべて A を始点とする

$6\overrightarrow{AP}=2\overrightarrow{AB}+\overrightarrow{AC}$　　　　　　　　　　　　　ベクトル $\overrightarrow{AB}$，$\overrightarrow{AC}$ で表す。

$\overrightarrow{AP}=\dfrac{2\overrightarrow{AB}+\overrightarrow{AC}}{6}=\dfrac{1}{2}\cdot\dfrac{2\overrightarrow{AB}+\overrightarrow{AC}}{3}$　　←内分点を表すように変形する。

$\dfrac{2\overrightarrow{AB}+\overrightarrow{AC}}{3}$ は BC を 1：2 に内分する点を表すから

交点 D は BC を 1：2 に内分する点である。

　　よって，BD：DC＝**1：2**

> **面積比**
> 高さが同じなら
> ↓
> 底辺の比
>
> 底辺が同じなら
> ↓
> 高さの比

(2)　(1)より $\overrightarrow{AP}=\dfrac{1}{2}\overrightarrow{AD}$ と表せるから，

P は AD の中点である。

△PAB＝S とすると，

右図より

△PBC＝$3S$，△PCA＝$2S$

よって，△PBC：△PCA：△PAB＝**3：2：1**

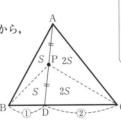

アドバイス

• △ABC に関するベクトルの問題では，ほとんどの問題が始点を A にそろえて，2 つのベクトル $\overrightarrow{AB}$，$\overrightarrow{AC}$ で表すことで解決できる，といっても過言ではない。

• $\dfrac{n\overrightarrow{AB}+m\overrightarrow{AC}}{k}$ の式を $\overrightarrow{AB}$ と $\overrightarrow{AC}$ の係数 n と m の和 $m+n$ を分母にして

$\dfrac{n\overrightarrow{AB}+m\overrightarrow{AC}}{k}=\dfrac{m+n}{k}\cdot\boxed{\dfrac{n\overrightarrow{AB}+m\overrightarrow{AC}}{m+n}}$　←（m：n に内分する点）の形に変形するのがポイント

これで　解決！

$a\overrightarrow{PA}+b\overrightarrow{PB}+c\overrightarrow{PC}=\vec{0}$ のとき

点 P の位置 ➡ 始点を A にそろえ $\overrightarrow{AB}$，$\overrightarrow{AC}$ で内分点の式にすれば
　　　　　　　点 P の位置が見えてくる

面　積　比 ➡ 三角形の一番小さい面積を S とおくとわかりやすい

練習51 △ABC 内に点 P があり，$3\overrightarrow{PA}+5\overrightarrow{PB}+7\overrightarrow{PC}=\vec{0}$ のとき，

$\overrightarrow{AP}=\dfrac{\boxed{}\overrightarrow{AB}+\boxed{}\overrightarrow{AC}}{\boxed{}}$，直線 AP と直線 BC の交点を D とすると，

BD：DC＝$\boxed{}$：$\boxed{}$ であり，三角形の面積について，

△PAB：△PBC：△PCA＝$\boxed{}$：$\boxed{}$：$\boxed{}$ である。　　〈明治大〉

52 角の2等分線と三角形の内心のベクトル

AB＝4，BC＝3，AC＝2 の三角形 ABC について，∠A の2等分線が辺BC と交わる点を D，∠B の2等分線と AD の交点を I とする。

(1) ベクトル $\overrightarrow{AD}$ を $\overrightarrow{AB}$，$\overrightarrow{AC}$ で表せ。

(2) ベクトル $\overrightarrow{AI}$ を $\overrightarrow{AB}$，$\overrightarrow{AC}$ で表せ。 〈岡山理科大〉

解

(1) AD が ∠A の2等分線だから

BD：DC＝AB：AC＝2：1

よって，$\overrightarrow{AD}=\dfrac{1\cdot\overrightarrow{AB}+2\cdot\overrightarrow{AC}}{2+1}=\dfrac{1}{3}\overrightarrow{AB}+\dfrac{2}{3}\overrightarrow{AC}$

←内心は3つの頂角の2等分線の交点

(2) $BD=3\times\dfrac{2}{3}=2$ だから

AI：ID＝BA：BD＝4：2＝2：1

よって，$\overrightarrow{AI}=\dfrac{2}{3}\overrightarrow{AD}=\dfrac{2}{3}\left(\dfrac{1}{3}\overrightarrow{AB}+\dfrac{2}{3}\overrightarrow{AC}\right)$

$=\dfrac{2}{9}\overrightarrow{AB}+\dfrac{4}{9}\overrightarrow{AC}$

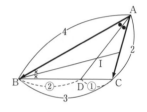

アドバイス

- ここで求めた点 I は，三角形の内心であり，内心は3つの内角の2等分線の交点である。

- ベクトルで内心を求めるには，ベクトル方程式を使うより，角の2等分線の性質を使って右図のように線分の比から求めるのがよい。

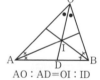

AO：AD＝OI：ID

- このとき，次のように角を2等分するベクトルを内分点の公式を使って表すことを知らないと終わってしまう。この式は頻出最重要！

これで 解決！

△OAB について

角の2等分線 ➡ $\overrightarrow{OC}=\dfrac{b\,\overrightarrow{OA}+a\,\overrightarrow{OB}}{a+b}$

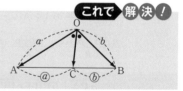

練習52 $OA=4$，$OB=5$，$\overrightarrow{OA}\cdot\overrightarrow{OB}=\dfrac{5}{2}$ である三角形 OAB に対し，次の問いに答えよ。

(1) AB の長さを求めよ。

(2) ∠AOB の2等分線と辺 AB の交点を P，∠OAB の2等分線と辺 OB の交点を Q とする。$\overrightarrow{OP}$，$\overrightarrow{OQ}$ を $\overrightarrow{OA}$，$\overrightarrow{OB}$ で表せ。

(3) 三角形 OAB の内心を I とする。$\overrightarrow{OI}$ を $\overrightarrow{OA}$，$\overrightarrow{OB}$ で表せ。 〈大阪府立大〉

53 線分，直線 AB 上の点の表し方

△OAB において，OA=1，OB=2，∠AOB=120° である。点 O から辺 AB に下ろした垂線を OH とする。$\overrightarrow{OA}=\vec{a}$，$\overrightarrow{OB}=\vec{b}$ とするとき，$\overrightarrow{OH}$ を $\vec{a}$，$\vec{b}$ で表せ。　〈類　東京電機大〉

点 H は辺 AB 上の点だから
$$\overrightarrow{OH}=(1-t)\vec{a}+t\vec{b}$$
と表せる。

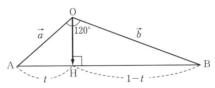

$\overrightarrow{OH}\perp\overrightarrow{AB}$ より　$\overrightarrow{OH}\cdot\overrightarrow{AB}=0$

$\{(1-t)\vec{a}+t\vec{b}\}\cdot(\vec{b}-\vec{a})=0$

$(t-1)|\vec{a}|^2+(1-2t)\vec{a}\cdot\vec{b}+t|\vec{b}|^2=0$

$|\vec{a}|=1$，$|\vec{b}|=2$，

$\vec{a}\cdot\vec{b}=1\cdot2\cdot\cos120°=-1$ だから

←$|\vec{a}|$，$|\vec{b}|$，$\vec{a}\cdot\vec{b}$ の値を必ず確認する。

$t-1-(1-2t)+4t=0$

$7t=2$　より　$t=\dfrac{2}{7}$

よって，$\overrightarrow{OH}=\dfrac{5}{7}\vec{a}+\dfrac{2}{7}\vec{b}$

アドバイス ・・・

- 線分 AB 上の任意の点 P は，AP：PB=t：$(1-t)$
  $(0<t<1)$ に内分する点として，
  $$\overrightarrow{OP}=(1-t)\overrightarrow{OA}+t\overrightarrow{OB}　\cdots\cdots①$$
  と表した。
- この式は，$t<0$，$1<t$ のときは図のように線分 AB の延長上の点を表し，t がすべての実数 t をとるとき直線 AB を表す。
- 線分や直線上の任意の点は，ベクトルを使うと①の式で表せるから，条件を満たす未知の点を求めるには，この式からスタートする。

これで 解決!

線分や直線 AB 上の点 P は ➡ $\overrightarrow{OP}=(1-t)\overrightarrow{OA}+t\overrightarrow{OB}$ で表し条件に従って計算をすすめる。

■ **練習53** O を原点とする平面上に 2 点 A，B があり，$|\overrightarrow{OA}|=4$，$|\overrightarrow{OB}|=6$，∠AOB=60° である。原点 O から直線 AB に下ろした垂線を OH とするとき，ベクトル $\overrightarrow{OH}$ を $\overrightarrow{OA}$，$\overrightarrow{OB}$ で表せ。　〈鳥取大〉

54 線分の交点の求め方（Ⅰ）（ベクトルの実数倍で）

△OAB において，∠AOB の 2 等分線と辺 AB の交点を C，辺 OA の中点を D とし，BD と OC の交点を P とするとき，$\overrightarrow{OP}$ を $\overrightarrow{OA}=\vec{a}$，$\overrightarrow{OB}=\vec{b}$ で表せ。ただし，$|\vec{a}|=1$，$|\vec{b}|=2$ とする。　〈東京電機大〉

解　AC：CB＝1：2 だから　←OC が ∠AOB の 2 等分線

$$\overrightarrow{OC}=\frac{2\vec{a}+\vec{b}}{1+2}=\frac{2}{3}\vec{a}+\frac{1}{3}\vec{b}$$

$$\overrightarrow{OP}=s\,\overrightarrow{OC}=s\left(\frac{2}{3}\vec{a}+\frac{1}{3}\vec{b}\right)$$　←P は線分 OC 上の点

$$=\frac{2}{3}s\vec{a}+\frac{s}{3}\vec{b}\ \cdots\cdots①$$

$$\overrightarrow{OP}=\overrightarrow{OD}+t\,\overrightarrow{DB}$$　←P は線分 DB 上の点

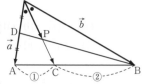

$$=\overrightarrow{OD}+t(\overrightarrow{OB}-\overrightarrow{OD})=\frac{1}{2}\vec{a}+t\left(\vec{b}-\frac{1}{2}\vec{a}\right)$$

$$=\frac{1-t}{2}\vec{a}+t\vec{b}\ \cdots\cdots②$$

$\vec{a}$，$\vec{b}$ は 1 次独立だから ①＝② より

┌─これは誤り─
$\overrightarrow{OP}=\overrightarrow{OD}+s\,\overrightarrow{DB}$ ……①
$\overrightarrow{OP}=\overrightarrow{OB}+t\,\overrightarrow{BD}$ ……②
同じベクトルを使っている。
└─

$$\frac{2}{3}s=\frac{1-t}{2}\ \cdots\cdots③,\quad \frac{s}{3}=t\ \cdots\cdots④$$

③，④を解いて，$s=\dfrac{3}{5}$，$t=\dfrac{1}{5}$

よって，$\overrightarrow{OP}=\dfrac{2}{5}\vec{a}+\dfrac{1}{5}\vec{b}$

$\vec{a}$ と $\vec{b}$ が 1 次独立
⇕
$\vec{a}\neq\vec{0}$，$\vec{b}\neq\vec{0}$，$\vec{a}\nparallel\vec{b}$

アドバイス・・

• ベクトルの実数倍を使って，線分の交点を求める方法で，基本的なもの。求めるべきベクトルを異なる 2 方向から 2 通りに表すのがコツ。

• 次ページの内分点の考え方でも解ける。どちらの方法も結局は直線の方程式に帰着している。

これで 解決！

線分の交点の求め方
（ベクトルの実数倍で）　➡　$\begin{cases}\overrightarrow{AP}=\overrightarrow{AB}+s\,\overrightarrow{BE}\ \cdots\cdots①\\\overrightarrow{AP}=\overrightarrow{AC}+t\,\overrightarrow{CD}\ \cdots\cdots②\end{cases}$

練習54　△OAB において，辺 OA を 2：1 に内分する点を L，辺 OB を 1：2 に内分する点を M，辺 AB を 3：2 に内分する点を N とする。線分 LM と線分 ON の交点を P とするとき，$\overrightarrow{OP}$ を $\overrightarrow{OA}$，$\overrightarrow{OB}$ を用いて表せ。　〈関西大〉

55 線分の交点の求め方（Ⅱ）（内分点の考えで）

> △ABC の辺 AB を 3：2 に内分する点を M，辺 AC を 2：1 に内分する点を N，CM と BN の交点を P とするとき，$\overrightarrow{AP}$ を $\overrightarrow{AB}$，$\overrightarrow{AC}$ を用いて表せ。　〈東京薬大〉

解 (1)　BP：PN $= s：(1-s)$，

CP：PM $= t：(1-t)$ とおく。

$\overrightarrow{AP} = (1-s)\overrightarrow{AB} + s\overrightarrow{AN}$

$\qquad = (1-s)\overrightarrow{AB} + \dfrac{2}{3}s\overrightarrow{AC}$ ……①

$\overrightarrow{AP} = (1-t)\overrightarrow{AC} + t\overrightarrow{AM}$

$\qquad = \dfrac{3}{5}t\overrightarrow{AB} + (1-t)\overrightarrow{AC}$ ……②

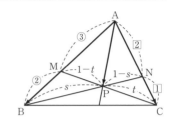

$\overrightarrow{AB}$，$\overrightarrow{AC}$ は 1 次独立だから①＝② より

$\quad 1-s = \dfrac{3}{5}t$ ……③，$\quad \dfrac{2}{3}s = 1-t$ ……④　　←$\overrightarrow{AB}$ と $\overrightarrow{AC}$ の係数を等しくおく。

③，④を解いて，$s = \dfrac{2}{3}$，$t = \dfrac{5}{9}$

$$\text{よって，} \quad \overrightarrow{AP} = \dfrac{1}{3}\overrightarrow{AB} + \dfrac{4}{9}\overrightarrow{AC}$$

アドバイス ・・・・・・・・・・・・・・・・・・・・・・・・・・・・・・

▼$s：(1-s)$，$t：(1-t)$ とおく交点の求め方◢

・ベクトルによって線分（直線）の交点を求める代表的なもの。これは，xy 座標平面で，2 直線の交点を求めることと同じで，次の考え方に従って解く。

・内分点の考えから，一方の線分を $s：(1-s)$，もう一方を $t：(1-t)$ で表す。

・線分と線分の交点は 2 通りで表したベクトルの一致した点だから，1 次独立の考えで係数を比較し s と t の連立方程式を解く。

・求めた s か t どちらかの値をもとの式に代入する。

これで 解決!

| 線分の交点の求め方
（内分点の考えで） | ➡ | 内分点の比 $\begin{cases} s：(1-s) \\ t：(1-t) \end{cases}$ の 2 通りで表せ |

注意　内分点の式は，直線のベクトル方程式 $\vec{p} = (1-s)\vec{a} + s\vec{b}$ で $0 < s < 1$ の場合である。

■**練習55**　平行四辺形 ABCD において，辺 AB を 2：1 に内分する点を E，辺 BC の中点を F，辺 CD の中点を G とする。線分 CE と線分 FG の交点を H とすると，

$\overrightarrow{AH} = \boxed{}\overrightarrow{AB} + \boxed{}\overrightarrow{AD}$ となる。　〈立教大〉

56 平面ベクトル $\vec{p}=x\vec{a}+y\vec{b}$ の決定

平面上の相異なる3点O, A, Bに対して, $\overrightarrow{OA}=\vec{a}$, $\overrightarrow{OB}=\vec{b}$ とする。また, OA=3, OB=2, ∠AOB=60° である。この平面上の点Pが, $\overrightarrow{AP}\perp\overrightarrow{OA}$, $\overrightarrow{BP}\perp\overrightarrow{OB}$ を満たすとき, $\overrightarrow{OP}=x\vec{a}+y\vec{b}$ となる x, y の値を求めよ。 〈類 信州大〉

解

$\overrightarrow{AP}=\overrightarrow{OP}-\overrightarrow{OA}=(x-1)\vec{a}+y\vec{b}$
$\overrightarrow{BP}=\overrightarrow{OP}-\overrightarrow{OB}=x\vec{a}+(y-1)\vec{b}$

$\vec{a}\cdot\vec{b}=|\vec{a}||\vec{b}|\cos 60°=3\cdot 2\cdot\dfrac{1}{2}=3$

$\overrightarrow{AP}\perp\overrightarrow{OA}$ より $\overrightarrow{AP}\cdot\overrightarrow{OA}=0$
$\{(x-1)\vec{a}+y\vec{b}\}\cdot\vec{a}=(x-1)|\vec{a}|^2+y\vec{a}\cdot\vec{b}$
$\qquad\qquad\qquad =9(x-1)+3y=0$

よって, $3x+y=3$ ……①
$\overrightarrow{BP}\perp\overrightarrow{OB}$ より $\overrightarrow{BP}\cdot\overrightarrow{OB}=0$
$\{x\vec{a}+(y-1)\vec{b}\}\cdot\vec{b}=x\vec{a}\cdot\vec{b}+(y-1)|\vec{b}|^2$
$\qquad\qquad\qquad =3x+4(y-1)=0$

よって, $3x+4y=4$ ……②

①, ②を解いて, $x=\dfrac{8}{9}$, $y=\dfrac{1}{3}$

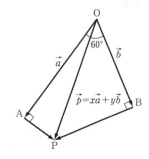

←図形の問題で垂直が出てきたら 垂直 ⟺ 内積＝0 を考える。

アドバイス ••

- 平面上の任意のベクトル $\vec{p}$ は平面を構成する2つのベクトル $\vec{a}$, $\vec{b}$ が設定されれば, 必ずこの2つのベクトルを使って, $\vec{p}=x\vec{a}+y\vec{b}$ の形で表せる。
- x, y の決定には, 2つの条件が必要で, これを問題中から見つけ出す。そして, 条件の式化から連立方程式を解くという構造になっている。

これで 解決！

$\vec{p}=x\vec{a}+y\vec{b}$ とおく
x, y の決定は

➡ 必ず2つの条件がかくれている
大きさ, なす角, 内積, 平行, 垂直, 直線上
これらの条件を式化せよ！

練習56 △OABで, $\overrightarrow{OA}=\vec{a}$, $\overrightarrow{OB}=\vec{b}$ とおき, $|\vec{a}|=\sqrt{3}$, $|\vec{b}|=2$, $|2\vec{a}-\vec{b}|=2\sqrt{2}$ とする。さらに, △OAB内に点Hをとり, $\overrightarrow{OH}=s\vec{a}+t\vec{b}$ とおく。

(1) 内積 $\vec{a}\cdot\vec{b}$ の値を求めよ。

(2) $\overrightarrow{OH}$ と $\vec{b}-\vec{a}$ が直交するとき, s と t の関係式を求めよ。

(3) 点Hが△OABの垂心であるとき, s と t の値を求めよ。 〈宮崎大〉

57 三角形の外心のベクトル ($\vec{p}=x\vec{a}+y\vec{b}$ の決定)

> OA$=3$, OB$=2$, $\angle$AOB$=60°$ の三角形 OAB がある。この三角形
> の外接円の中心を P とするとき, $\overrightarrow{OA}=\vec{a}$, $\overrightarrow{OB}=\vec{b}$, $\overrightarrow{OP}=\vec{p}$ として,
> $\vec{p}$ を $\vec{a}$, $\vec{b}$ で表せ。　　　　　　　　　　　　　　〈類　工学院大〉

解　$|\vec{a}|=3$, $|\vec{b}|=2$, $\vec{a}\cdot\vec{b}=3\cdot2\cos60°=3$

P は △OAB の外心だから, OA, OB の中点
を, それぞれ M, N とすると

OA$\perp$MP, OB$\perp$NP である。

$\vec{p}=x\vec{a}+y\vec{b}$ とおくと

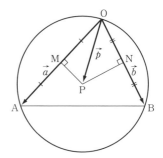

外心(外接円の中心)は三角
形の辺の垂直 2 等分線の交点

$$\overrightarrow{MP}=\overrightarrow{OP}-\overrightarrow{OM}=\left(x-\frac{1}{2}\right)\vec{a}+y\vec{b}$$

$$\overrightarrow{NP}=\overrightarrow{OP}-\overrightarrow{ON}=x\vec{a}+\left(y-\frac{1}{2}\right)\vec{b}$$

$$\overrightarrow{OA}\cdot\overrightarrow{MP}=\vec{a}\cdot\left\{\left(x-\frac{1}{2}\right)\vec{a}+y\vec{b}\right\}=0$$

よって, $9\left(x-\dfrac{1}{2}\right)+3y=0$　……①

←垂直条件 $\Longleftrightarrow$ 内積$=0$
　　から①, ②の式を立てる。

$$\overrightarrow{OB}\cdot\overrightarrow{NP}=\vec{b}\cdot\left\{x\vec{a}+\left(y-\frac{1}{2}\right)\vec{b}\right\}=0$$

よって, $3x+4\left(y-\dfrac{1}{2}\right)=0$　……②

①, ②を解いて, $x=\dfrac{4}{9}$, $y=\dfrac{1}{6}$　よって, $\vec{p}=\dfrac{4}{9}\vec{a}+\dfrac{1}{6}\vec{b}$

アドバイス

- 2つのベクトル $\vec{a}$, $\vec{b}$ でつくられる平面上の点 P($\vec{p}$) を求める場合, 一般に2つの
  変数 x, y を用いて $\vec{p}=x\vec{a}+y\vec{b}$ と表して考える。
- たいてい問題の中に2つの条件があり, それを $\vec{p}=x\vec{a}+y\vec{b}$ を使って, 内積や大き
  さなどから式を立てる。このとき, $|\vec{a}|$, $|\vec{b}|$, $\vec{a}\cdot\vec{b}$ は必ず出てくるからその値は明
  らかにしておく。

これで 解決!

| $\vec{a}$, $\vec{b}$ でつくられる
平面上の点 P($\vec{p}$) を
条件から求めるには | $\Rightarrow$ | ・$\vec{p}=x\vec{a}+y\vec{b}$ とおき, 問題の中の条件を
　内積, 大きさを使って式を立てる
・$|\vec{a}|$, $|\vec{b}|$, $\vec{a}\cdot\vec{b}$ の値は押さえておく |

練習57　三角形 OAB において, OA$=4$, OB$=5$, AB$=6$ とする。三角形 OAB の外心
を H とするとき, $\overrightarrow{OH}=\boxed{}\overrightarrow{OA}+\boxed{}\overrightarrow{OB}$ である。　　　　　〈早稲田大〉

58 直線の方程式 $\overrightarrow{\mathrm{OP}}=s\overrightarrow{\mathrm{OA}}+t\overrightarrow{\mathrm{OB}}$ $(s+t=1)$

> 平面上に $\triangle \mathrm{OAB}$ と点 P があり，$\overrightarrow{\mathrm{OP}}=s\overrightarrow{\mathrm{OA}}+t\overrightarrow{\mathrm{OB}}$ と表す。s, t が次の条件を満たすとき，P はどんな図形上にあるか。
>
> (1) $s+t=1$ (2) $3s+4t=2$ 〈類 東北学院大〉

解 (1) 2点 A，B を通る直線上。

(2) $3s+4t=2$ の両辺を 2 で割って

$$\frac{3}{2}s+2t=1$$

$$\overrightarrow{\mathrm{OP}}=\frac{3}{2}s\cdot\frac{2}{3}\overrightarrow{\mathrm{OA}}+2t\cdot\frac{1}{2}\overrightarrow{\mathrm{OB}}$$

と変形できるから

P は $\frac{2}{3}\overrightarrow{\mathrm{OA}}$ と $\frac{1}{2}\overrightarrow{\mathrm{OB}}$ の

終点を通る直線上にある。

$\frac{2}{3}\overrightarrow{\mathrm{OA}}=\overrightarrow{\mathrm{OA'}}$，$\frac{1}{2}\overrightarrow{\mathrm{OB}}=\overrightarrow{\mathrm{OB'}}$ となる点をとると，

上図の直線 A′B′ 上である。

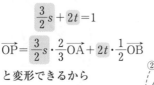
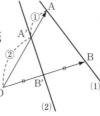

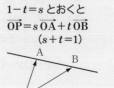

2点 A，B を通る直線の方程式

$\overrightarrow{\mathrm{OP}}=(1-t)\overrightarrow{\mathrm{OA}}+t\overrightarrow{\mathrm{OB}}$

$1-t=s$ とおくと

$\overrightarrow{\mathrm{OP}}=s\overrightarrow{\mathrm{OA}}+t\overrightarrow{\mathrm{OB}}$

  $(s+t=1)$

アドバイス ・・

• $\overrightarrow{\mathrm{OP}}=s\overrightarrow{\mathrm{OA}}+t\overrightarrow{\mathrm{OB}}$ で表される式で，$s+t=1$ 以外について考えてみよう。例えば，

$3s+2t=6$ のような場合は，両辺を 6 で割って $\dfrac{s}{2}+\dfrac{t}{3}=1$ とする。そこで

$\dfrac{s}{2}+\dfrac{t}{3}=1$ となるように $s\overrightarrow{\mathrm{OA}}\to\dfrac{s}{2}\cdot2\overrightarrow{\mathrm{OA}}$，$t\overrightarrow{\mathrm{OB}}\to\dfrac{t}{3}\cdot3\overrightarrow{\mathrm{OB}}$ として

$\overrightarrow{\mathrm{OP}}=\underbrace{\dfrac{s}{2}\cdot2\overrightarrow{\mathrm{OA}}}_{s\overrightarrow{\mathrm{OA}}}+\underbrace{\dfrac{t}{3}\cdot3\overrightarrow{\mathrm{OB}}}_{t\overrightarrow{\mathrm{OB}}}$ と変形する。そうすれば，点 P は $2\overrightarrow{\mathrm{OA}}$ と $3\overrightarrow{\mathrm{OB}}$ の終

点を通る直線上にあることがわかる。

これで 解決！

$\overrightarrow{\mathrm{OP}}=○m\overrightarrow{\mathrm{OA}}+●n\overrightarrow{\mathrm{OB}}$ のとき ➡ 点 P は $m\overrightarrow{\mathrm{OA}}$ と $n\overrightarrow{\mathrm{OB}}$ の

 $(○+●=1)$ 終点を通る直線上にある

■**練習58** 平面上に $\triangle \mathrm{OAB}$ と点 P があり，$\overrightarrow{\mathrm{OP}}=s\overrightarrow{\mathrm{OA}}+t\overrightarrow{\mathrm{OB}}$ と表す。s, t が次の条件を満たすとき，P はどんな図形上にあるか。

(1) $s+t=2$ 〈類 佐賀大〉 (2) $s-2t=1$ 〈類 愛知教育大〉

(3) $3s+2t=3$, $s\geqq0$, $t\geqq0$ 〈類 京都府立大〉

59 $\overrightarrow{OP}=s\overrightarrow{OA}+t\overrightarrow{OB}$ が表す領域

平面上に $\triangle OAB$ と点 P があり，$\overrightarrow{OP}=s\overrightarrow{OA}+t\overrightarrow{OB}$ で表される。s, t が次の値をとるとき，P の存在範囲を図示せよ。

(1)　$1\leqq s+t\leqq 2$, $s\geqq 0$, $t\geqq 0$　　　　〈類　横浜国大〉

(2)　$0\leqq s\leqq 1$, $1\leqq t\leqq 2$　　　　　　　〈類　津田塾大〉

解

(1)　$\overrightarrow{OP}=s\overrightarrow{OA}+t\overrightarrow{OB}$ だから，点 P は
$2\overrightarrow{OA}=\overrightarrow{OA'}$, $2\overrightarrow{OB}=\overrightarrow{OB'}$ とすると
$s+t=1$, $s\geqq 0$, $t\geqq 0$ のとき，線分 AB 上。
$s+t=2$, $s\geqq 0$, $t\geqq 0$ のとき，線分 A'B' 上。
$1\leqq s+t\leqq 2$ のとき，AB, A'B' ではさまれた
右図の斜線部分を動く。ただし，境界を含む。

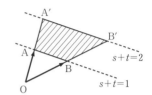

(2)　$s=0$ のとき，$\overrightarrow{OP}=t\overrightarrow{OB}$ $(1\leqq t\leqq 2)$ より
P は線分 B'B $(\overrightarrow{OB'}=2\overrightarrow{OB})$ 上を動く。
$s=1$ のとき，$\overrightarrow{OP}=\overrightarrow{OA}+t\overrightarrow{OB}$ $(1\leqq t\leqq 2)$
より P は線分 A'A'' 上を動く。
$0\leqq s\leqq 1$ のとき，P は B'B を A'A'' まで

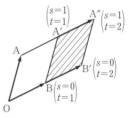

平行移動した右図の斜線部分を動く。ただし，境界を含む。

アドバイス ‥‥‥‥‥‥‥‥‥‥‥‥‥‥‥‥‥‥‥‥‥‥‥‥‥‥‥‥‥‥‥‥‥‥‥‥‥

• (1)　$1\leqq s+t\leqq 2$ の場合は，$s+t=1$ と $s+t=2$ が示す直線の間を表す。

• (2)　$0\leqq s\leqq 1$, $1\leqq t\leqq 2$ での s と t は互いに影響を受けないで，それぞれ独立した値をとるので BA', BB' を 2 辺とする平行四辺形になる。

これで　解　決！

$\overrightarrow{OP}=s\overrightarrow{OA}+t\overrightarrow{OB}$ の P の存在範囲

$(0\leqq s+t\leqq 1, s\geqq 0, t\geqq 0)$　　　$(\alpha\leqq s+t\leqq\beta, s\geqq 0, t\geqq 0)$　　　$(0\leqq s\leqq 1, 0\leqq t\leqq 1)$

 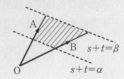 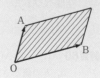

練習59 平面上の $\triangle OAB$ と点 P があり，$\overrightarrow{OP}=s\overrightarrow{OA}+t\overrightarrow{OB}$ で表される。s, t が次の値をとるとき，P の存在範囲を図示せよ。

(1)　$2\leqq 3s+2t\leqq 4$, $s\geqq 0$, $t\geqq 0$　　　　〈類　大阪歯大〉

(2)　$0\leqq s\leqq\dfrac{1}{2}$, $\dfrac{1}{2}\leqq t\leqq 1$　　　　　　〈類　京都府立大〉

62

60 平面ベクトルと空間ベクトルの公式の比較

平面ベクトル

$$\vec{a}=(a_1,\ a_2),\ \vec{b}=(b_1,\ b_2)$$

空間ベクトル

$$\vec{a}=(a_1,\ a_2,\ a_3),\ \vec{b}=(b_1,\ b_2,\ b_3)$$

$$|\vec{a}|=\sqrt{a_1{}^2+a_2{}^2}\qquad \textbf{大きさ}\qquad |\vec{a}|=\sqrt{a_1{}^2+a_2{}^2+a_3{}^2}$$

$$\vec{a}\cdot\vec{b}=a_1b_1+a_2b_2\qquad \textbf{内 積}\qquad \vec{a}\cdot\vec{b}=a_1b_1+a_2b_2+a_3b_3$$

$$\cos\theta=\frac{\vec{a}\cdot\vec{b}}{|\vec{a}||\vec{b}|}\qquad \textbf{なす角}\qquad \cos\theta=\frac{\vec{a}\cdot\vec{b}}{|\vec{a}||\vec{b}|}$$

$$=\frac{a_1b_1+a_2b_2}{\sqrt{a_1{}^2+a_2{}^2}\sqrt{b_1{}^2+b_2{}^2}}\qquad\qquad =\frac{a_1b_1+a_2b_2+a_3b_3}{\sqrt{a_1{}^2+a_2{}^2+a_3{}^2}\sqrt{b_1{}^2+b_2{}^2+b_3{}^2}}$$

$$S=\frac{1}{2}\sqrt{|\vec{a}|^2|\vec{b}|^2-(\vec{a}\cdot\vec{b})^2}\qquad \textbf{面 積}\qquad S=\frac{1}{2}\sqrt{|\vec{a}|^2|\vec{b}|^2-(\vec{a}\cdot\vec{b})^2}$$

アドバイス

- ここにあげたのは平面ベクトルと空間ベクトルの主な公式である。式を見てわかる通り，空間ベクトルの式では，平面ベクトルの式に z 成分が加わっただけである。
- その他さまざまな条件に関しても共通であり，平面が空間の一部分であることを考えれば，空間ベクトルでは平面ベクトルの考え方がいつでも生きている。
- ただし，計算は平面の場合より z 成分が加わった分タフになるから負けないようにがんばってほしい。

 これで 解決！

空間ベクトル ➡
- 公式は平面ベクトルと同じ形
平面ベクトルに z 成分が加わっただけ
- 平面の考え方がすべて使える

練習60 (1) 3点 A(a, 3, 11)，B(-1, b, 5)，C(3, -5, -1) が一直線上にあるとき，a, b の値と AB の長さを求めよ。　　〈北里大〉

(2) 原点と点 A(2, 3, 1) を結ぶ直線上の点で，定点 B(5, 9, 5) との距離が最小になる点 P の座標は (□, □, □) である。　　〈金沢医大〉

(3) 2つのベクトル $\vec{a}=(2,\ -1,\ 1)$，$\vec{b}=(x-2,\ -x,\ 4)$ のなす角が30°のとき，x の値を求めよ。　　〈立教大〉

(4) $\vec{a}=(3,\ 1,\ 2)$，$\vec{b}=(4,\ 2,\ 3)$ とするとき，$\vec{a}$ と $\vec{b}$ の両方に垂直な単位ベクトルを求めよ。　　〈福岡教育大〉

61　立方体・直方体・平行六面体のベクトルの決め方

右の図の立方体 ABCD-EFGH において，
$$\overrightarrow{BH}=u_1\overrightarrow{AC}+u_2\overrightarrow{AF}+u_3\overrightarrow{AH}$$
とおくと，$(u_1,\ u_2,\ u_3)=\boxed{}$

〈小樽商大〉

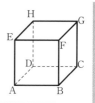

解　$\overrightarrow{AB}=\vec{a}$, $\overrightarrow{AD}=\vec{b}$, $\overrightarrow{AE}=\vec{c}$　とすると

$\overrightarrow{BH}=\overrightarrow{AH}-\overrightarrow{AB}=\vec{b}+\vec{c}-\vec{a}$

$\overrightarrow{AC}=\vec{a}+\vec{b}$, $\overrightarrow{AF}=\vec{c}+\vec{a}$, $\overrightarrow{AH}=\vec{b}+\vec{c}$

$\overrightarrow{BH}=u_1\overrightarrow{AC}+u_2\overrightarrow{AF}+u_3\overrightarrow{AH}$ だから

$\vec{b}+\vec{c}-\vec{a}=u_1(\vec{a}+\vec{b})+u_2(\vec{c}+\vec{a})+u_3(\vec{b}+\vec{c})$

$\qquad\qquad =(u_1+u_2)\vec{a}+(u_1+u_3)\vec{b}+(u_2+u_3)\vec{c}$

$\vec{a}$, $\vec{b}$, $\vec{c}$ はどれも平行でないから

$\qquad u_1+u_2=-1,\ u_1+u_3=1,\ u_2+u_3=1$

これを解いて　　　$u_1=-\dfrac{1}{2},\ u_2=-\dfrac{1}{2},\ u_3=\dfrac{3}{2}$

よって，$(u_1,\ u_2,\ u_3)=\left(-\dfrac{1}{2},\ -\dfrac{1}{2},\ \dfrac{3}{2}\right)$

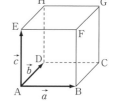

アドバイス ....

• 空間のベクトルにおいても，まず始点をそろえて考えることだ。まともに，$\overrightarrow{AC}$，$\overrightarrow{AF}$，$\overrightarrow{AH}$ を考えてもうまくいかない。

• そこで，立方体，直方体，平行六面体ではいつも次のようにベクトルを設定し，そのベクトルで考えていけばよい。

これで 解決！

立方体，直方体，平行六
面体は，次のベクトルで　　➡

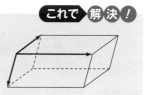

注意　立方体，直方体，平行六面体のベクトルの設定は，上の2通りがある。どちらでもよい。

練習61　右図のような平行六面体 OADB-CQRS において，△ABC の重心を F，△DQS の重心を G とする。このとき，4点 O, F, G, R は同一直線上にあることを示せ。　　　〈岩手大〉

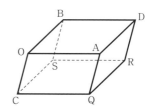

62 立方体・直方体・平行六面体の問題

AB＝3，AD＝2，AE＝1 である直方体 ABCD-EFGH において，
$\overrightarrow{AB}=\vec{a}$，$\overrightarrow{AD}=\vec{b}$，$\overrightarrow{AE}=\vec{c}$ とする。

(1) 内積 $\overrightarrow{AG}\cdot\overrightarrow{BH}$ の値を求めよ。

(2) ベクトル $\overrightarrow{AG}$ と $\overrightarrow{BH}$ のなす角 θ が $90°$
より大きいことを示せ。　　〈類　新潟大〉

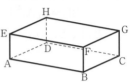

解

(1) $\overrightarrow{AG}=\vec{a}+\vec{b}+\vec{c}$，$\overrightarrow{BH}=\overrightarrow{AH}-\overrightarrow{AB}=-\vec{a}+\vec{b}+\vec{c}$

$\overrightarrow{AG}\cdot\overrightarrow{BH}=(\vec{a}+\vec{b}+\vec{c})\cdot(-\vec{a}+\vec{b}+\vec{c})$

ここで $|\vec{a}|=3$，$|\vec{b}|=2$，$|\vec{c}|=1$ で

$\vec{a}\cdot\vec{b}=\vec{b}\cdot\vec{c}=\vec{c}\cdot\vec{a}=0$　だから

$\overrightarrow{AG}\cdot\overrightarrow{BH}=-|\vec{a}|^2+|\vec{b}|^2+|\vec{c}|^2$

　　　　　$=-3^2+2^2+1^2=\mathbf{-4}$

←直方体なので
$\vec{a}\perp\vec{b}$，$\vec{b}\perp\vec{c}$，$\vec{c}\perp\vec{a}$

(2) $|\overrightarrow{AG}|^2=|\vec{a}+\vec{b}+\vec{c}|^2=|\vec{a}|^2+|\vec{b}|^2+|\vec{c}|^2=14$

$|\overrightarrow{BH}|^2=|-\vec{a}+\vec{b}+\vec{c}|^2=|\vec{a}|^2+|\vec{b}|^2+|\vec{c}|^2=14$

$\cos\theta=\dfrac{\overrightarrow{AG}\cdot\overrightarrow{BH}}{|\overrightarrow{AG}||\overrightarrow{BH}|}=\dfrac{-4}{\sqrt{14}\sqrt{14}}=-\dfrac{2}{7}<0$

←$|\vec{a}+\vec{b}+\vec{c}|^2$
$=|\vec{a}|^2+|\vec{b}|^2+|\vec{c}|^2$
$+2\underset{0}{\underline{\vec{a}\cdot\vec{b}}}+2\underset{0}{\underline{\vec{b}\cdot\vec{c}}}+2\underset{0}{\underline{\vec{c}\cdot\vec{a}}}$

よって，θ は $90°$ より大きい。

アドバイス•••

• 立方体・直方体・平行六面体を題材にした問題では，設定された3つのベクトル $\vec{a}$，
$\vec{b}$，$\vec{c}$ で考えを進めていく。

• このとき，大きさ $|\vec{a}|$，$|\vec{b}|$，$|\vec{c}|$ と内積 $\vec{a}\cdot\vec{b}$，$\vec{b}\cdot\vec{c}$，$\vec{c}\cdot\vec{a}$ の値が key になる。
この6つの要素に視点を当てて解決しよう。特に，立方体，直方体では垂直条件から $\vec{a}\cdot\vec{b}=\vec{b}\cdot\vec{c}=\vec{c}\cdot\vec{a}=0$ となることは忘れてはならない。

これで 解決！

| 立方体・直方体・
平行六面体の問題 | ➡ | 大きさ $\|\vec{a}\|$，$\|\vec{b}\|$，$\|\vec{c}\|$
内積 $\vec{a}\cdot\vec{b}$，$\vec{b}\cdot\vec{c}$，$\vec{c}\cdot\vec{a}$ | の値を明らかにせよ |

練習62 右は OA＝OB＝2，OC＝1 の平行六面体である。
辺 OC，DF の中点をそれぞれ M，N とし，辺 OA，
CG を3：1に内分する点をそれぞれ P，Q とする。
$\overrightarrow{OA}=\vec{a}$，$\overrightarrow{OB}=\vec{b}$，$\overrightarrow{OC}=\vec{c}$ として，次の問いに答えよ。

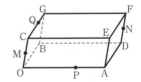

(1) ベクトル $\overrightarrow{MP}$，$\overrightarrow{MQ}$ を $\vec{a}$，$\vec{b}$，$\vec{c}$ で表せ。

(2) 点 M，N，P，Q は同一平面上にあることを示せ。

(3) $\overrightarrow{OA}\perp\overrightarrow{OB}$，$\overrightarrow{OB}\perp\overrightarrow{OC}$，ベクトル $\overrightarrow{OA}$ と $\overrightarrow{OC}$ のなす角が $60°$ のとき，$\overrightarrow{MP}$ と $\overrightarrow{MQ}$ の
なす角 θ に対して $\cos\theta$ の値を求めよ。　　　　〈類　長崎大〉

63 正四面体の問題

正四面体 OABC において $\overrightarrow{OA}=\vec{a}$, $\overrightarrow{OB}=\vec{b}$, $\overrightarrow{OC}=\vec{c}$ とおく。また, 辺 OA, AB, BC, CO の中点を, それぞれ P, Q, R, S とする。

(1) $\overrightarrow{PR}$ と $\overrightarrow{QS}$ を $\vec{a}$, $\vec{b}$, $\vec{c}$ で表せ。

(2) $\overrightarrow{PR}$ と $\overrightarrow{QS}$ のなす角を求めよ。 〈中央大〉

 (1) $\overrightarrow{PR}=\overrightarrow{OR}-\overrightarrow{OP}$

$$=\frac{1}{2}(\vec{b}+\vec{c})-\frac{1}{2}\vec{a}=\frac{1}{2}(-\vec{a}+\vec{b}+\vec{c})$$

$\overrightarrow{QS}=\overrightarrow{OS}-\overrightarrow{OQ}$

$$=\frac{1}{2}\vec{c}-\frac{1}{2}(\vec{a}+\vec{b})=\frac{1}{2}(-\vec{a}-\vec{b}+\vec{c})$$

(2) $\overrightarrow{PR}\cdot\overrightarrow{QS}=\frac{1}{2}(-\vec{a}+\vec{b}+\vec{c})\cdot\frac{1}{2}(-\vec{a}-\vec{b}+\vec{c})$

$$=\frac{1}{4}(|\vec{a}|^2-|\vec{b}|^2+|\vec{c}|^2-2\vec{a}\cdot\vec{c})$$

←$\cos\theta=\dfrac{\overrightarrow{PR}\cdot\overrightarrow{QS}}{|\overrightarrow{PR}||\overrightarrow{QS}|}$ の分子 の計算

ここで, 正四面体だから

$|\vec{a}|=|\vec{b}|=|\vec{c}|$, $2\vec{a}\cdot\vec{c}=2|\vec{a}||\vec{c}|\cos 60°=|\vec{a}|^2$

よって, $\overrightarrow{PR}\cdot\overrightarrow{QS}=0$ よりなす角は **90°**

←正四面体の各面は, 正三角形である。

アドバイス ・・

- 正四面体の各面は正三角形だから, 各辺の長さは等しく, 辺と辺のなす角はすべて 60° である。
- このことは問題にはかかれてないが, 正四面体の問題では**大きさと内積**について 次のことは必ず使われるので覚えておく。

これで 解決！

正四面体の性質 ➡ 4つの面はすべて正三角形

$|\vec{a}|=|\vec{b}|=|\vec{c}|$

$\vec{a}\cdot\vec{b}=\vec{b}\cdot\vec{c}=\vec{c}\cdot\vec{a}=\dfrac{1}{2}|\vec{a}|^2$

■**練習63** 1辺の長さが1の正四面体 OABC がある。辺 OA の中点を P, 辺 OB を 2:1 に内分する点を Q, 辺 OC を 1:3 に内分する点を R とする。以下の問いに答えよ。

(1) 線分 PQ の長さと線分 PR の長さを求めよ。

(2) $\overrightarrow{PQ}$ と $\overrightarrow{PR}$ の内積 $\overrightarrow{PQ}\cdot\overrightarrow{PR}$ の値を求めよ。

(3) 三角形 PQR の面積を求めよ。 〈九州大〉

64 空間の中の平面

四面体 OABC において，∠AOB=60°，∠AOC=45°，∠BOC=90°，OA=1，OB=2，OC=$\sqrt{2}$ とする。三角形 ABC の重心を G とし，線分 OG を $t:1-t$ $(0<t<1)$ の比に内分する点を P とする。

(1) $\overrightarrow{OA}=\vec{a}$，$\overrightarrow{OB}=\vec{b}$，$\overrightarrow{OC}=\vec{c}$ として，$\overrightarrow{AP}$ を $\vec{a}$，$\vec{b}$，$\vec{c}$ で表せ。

(2) OP⊥AP となるような t の値を求めよ。　　〈徳島大〉

解

(1) $\overrightarrow{AP}=\overrightarrow{OP}-\overrightarrow{OA}=t\overrightarrow{OG}-\overrightarrow{OA}$

$=\dfrac{t}{3}(\vec{a}+\vec{b}+\vec{c})-\vec{a}=\left(\dfrac{t}{3}-1\right)\vec{a}+\dfrac{t}{3}\vec{b}+\dfrac{t}{3}\vec{c}$

←平面 OAG で考える。

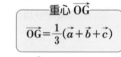

重心 $\overrightarrow{OG}$

$\overrightarrow{OG}=\dfrac{1}{3}(\vec{a}+\vec{b}+\vec{c})$

(2) $\overrightarrow{OP}\cdot\overrightarrow{AP}$

$=\dfrac{t}{3}(\vec{a}+\vec{b}+\vec{c})\cdot\left\{\left(\dfrac{t}{3}-1\right)\vec{a}+\dfrac{t}{3}\vec{b}+\dfrac{t}{3}\vec{c}\right\}$

$=\dfrac{t}{3}(\vec{a}+\vec{b}+\vec{c})\cdot\left\{\dfrac{t}{3}(\vec{a}+\vec{b}+\vec{c})-\vec{a}\right\}$

$=\dfrac{t^2}{9}(|\vec{a}|^2+|\vec{b}|^2+|\vec{c}|^2+2\vec{a}\cdot\vec{b}+2\vec{b}\cdot\vec{c}$

$\qquad +2\vec{c}\cdot\vec{a})-\dfrac{t}{3}(|\vec{a}|^2+\vec{a}\cdot\vec{b}+\vec{a}\cdot\vec{c})$

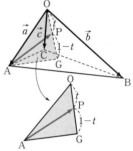

ここで，条件より

$|\vec{a}|=1$，$|\vec{b}|=2$，$|\vec{c}|=\sqrt{2}$，$\vec{a}\cdot\vec{b}=1$，$\vec{b}\cdot\vec{c}=0$，$\vec{c}\cdot\vec{a}=1$ を代入して整理すると $\overrightarrow{OP}\cdot\overrightarrow{AP}=0$

だから $\dfrac{11}{9}t^2-t=0$　よって，$t=\dfrac{9}{11}$　$(0<t<1)$

アドバイス

• 空間ベクトルをうまく考えられないという人は多い。それは一度に全部見てしまうからである。

• 空間を考える場合も部分的に平面を取り出して考えているということを理解すれば，後は空間の中にある平面をよく見て問題の条件をあてはめていけばよい。

これで 解決！

空間ベクトルの問題 ➡ 空間の中にある平面を見よ！

練習64 四面体 OABC があり，$\cos\angle AOB=\dfrac{1}{4}$，∠BOC=∠AOC=90°，OA=3，OB=OC=2 とする。$\overrightarrow{OA}=\vec{a}$，$\overrightarrow{OB}=\vec{b}$，$\overrightarrow{OC}=\vec{c}$ として次の問いに答えよ。

(1) 辺 OA 上に点 P をとり，$\overrightarrow{OP}\cdot\overrightarrow{OB}=\dfrac{1}{2}$ とする。$\overrightarrow{OP}$ を $\vec{a}$ を用いて表せ。

(2) (1)で求めた点 P に対して，辺 PC 上に PC⊥BQ となる点 Q をとる。このとき，PQ：QC を求めよ。　　〈類 山口大〉

65 平面と直線の交点

四面体 OABC があり，辺 AC を $2:1$ に内分する点を D，線分 OD の中点を M，線分 BM の中点を N とする。

(1) $\overrightarrow{OA}=\vec{a}$，$\overrightarrow{OB}=\vec{b}$，$\overrightarrow{OC}=\vec{c}$ として $\overrightarrow{OM}$ を $\vec{a}$，$\vec{c}$ で表せ。

(2) 直線 CN と平面 OAB の交点 P を $\vec{a}$，$\vec{b}$ で表せ。　〈類　東京薬大〉

解

(1) $\overrightarrow{OD}=\dfrac{\vec{a}+2\vec{c}}{2+1}=\dfrac{1}{3}\vec{a}+\dfrac{2}{3}\vec{c}$　よって，$\overrightarrow{OM}=\dfrac{1}{2}\overrightarrow{OD}=\dfrac{1}{6}\vec{a}+\dfrac{1}{3}\vec{c}$

(2) P は直線 CN 上の点で

$\overrightarrow{ON}=\dfrac{1}{2}(\overrightarrow{OM}+\overrightarrow{OB})=\dfrac{1}{12}\vec{a}+\dfrac{1}{2}\vec{b}+\dfrac{1}{6}\vec{c}$ だから

$\overrightarrow{OP}=\overrightarrow{OC}+t\overrightarrow{CN}=\vec{c}+t\left(\dfrac{1}{12}\vec{a}+\dfrac{1}{2}\vec{b}+\dfrac{1}{6}\vec{c}-\vec{c}\right)$

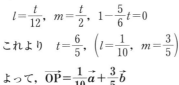

$=\dfrac{t}{12}\vec{a}+\dfrac{t}{2}\vec{b}+\left(1-\dfrac{5}{6}t\right)\vec{c}$ ……①　←変数は1つ

また，P は平面 OAB 上の点だから

$\overrightarrow{OP}=l\vec{a}+m\vec{b}$ ……②と表せる　←変数は2つ

$\vec{a}$，$\vec{b}$，$\vec{c}$ は1次独立だから①＝②より

$l=\dfrac{t}{12}$，$m=\dfrac{t}{2}$，$1-\dfrac{5}{6}t=0$

これより　$t=\dfrac{6}{5}$，$\left(l=\dfrac{1}{10}$，$m=\dfrac{3}{5}\right)$

よって，$\overrightarrow{OP}=\dfrac{1}{10}\vec{a}+\dfrac{3}{5}\vec{b}$

別解

①の式で，P が平面 OAB 上にあるから $\vec{c}$ の係数は0である。よって，$1-\dfrac{5}{6}t=0$ より $t=\dfrac{6}{5}$ としてもよい。

アドバイス ･･･

• ベクトルで平面と直線の交点を求めるには，何といっても平面上の任意の点と直線上の任意の点，すなわち平面と直線の方程式が表せないと話にならない。

• 直線は1つの変数で表されるが，平面は2つの変数で表すことを覚えよう。

これで 解決！

空間ベクトル：平面と直線の交点は

$\overrightarrow{OP}=\bigcirc\vec{a}+\square\vec{b}+\triangle\vec{c}$ ⟺ $\overrightarrow{OP}=\bullet\vec{a}+\blacksquare\vec{b}+\blacktriangle\vec{c}$

(平面) 変数は2つ　　　　　　(直線) 変数は1つ

$\vec{a}$，$\vec{b}$，$\vec{c}$ の係数 $\bigcirc=\bullet$，$\square=\blacksquare$，$\triangle=\blacktriangle$ から変数を求める。

練習65 四面体 OABC において，辺 AB を $1:3$ に内分する点を D，線分 CD を $2:1$ に内分する点を E，線分 OE の中点を F とする。$\overrightarrow{OA}=\vec{a}$，$\overrightarrow{OB}=\vec{b}$，$\overrightarrow{OC}=\vec{c}$ として

(1) $\overrightarrow{AF}$ を $\vec{a}$，$\vec{b}$，$\vec{c}$ で表せ。

(2) 直線 AF と平面 OBC の交点を G とするとき，$\overrightarrow{OG}$ を $\vec{b}$，$\vec{c}$ で表せ。

〈類　福岡教育大〉

66 平面のベクトル方程式

1辺の長さが1の正四面体 OABC がある。また，$\overrightarrow{OA}=\vec{a}$，$\overrightarrow{OB}=\vec{b}$，$\overrightarrow{OC}=\vec{c}$ とする。

(1) △ABC を含む平面のベクトルは，次の式で表されることを示せ。
$$\overrightarrow{OP}=s\vec{a}+t\vec{b}+u\vec{c}, \quad s+t+u=1$$

(2) $\overrightarrow{OQ}=x\vec{a}+y\vec{b}+z\vec{c}$，$x+2y+3z=1$ の形で表される点 Q はどんな平面上にあるか。 〈広島県立大〉

解

(1) 右図で $\overrightarrow{AP}$ は，変数 t，u を用いて
$\overrightarrow{AP}=t\overrightarrow{AB}+u\overrightarrow{AC}$ と表せるから
$\overrightarrow{OP}=\overrightarrow{OA}+\overrightarrow{AP}=\overrightarrow{OA}+t\overrightarrow{AB}+u\overrightarrow{AC}$
$\quad=\overrightarrow{OA}+t(\overrightarrow{OB}-\overrightarrow{OA})+u(\overrightarrow{OC}-\overrightarrow{OA})$
$\quad=(1-t-u)\overrightarrow{OA}+t\overrightarrow{OB}+u\overrightarrow{OC}$

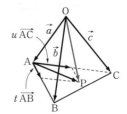

ここで，$1-t-u=s$ とおくと
$\overrightarrow{OP}=s\vec{a}+t\vec{b}+u\vec{c}$，$s+t+u=1$ と表せる。

(2) $\overrightarrow{OQ}=x\vec{a}+2y\cdot\dfrac{1}{2}\vec{b}+3z\cdot\dfrac{1}{3}\vec{c}$，$x+2y+3z=1$

から，OB の中点を M，OC を $1:2$ に内分した点を N とすると，Q は △AMN を含む平面上にある。

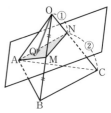

アドバイス ·······················

• ベクトルによる平面の方程式はイメージしづらいようだ。直線が2つの変数 s，t を用いて $\vec{p}=s\vec{a}+t\vec{b}$，$s+t=1$ と表せたように，平面の式の形も直線の式とよく似ているので関連して覚えておくとよい。

これで 解決！

3点 A($\vec{a}$)，B($\vec{b}$)，C($\vec{c}$) を通る平面の方程式
$\vec{p}=s\vec{a}+t\vec{b}+u\vec{c}$，$s+t+u=1$
2点 A($\vec{a}$)，B($\vec{b}$) を通る直線の方程式
$\vec{p}=s\vec{a}+t\vec{b}$，$s+t=1$

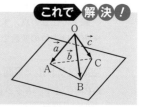

■**練習66** 四面体 OABC において，$\vec{a}=\overrightarrow{OA}$，$\vec{b}=\overrightarrow{OB}$，$\vec{c}=\overrightarrow{OC}$ とおく。

(1) 線分 AB を $1:2$ に内分する点を L とし，線分 LC を $2:3$ に内分する点を M とする。$\overrightarrow{OM}$ を $\vec{a}$，$\vec{b}$，$\vec{c}$ を用いて表せ。

(2) D，E，F はそれぞれ線分 OA，OB，OC 上の点で，$OD=\dfrac{1}{2}OA$，$OE=\dfrac{2}{3}OB$，$OF=\dfrac{1}{3}OC$ とする。3点 D，E，F を含む平面と線分 OM の交点を N とするとき，$\overrightarrow{ON}$ を $\vec{a}$，$\vec{b}$，$\vec{c}$ で表せ。 〈大阪電通大〉

67 空間座標と空間における直線

空間内に 3 点 A(5, 0, 2)，B(3, 3, 3)，C(−4, 2, 6) があり，2 点
A，B を通る直線を l とする。このとき，次の座標を求めよ。

(1) l と xy 平面との交点 D

(2) 点 C から l に引いた垂線と l との交点 H　　　　　〈類　宇都宮大〉

解 (1) 直線 l 上の任意の点を P とすると

$\overrightarrow{OP}=\overrightarrow{OA}+t\overrightarrow{AB}$　　　←$\vec{p}=(1-t)\overrightarrow{OA}+t\overrightarrow{OB}$ でもよい

$\overrightarrow{AB}=(-2,\ 3,\ 1)$ だから　←成分を代入

$\overrightarrow{OP}=(5,\ 0,\ 2)+t(-2,\ 3,\ 1)$　←媒介変数表示

　　　$=(5-2t,\ 3t,\ 2+t)$

　　xy 平面との交点は $z=0$ だから

　　$2+t=0$　より　$t=-2$

よって，**D(9, −6, 0)**

(2) $\overrightarrow{OH}=(5-2t,\ 3t,\ 2+t)$ とおくと

$\overrightarrow{CH}=\overrightarrow{OH}-\overrightarrow{OC}=(9-2t,\ -2+3t,\ -4+t)$

$\overrightarrow{AB}=(3,\ 3,\ 3)-(5,\ 0,\ 2)=(-2,\ 3,\ 1)$

$\overrightarrow{AB}\perp\overrightarrow{CH}$ だから

$\overrightarrow{AB}\cdot\overrightarrow{CH}=-2\times(9-2t)+3\times(-2+3t)+1\times(-4+t)$　←垂直 $\Longleftrightarrow$ 内積$=0$

　　　　$=14t-28=0$　より　$t=2$

よって，**H(1, 6, 4)**

アドバイス

- 空間での直線は，どう扱っていいのか手こずることが多い。空間座標で与えられた 2 点を通る直線は，t（媒介変数）を使って，ベクトルの成分表示で処理する。
- 大きさや垂直条件，1 次独立などのベクトルの性質を利用して t の値を求めることになる。成分表示ができれば，それほど難しくないが，意外に計算ミスが多い。

これで解決！

空間における直線の扱い
A(a_1, a_2, a_3)，B(b_1, b_2, b_3)
（2 点 A，B を通る直線）
→ $\vec{p}=\overrightarrow{OA}+t\overrightarrow{AB}$ or $\vec{p}=(1-t)\overrightarrow{OA}+t\overrightarrow{OB}$
成分を代入して
$\vec{p}=(\bigcirc t+\bullet,\ \square t+\blacksquare,\ \triangle t+\blacktriangle)$ の形に

練習67 空間内に 3 点 A(5, −1, 6)，B(2, 3, 3)，C(−4, −5, 4) があり，2 点 A，B を通る直線を l とする。このとき，次の点の座標を求めよ。

(1) l と xy 平面との交点 D

(2) 点 C から l に引いた垂線と l との交点 H　　　　　〈類　埼玉大〉

68 平面に下ろした垂線と平面の交点

空間内に 3 点 A(1, 0, 0), B(0, 2, 0), C(0, 0, 3) がある。原点 O から三角形 ABC へ下ろした垂線の足を H とするとき, H の座標は

$$\frac{6}{\boxed{}}(\boxed{}, \boxed{}, \boxed{})$$ となる。 〈早稲田大〉

解
$\overrightarrow{OH}=\overrightarrow{OA}+s\overrightarrow{AB}+t\overrightarrow{AC}$ とおく。 ←平面のベクトル方程式

$\overrightarrow{AB}=(-1, 2, 0)$, $\overrightarrow{AC}=(-1, 0, 3)$

$\overrightarrow{OH}=(1, 0, 0)+s(-1, 2, 0)+t(-1, 0, 3)$

$\quad=(1-s-t, 2s, 3t)$

OH が平面 ABC に垂直のとき

OH⊥AB, OH⊥AC だから

$\overrightarrow{OH}\cdot\overrightarrow{AB}=-1\times(1-s-t)+2\times2s+0\times3t$

$\qquad=5s+t-1=0$ ……①

$\overrightarrow{OH}\cdot\overrightarrow{AC}=-1\times(1-s-t)+0\times2s+3\times3t$

$\qquad=s+10t-1=0$ ……②

①, ②を解いて $s=\dfrac{9}{49}$, $t=\dfrac{4}{49}$

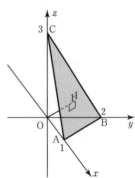

よって, $\overrightarrow{OH}=\left(\dfrac{36}{49}, \dfrac{18}{49}, \dfrac{12}{49}\right)$ より H の座標は $\dfrac{6}{49}(6, 3, 2)$

アドバイス

・平面に下ろした垂線の足の座標を求める問題で, 頻出である。平面を成分で表して, 平面をつくる 2 つのベクトルとの垂直条件から求める。

・平面の方程式は, ベクトルで表してから成分を代入すればよいので, 後は計算ミスをしないように。

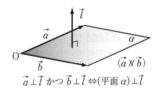

$\vec{a}\perp\vec{l}$ かつ $\vec{b}\perp\vec{l}\Leftrightarrow$(平面 α)$\perp\vec{l}$

これで 解決!

$\overrightarrow{AB}$ $\overrightarrow{AC}$ がつくる平面に下ろした垂線 $\overrightarrow{OH}$
$\overrightarrow{OH}=\overrightarrow{OA}+s\overrightarrow{AB}+t\overrightarrow{AC}$ とおいて
$\overrightarrow{OH}\cdot\overrightarrow{AB}=0\cdots$① $\overrightarrow{OH}\cdot\overrightarrow{AC}=0\cdots$②
(OH⊥AB) (OH⊥AC)

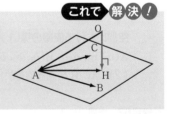

練習68 空間の 3 点 A(2, 0, -1), B(-1, 1, 0), C(0, 1, -1) を通る平面を π とし, 原点 O から平面 π に下ろした垂線の足を P とする。

(1) ベクトル $\overrightarrow{OP}$ の成分を求めよ。　(2) △ABC の面積を求めよ。

(3) 四面体 OABC の体積を求めよ。 〈北海学園大〉

69 ベクトルの証明問題

四面体 ABCD において $\overrightarrow{CA}$ と $\overrightarrow{CB}$，$\overrightarrow{DA}$ と $\overrightarrow{DB}$，$\overrightarrow{AB}$ と $\overrightarrow{CD}$ はそれぞれ垂直であるとする。このとき，頂点 A，頂点 B および辺 CD の中点 M の 3 点を通る平面は辺 CD と直交することを示せ。　　〈京都大〉

解

条件より

$\overrightarrow{CA}\cdot\overrightarrow{CB}=0,\ \overrightarrow{DA}\cdot\overrightarrow{DB}=0,\ \overrightarrow{AB}\cdot\overrightarrow{CD}=0$　←この条件をベクトルで式にする

$\overrightarrow{CA}\cdot\overrightarrow{CB}=-\overrightarrow{AC}\cdot(\overrightarrow{AB}-\overrightarrow{AC})=-\overrightarrow{AC}\cdot\overrightarrow{AB}+|\overrightarrow{AC}|^2=0$　←始点を A にそろえて $\overrightarrow{AB}$, $\overrightarrow{AC}$, $\overrightarrow{AD}$ で表す。

より　$|\overrightarrow{AC}|^2=\overrightarrow{AB}\cdot\overrightarrow{AC}$ ……①

$\overrightarrow{DA}\cdot\overrightarrow{DB}=-\overrightarrow{AD}\cdot(\overrightarrow{AB}-\overrightarrow{AD})=-\overrightarrow{AD}\cdot\overrightarrow{AB}+|\overrightarrow{AD}|^2=0$

より　$|\overrightarrow{AD}|^2=\overrightarrow{AB}\cdot\overrightarrow{AD}$ ……②

$\overrightarrow{AB}\cdot\overrightarrow{CD}=\overrightarrow{AB}\cdot(\overrightarrow{AD}-\overrightarrow{AC})=\overrightarrow{AB}\cdot\overrightarrow{AD}-\overrightarrow{AB}\cdot\overrightarrow{AC}=0$

より　$\overrightarrow{AB}\cdot\overrightarrow{AC}=\overrightarrow{AB}\cdot\overrightarrow{AD}$ ……③

ここで

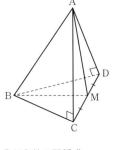

$\overrightarrow{AM}\cdot\overrightarrow{CD}=\dfrac{1}{2}(\overrightarrow{AC}+\overrightarrow{AD})\cdot(\overrightarrow{AD}-\overrightarrow{AC})$

$=\dfrac{1}{2}(|\overrightarrow{AD}|^2-|\overrightarrow{AC}|^2)=0$　より　$\overrightarrow{AM}\perp\overrightarrow{CD}$

（①，②，③より $|\overrightarrow{AC}|^2=|\overrightarrow{AD}|^2$）　←①，②，③が条件の関係式

よって，AB⊥CD，AM⊥CD が成り立つから平面 MAB は辺 CD と垂直である。　←平面 MAB 上の 2 直線 AB，AM が CD と垂直

アドバイス

- 証明問題を苦手とする人は多い。いわんやベクトル，しかも空間ではなおさらである。そこで，解き方の第一歩を示そう。
- まず，問題の条件からベクトルの関係式をつくって整理しておく。
- 次に，証明するためには，何がいえればよいのかを考え，式にする。その式が成り立つことを整理した関係式を利用して示していく。

ベクトルの証明問題　➡

- 条件をベクトルの 関係式 で表し，整理する
- この関係式が証明のより所になる
- 証明することをベクトルで表し，関係式 の適用を考える

練習69 四面体 OABC において，$\overrightarrow{OA}$ と $\overrightarrow{BC}$ は垂直であり，△OAB の面積と △OAC の面積が等しいとする。このとき，次の問いに答えよ。

(1) OB＝OC を示せ。

(2) △ABC の重心を G とするとき，$\overrightarrow{OG}$ と $\overrightarrow{BC}$ は垂直であることを示せ。〈熊本大〉

70 複素数と複素数平面

$z=2+i$ のとき，次の複素数を複素数平面上に図示せよ。

(1) z (2) $\bar{z}$ (3) zi (4) $\bar{z}i$

解
(2) $\bar{z}=2-i$
(3) $zi=(2+i)i=-1+2i$
(4) $\bar{z}i=(2-i)i=1+2i$

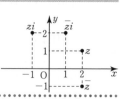

これより(1)〜(4)を図示すると右図のようになる。

アドバイス

・複素数 $a+bi$ は点 $(a,\ b)$ で対応させて，a を横軸（実軸），b を縦軸（虚軸）にとる。

これで**解決**！

複素数 $a+bi$ と座標 ➡ 点 $(a,\ b)$ で対応 ┈┈┈➤ 複素数平面

実軸（x 軸にあたる）／虚軸（y 軸にあたる）

練習70 $z=1+2i$ のとき，次の複素数を複素数平面上に図示せよ。

(1) z (2) $2z$ (3) $\bar{z}$ (4) zi (5) $z+\bar{z}$

71 複素数と絶対値（距離）

原点 O，2 点 A$(1+3i)$，B$(4+i)$ がある。次の距離を求めよ。

(1) OA (2) AB

解
(1) $OA=|1+3i|=\sqrt{1^2+3^2}=\sqrt{10}$
(2) $AB=|(4+i)-(1+3i)|$
$=|3-2i|$
$=\sqrt{3^2+(-2)^2}=\sqrt{13}$

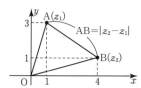

アドバイス

・$z=a+bi$ の絶対値は $|z|=|a+bi|=\sqrt{a^2+b^2}$ で表され，原点 O と点 z の距離である。また，2 点 z_1, z_2 が与えられたとき，2 点間の距離は次の式である。

これで**解決**！

2 点 A(z_1), B(z_2) 間の距離 ➡ $AB=|z_2-z_1|$

練習71 3 点 A$(-1-2i)$，B$(4+10i)$，C$(11+3i)$ を頂点とする △ABC はどのような三角形か。3 辺の長さを求めよ。

72 複素数平面とベクトルの比較

▼複素数平面▲ ▼ベクトル▲

$z_1 = x_1 + y_1 i$, $z_2 = x_2 + y_2 i$ のとき $\vec{a} = (x_1,\ y_1)$, $\vec{b} = (x_2,\ y_2)$ のとき

〈和と差〉

$z_1 \pm z_2 = (x_1 \pm x_2) + (y_1 \pm y_2)i$ （複号同順） $\vec{a} \pm \vec{b} = (x_1 \pm x_2,\ y_1 \pm y_2)$

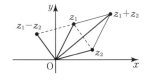 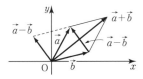

〈内分点〉

$z = \dfrac{n z_1 + m z_2}{m + n}$ 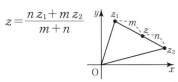 $\vec{c} = \dfrac{n \vec{a} + m \vec{b}}{m + n}$

〈大きさ〉

$|z_1| = \sqrt{x_1{}^2 + y_1{}^2}$ $|\vec{a}| = \sqrt{x_1{}^2 + y_1{}^2}$

$|z_1 - z_2| = \sqrt{(x_1 - x_2)^2 + (y_1 - y_2)^2}$ $|\vec{a} - \vec{b}| = \sqrt{(x_1 - x_2)^2 + (y_1 - y_2)^2}$

〈円を表す式〉

$|z - z_0| = r$ 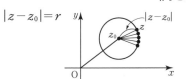 $|\vec{p} - \vec{c}| = r$

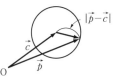

アドバイス •

- 複素数平面とベクトルの共通点は他にもあるが，考え方の関連性を理解することによって，両方の分野がより見えてくるものだ。
- この後，複素数平面は，共役な複素数，極形式，一方，ベクトルは内積，ベクトル方程式へそれぞれの持ち味を発揮して平面を表現していくことになる。

これで 解決!

複素数平面 ➡ ベクトルとの共通性にも注目！

■ **練習72** $z_1 = -1 + 4i$, $z_2 = 2 + i$ のとき，次の点を求め複素数平面上に図示せよ。

　(1) z_1, z_2, $z_1 + z_2$, $z_1 - z_2$

　(2) z_1, z_2 を $1:2$ に内分する点 z_3，および $3:1$ に外分する点 z_4

73 極形式

次の複素数を極形式で表せ。

(1) $z = -1 + \sqrt{3}\,i$ (2) $z = 2 - 2i$

解 (1) $|z| = \sqrt{(-1)^2 + (\sqrt{3})^2} = 2$

$\arg z = \dfrac{2}{3}\pi$

$z = 2\left(\cos\dfrac{2}{3}\pi + i\sin\dfrac{2}{3}\pi\right)$

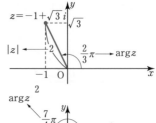

(2) $|z| = \sqrt{2^2 + (-2)^2} = 2\sqrt{2}$

$\arg z = \dfrac{7}{4}\pi$

$z = 2\sqrt{2}\left(\cos\dfrac{7}{4}\pi + i\sin\dfrac{7}{4}\pi\right)$

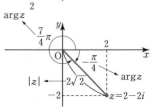

アドバイス ••

- 複素数を極形式で表すことは重要な変形である。それにはまず，絶対値 $|z|$ と偏角 $\arg z$ の意味を理解しなくてはならない。
- 偏角は Oz と x 軸（実軸）とのなす角で，反時計回りが正，時計回りが負の方向をもった角である。
- 偏角は複素数平面上に点をとって調べることになる。なお，偏角はふつう $0 \leqq \theta < 2\pi$ または，$-\pi \leqq \theta < \pi$ の範囲でとる。

これで 解決 !

$z = a + bi$ の
極形式

➡

$$z = r(\cos\theta + i\sin\theta)$$
$\cdots\cdots$ 必ず+

$$r = |z| = \sqrt{a^2 + b^2}$$
θ は偏角

練習73 (1) 次の複素数を極形式で表せ。ただし，偏角 θ は $0 \leqq \theta < 2\pi$ とする。

(i) $z = \dfrac{4}{\sqrt{3} - i}$ 〈広島工大〉 (ii) $z = \dfrac{-5 + i}{2 - 3i}$ 〈茨城大〉

(2) $z + \dfrac{1}{z} = 1$ のとき，複素数 z を極形式で表せ。ただし，偏角 θ は $0 \leqq \theta < 2\pi$ とする。 〈福井大〉

(3) 複素数 z について，$\left|\dfrac{z-1}{z}\right| = 1$，$\arg\left(\dfrac{z-1}{z}\right) = \dfrac{5}{6}\pi$ が成り立つとき，z を $a + bi$ で表せ。 〈福井工大〉

74 積・商の極形式

$z_1=1+\sqrt{3}\,i$, $z_2=1+i$ のとき，次の複素数を極形式で表せ。

(1) z_1z_2 　　　　(2) $\dfrac{z_1}{z_2}$ 　　　　〈類　立教大〉

解 z_1, z_2 を極形式で表すと

$$z_1=2\left(\cos\frac{\pi}{3}+i\sin\frac{\pi}{3}\right),\ z_2=\sqrt{2}\left(\cos\frac{\pi}{4}+i\sin\frac{\pi}{4}\right)$$

(1) $|z_1z_2|=|z_1||z_2|=2\sqrt{2}$

$\arg(z_1z_2)=\arg z_1+\arg z_2$

$\qquad=\dfrac{\pi}{3}+\dfrac{\pi}{4}=\dfrac{7}{12}\pi$

よって，$z_1z_2=2\sqrt{2}\left(\cos\dfrac{7}{12}\pi+i\sin\dfrac{7}{12}\pi\right)$

┌─ 積の極形式 ─┐
$|z_1z_2|=|z_1||z_2|=r_1r_2$
$\arg(z_1z_2)=\arg z_1+\arg z_2$
$\qquad=\theta_1+\theta_2$

(2) $\left|\dfrac{z_1}{z_2}\right|=\dfrac{|z_1|}{|z_2|}=\dfrac{2}{\sqrt{2}}=\sqrt{2}$

$\arg\left(\dfrac{z_1}{z_2}\right)=\arg z_1-\arg z_2$

$\qquad=\dfrac{\pi}{3}-\dfrac{\pi}{4}=\dfrac{\pi}{12}$

よって，$\dfrac{z_1}{z_2}=\sqrt{2}\left(\cos\dfrac{\pi}{12}+i\sin\dfrac{\pi}{12}\right)$

┌─ 商の極形式 ─┐
$\left|\dfrac{z_1}{z_2}\right|=\dfrac{|z_1|}{|z_2|}=\dfrac{r_1}{r_2}$
$\arg\left(\dfrac{z_1}{z_2}\right)=\arg z_1-\arg z_2$
$\qquad=\theta_1-\theta_2$

アドバイス

- 極形式で表された2つの複素数 z_1, z_2 について，積 z_1z_2，商 $\dfrac{z_1}{z_2}$ を極形式で表すには絶対値と偏角の関係を知ることだ。
- $z_1z_2=(1+\sqrt{3}\,i)(1+i)=(1-\sqrt{3})+(1+\sqrt{3})\,i$ と計算してから極形式で表そうとすると，偏角が求められないことがある。

これで 解決!

$z_1=r_1(\cos\theta_1+i\sin\theta_1)$
$z_2=r_2(\cos\theta_2+i\sin\theta_2)$
のとき，z_1z_2, $\dfrac{z_1}{z_2}$

$\Rightarrow$

$z_1z_2=r_1r_2\{\cos(\theta_1+\theta_2)+i\sin(\theta_1+\theta_2)\}$
$\dfrac{z_1}{z_2}=\dfrac{r_1}{r_2}\{\cos(\theta_1-\theta_2)+i\sin(\theta_1-\theta_2)\}$

練習74 偏角 θ を $0\le\theta<2\pi$ とすると，複素数 $1+i$ の極形式は ☐ であり，複素数 $1+\sqrt{3}\,i$ の極形式は ☐ である。$\dfrac{1+\sqrt{3}\,i}{1+i}$ の極形式は ☐ であり，これから $\cos\dfrac{\pi}{12}=$ ☐，$\sin\dfrac{\pi}{12}=$ ☐ となる。　〈九州産大〉

75 ド・モアブルの定理

$$\left(\frac{1+\sqrt{3}\,i}{1+i}\right)^{10}=\boxed{}+\boxed{}i \ \text{である。}$$

〈類 慶応大〉

解

$$1+\sqrt{3}\,i=\sqrt{1^2+(\sqrt{3})^2}\left(\cos\frac{\pi}{3}+i\sin\frac{\pi}{3}\right)$$

$$=2\left(\cos\frac{\pi}{3}+i\sin\frac{\pi}{3}\right)$$

$$1+i=\sqrt{1^2+1^2}\left(\cos\frac{\pi}{4}+i\sin\frac{\pi}{4}\right)$$

$$=\sqrt{2}\left(\cos\frac{\pi}{4}+i\sin\frac{\pi}{4}\right)$$

$$\left(\frac{1+\sqrt{3}\,i}{1+i}\right)^{10}=\left\{\frac{2\left(\cos\frac{\pi}{3}+i\sin\frac{\pi}{3}\right)}{\sqrt{2}\left(\cos\frac{\pi}{4}+i\sin\frac{\pi}{4}\right)}\right\}^{10}$$

$$=(\sqrt{2})^{10}\left(\cos\frac{\pi}{12}+i\sin\frac{\pi}{12}\right)^{10}$$

$$=32\left(\cos\frac{5}{6}\pi+i\sin\frac{5}{6}\pi\right)$$

$$=32\left(-\frac{\sqrt{3}}{2}+\frac{1}{2}i\right)=-16\sqrt{3}+16i$$

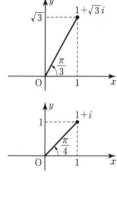

アドバイス

- $(a+bi)^n$ を計算したり，$z^n=a+bi$ を満たす z を求めたりするのには，ド・モアブルの定理 $(\cos\theta+i\sin\theta)^n=\cos n\theta+i\sin n\theta$ が使われる。基本的に極形式の積，商と考えてよい。r^n と $n\theta$ に注意すれば比較的やさしい。

- この問題では，はじめに

$$\frac{1+\sqrt{3}\,i}{1+i}=\frac{(1+\sqrt{3}\,i)(1-i)}{(1+i)(1-i)}=\frac{\sqrt{3}+1}{2}+\frac{\sqrt{3}-1}{2}i \ \text{と計算すると極形式で表せな}$$

い。（偏角が求まらないような変形はダメ。）やはり分母と分子を別々に極形式に直すのが確実だ。

これで**解決**!

ド・モアブルの定理 ➡ $z=r(\cos\theta+i\sin\theta)$ のとき
$z^n=r^n(\cos n\theta+i\sin n\theta)$ （n は整数）

練習75 (1) 次の式を簡単にせよ。

① $\left(\frac{1+i}{1-\sqrt{3}\,i}\right)^3$ 〈北海道工大〉 ② $\left(\frac{7-3i}{2-5i}\right)^8$ 〈千葉工大〉

(2) 複素数 $z=\left(\frac{i}{\sqrt{3}-i}\right)^{n-4}$ が実数になるような自然数 n のうち，最も小さなものは $n=\boxed{}$ である。このとき，$z=\boxed{}$ である。 〈東京理科大〉

76 $z^n=a+bi$ の解

方程式 $z^4=8(-1+\sqrt{3}i)$ を解け。〈東海大〉

解

$z=r(\cos\theta+i\sin\theta)$ とおくと ⬅z を極形式で表す。

$z^4=r^4(\cos 4\theta+i\sin 4\theta)$ ……① ⬅z^4 を極形式で表す。

$8(-1+\sqrt{3}i)=2^4\left(\cos\frac{2}{3}\pi+i\sin\frac{2}{3}\pi\right)$ ……② ⬅右辺を極形式で表す。

①，②は等しいから ⬅両辺の絶対値と偏角を比較

$r^4=2^4$，$r>0$より $r=2$ ⬅r を求める。($r>0$)

$4\theta=\frac{2}{3}\pi+2k\pi$ （k は整数），$\theta=\frac{\pi}{6}+\frac{k}{2}\pi$ ⬅偏角は一般角で表す。

よって，$z_k=2\left\{\cos\left(\frac{\pi}{6}+\frac{\pi}{2}\times k\right)+i\sin\left(\frac{\pi}{6}+\frac{\pi}{2}\times k\right)\right\}$ ⬅z_k の式をつくる。

$k=0$，1，2，3 を代入して

$z_0=2\left(\cos\frac{\pi}{6}+i\sin\frac{\pi}{6}\right)=\sqrt{3}+i$ ⬅$0\leqq\theta<2\pi$ として，異なる動径を調べる。

$z_1=2\left(\cos\frac{2}{3}\pi+i\sin\frac{2}{3}\pi\right)=-1+\sqrt{3}i$

$z_2=2\left(\cos\frac{7}{6}\pi+i\sin\frac{7}{6}\pi\right)=-\sqrt{3}-i$

$z_3=2\left(\cos\frac{5}{3}\pi+i\sin\frac{5}{3}\pi\right)=1-\sqrt{3}i$

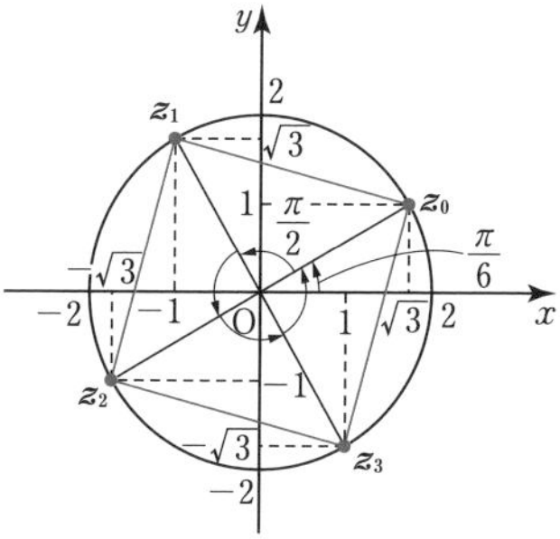

これより，求める解は

$\pm(\sqrt{3}+i)$，$\pm(1-\sqrt{3}i)$

アドバイス

◤$z^n=a+bi$ の解を求める手順◢

- $z=r(\cos\theta+i\sin\theta)$ とおいて，z^n を極形式で表す（ド・モアブルの定理）。
- $a+bi$ を極形式で表す。
- 両辺の絶対値と偏角を比較して z_k の式をつくる。
- $k=0$，1，2，……，$(n-1)$ を代入して解を求める。

$z^n=a+bi$ からは解が n 個求まり，図のように円周を n 等分した点の上にある。

これで解決！

$z^n=a+bi$ の解 ➡ $z^n=r^n(\cos n\theta+i\sin n\theta)$
$a+bi=r'(\cos\alpha+i\sin\alpha)$ と表して
$z_k=\sqrt[n]{r'}\left(\cos\frac{\alpha+2k\pi}{n}+i\sin\frac{\alpha+2k\pi}{n}\right)$

練習76 次の方程式を解け。

(1) $z^2=-i$ 〈滋賀大〉 (2) $z^6+1=0$ 〈立教大〉

77 複素数 z のえがく図形

複素数平面上で，次の式を満たす複素数 z のえがく図形を求めよ。

(1) $|z-3|=|z-i|$ 〈福岡大〉

(2) $z\bar{z}+3i(z-\bar{z})=0$ 〈自治医大〉

解

(1) $|z-3|=|z-i|$ を満たす z は点 3, i から
等しい距離にある点だから，点 3 と点 i を
結んだ線分の垂直 2 等分線である。

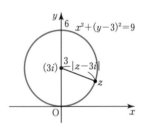

別解 $z=x+yi$ （x, y は実数）とおくと ←軌跡の問題で，

$|x+yi-3|=|x+yi-i|$ 　　　　求める軌跡を

$|(x-3)+yi|=|x+(y-1)i|$ 　　　$\mathrm{P}(x,\ y)$ と

$\sqrt{(x-3)^2+y^2}=\sqrt{x^2+(y-1)^2}$ 　おくのに相当する。

両辺を 2 乗して，整理すると 　←複素数の絶対値

$3x-y-4=0$ 　よって，**直線 $3x-y-4=0$** 　$|a+bi|=\sqrt{a^2+b^2}$

(2) $z\bar{z}+3iz-3i\bar{z}=0$

$(z-3i)(\bar{z}+3i)+9i^2=0$

$(z-3i)(\bar{z}-3i)=9,\ |z-3i|^2=9$

よって，$|z-3i|=3$ より　**点 $3i$ を中心とする**
半径 3 の円

別解 $z=x+yi$ （x, y は実数）とおくと

$\bar{z}=x-yi$ 　これを与式に代入して

$(x+yi)(x-yi)+3i(x+yi-x+yi)=0$

$x^2+y^2-6y=0$ 　よって，$x^2+(y-3)^2=9$

よって，**点 $3i$ を中心とする半径 3 の円**

アドバイス・・

- 点 z が式で表されているとき，(1)は式の意味から図形的に求まる。(2)のように円
ならば共役な複素数の性質を使って，円の式 $|z-\alpha|=r$ をめざす。

- $z=x+yi$, $\bar{z}=x-yi$ とおく方法は，x, y の座標の式になるのでわかりやすいが，
計算は少し重くなる。

これで 解決 !

複素数 z のえがく図形 ➡ $\left\{\begin{array}{l}\text{・円ならば }(z-\alpha)(\bar{z}-\overline{\alpha})=r^2\text{ をめざせ}\\ \text{・}z=x+yi\text{ とおいて }x,\ y\text{ の方程式に}\end{array}\right.$

練習77 複素数平面上で，次の式を満たす複素数 z の表す点がえがく図形をかけ。

(1) $|z+3|=|z+1|$ 〈香川大〉 (2) $|z-3|=2|z|$ 〈東京学芸大〉

(3) $z\bar{z}+iz-i\bar{z}=0$ 〈兵庫医科大〉 (4) $|3z-4i|=2|z-3i|$ 〈山口大〉

78 $w=f(z)$：w のえがく図形

複素数平面上の点 z が $|z|=\sqrt{2}$ を満たしながら変化するとき，複素数 $w=\dfrac{1}{z+1}$ で表される点 w のえがく図形を図示せよ。

〈類　弘前大〉

解　$w=\dfrac{1}{z+1}$ から　$z=\dfrac{1-w}{w}$ $(w\neq0)$　……(ア)　　←$|z|=\sqrt{2}$ より分母 $z+1\neq0$ である。

$|z|=\sqrt{2}$ ……(イ)　に代入して $\left|\dfrac{1-w}{w}\right|=\sqrt{2}$ より

$$|1-w|=\sqrt{2}\,|w|\ ……(ウ)$$

(ウ)の解法(I)

$|1-w|^2=2|w|^2$ として

$(1-w)(1-\overline{w})=2w\overline{w}$

$1-w-\overline{w}+w\overline{w}=2w\overline{w}$

$(w+1)(\overline{w}+1)=2$

$|w+1|^2=2$

$|w+1|=\sqrt{2}$

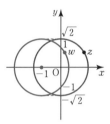

(ウ)の解法(II)

$w=x+yi$ $(x,\ y$ は実数)

とおいて(ウ)式に代入

$\sqrt{(1-x)^2+y^2}=\sqrt{2}\,\sqrt{x^2+y^2}$

両辺を2乗して整理すると

$x^2+y^2+2x-1=0$

$(x+1)^2+y^2=2$

よって，点 -1 を中心とする半径 $\sqrt{2}$ の円（上図）

アドバイス ···

- ある曲線上を動く z があり，w が $f(z)$ で表されたときの w のえがく図形は，次の手順で求めていく。
- $w=(z$ の式$)$ を $z=(w$ の式$)$ にする。　　　……(ア)
- z の動きを表す条件式を押える。　　　　　　　……(イ)
- w と $\overline{w}$ を用いて(ウ)式を $|w-\alpha|=r$ の形にする。……(ウ)の解法(I)
- $w=x+yi$ とおいて(ウ)式に代入する。　　　……(ウ)の解法(II)

これで　解決！

$w=f(z)$ で表されたとき
w のえがく図形は

→
- $z=(w$ の式$)$ にする
- z の条件式に代入して w の式にする
- w と $\overline{w}$ を用いて $|w-\alpha|=r$ の形に
- $w=x+yi$ とおいて，x，y の式に

練習78 複素数平面上において，z は原点 O を中心とする半径1の円周上を動くとする。

$w=\dfrac{z-i}{z-1-i}$ とおくとき，次の問いに答えよ。

(1) 点 w のえがく曲線を求めよ。

(2) 絶対値 $|w|$ の最大値およびそのときの z の値を求めよ。　　〈香川大〉

79 $f(z)$ が実数（純虚数）となる z のえがく図形

$z+\dfrac{4}{z}$ $(z \neq 0)$ が実数となるような複素数 z が表す点はどのような

図形をえがくか。　　　　　　　　　　　　　　　　　〈類　東京女子大〉

解1 （共役な複素数を利用して）

$z+\dfrac{4}{z}$ が実数のとき

$\overline{\left(z+\dfrac{4}{z}\right)}=z+\dfrac{4}{z}$　が成り立つ。

$\bar{z}+\dfrac{4}{\bar{z}}=z+\dfrac{4}{z}$

両辺に $z\bar{z}$ $(=|z|^2)$ を掛けて　　　←分母 z と $\bar{z}$ を払う。

$\bar{z}|z|^2+4z=z|z|^2+4\bar{z}$

$|z|^2(z-\bar{z})-4(z-\bar{z})=0$

$(z-\bar{z})(|z|^2-4)=0$

よって，$z=\bar{z}$，または　$|z|^2=4$

ゆえに，z は実軸（$z \neq 0$）または $|z|=2$

したがって，右図のような図をえがく。

> **複素数 α $(\alpha \neq 0)$**
> $\bar{\alpha}=\alpha \Longleftrightarrow \alpha$ は実数
> $\bar{\alpha}=-\alpha \Longleftrightarrow \alpha$ は純虚数

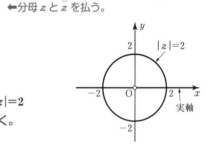

解2 （$z=x+yi$ とおいて）

$z=x+yi$ （x，y は実数）とおいて与式に代入すると

$z+\dfrac{4}{z}=x+yi+\dfrac{4}{x+yi}$

$\qquad =x+yi+\dfrac{4(x-yi)}{(x+yi)(x-yi)}$　　←$x-yi$ を分母，分子に
$\qquad\qquad\qquad\qquad\qquad\qquad\qquad$掛けて分母を実数化する。

$\qquad =x+yi+\dfrac{4x-4yi}{x^2+y^2}$

$\qquad =\dfrac{x(x^2+y^2+4)}{x^2+y^2}+\dfrac{y(x^2+y^2-4)}{x^2+y^2}i$　　←(実部)+(虚部)i の形にする。
$\qquad\qquad\qquad\qquad\qquad\qquad\qquad\qquad\qquad a+bi$ が実数 $\Longleftrightarrow b=0$

これが実数となるためには

$\qquad y(x^2+y^2-4)=0$

よって，$x^2+y^2=4$　または $y=0$

ただし，$z \neq 0$ より $x \neq 0$ かつ $y \neq 0$ だから点 $(0, 0)$ は除く。

（図は上の図と同じ）。

解3 （極形式を利用して）

$z=r(\cos\theta+i\sin\theta)$ $(0\leqq\theta<2\pi)$ とおくと

$z+\dfrac{4}{z}=r(\cos\theta+i\sin\theta)+\dfrac{4}{r(\cos\theta+i\sin\theta)}$

$\qquad=r(\cos\theta+i\sin\theta)+\dfrac{4}{r}(\cos\theta-i\sin\theta)$

$\qquad=\left(r+\dfrac{4}{r}\right)\cos\theta+i\left(r-\dfrac{4}{r}\right)\sin\theta$

> z の極形式と $\dfrac{1}{z}$
>
> $z=r(\cos\theta+i\sin\theta)$
>
> $\dfrac{1}{z}=\dfrac{1}{r}(\cos\theta-i\sin\theta)$

これが実数となるためには

$\qquad r-\dfrac{4}{r}=0$　または　$\sin\theta=0$

$\qquad r^2-4=0$　より　$r=2$ $(r>0)$

$\qquad \sin\theta=0$　より　$\theta=0,\ \pi$

よって，$|z|=2$　または実軸 $(z\neq0)$。

（図は前ページの図と同じ。）

←虚部は $\left(r-\dfrac{4}{r}\right)\sin\theta$
実数になるためには
（虚部）$=0$

アドバイス ••

- 複素数 z の式 $f(z)$ があり，この $f(z)$ がある条件を満たすような z が，どのような図形をえがくかを求める代表的方法である。
- 3つの解法を見て気づくように，それぞれが特性をもっている。

　解1　共役な複素数の性質を使った方法で z, $\bar{z}$ の計算と性質に慣れないと厳しい。

　解2　$z=x+yi$ とおくのは，x, y の式で出てくるのでイメージはわくが計算は少し負担になる。

　解3　極形式を使っての解法はあまり見られない。参考程度で。

- どれを使うのが効率がよいかは問題によって異なるので，自分の好きな方法でやってみて計算が難しいようなら他の方法で，というスタンスでよいだろう。

$f(z)$ が実数（純虚数）になる z のえがく図形 ⟹

- 共役な複素数を利用して
  $f(z)$ が実数 $\Longleftrightarrow$ $\overline{f(z)}=f(z)$
  $f(z)$ が純虚数 $\Longleftrightarrow$ $\overline{f(z)}=-f(z)$
- $z=x+yi$ とおいて x, y の方程式に
  $(x,\ y$の式$)+(x,\ y$の式$)i$ と変形

練習79 (1)　z が複素数のとき，$f(z)=\dfrac{z}{2}+\dfrac{1}{z}$ が実数であるような複素数 z $(z\neq0)$ のえがく図形を図示せよ。　〈類　北海道大〉

(2)　$z\neq1$ である複素数 z に対して，$w=\dfrac{z+1}{1-z}$ とする。点 z が複素数平面上の虚軸上を動くとき，w がえがく図形を図示せよ。　〈静岡大〉

80 z の不等式で表された領域

複素数 z が $|z| \leqq 1$, $(1-i)z+(1+i)\bar{z} \geqq 1$ を同時に満たすとき，次の点の存在範囲を複素数平面上に図示せよ。

(1) 点 $P(z)$　　　　　　(2) $w = \dfrac{1}{z}$ のとき，点 $Q(w)$

〈類 大分大〉

 解

(1) $z = x+yi$（x, y は実数）とおいて代入すると

$|z|^2 = x^2+y^2 \leqq 1$

よって，$x^2+y^2 \leqq 1$

$(1-i)(x+yi)+(1+i)(x-yi) \geqq 1$

$x-xi+yi+y+x+xi-yi+y \geqq 1$

よって，$2x+2y \geqq 1$

ゆえに，右図の斜線部分（境界を含む）

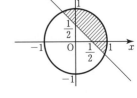

(2) $z = \dfrac{1}{w}$（$w \neq 0$）より $\bar{z} = \dfrac{1}{\bar{w}}$　これを代入すると

$\left| \dfrac{1}{w} \right| \leqq 1$ より $|w| \geqq 1$ ……①

$(1-i)\dfrac{1}{w}+(1+i)\dfrac{1}{\bar{w}} \geqq 1$, $w\bar{w} = |w|^2$ を両辺に

掛けて $(1-i)\bar{w}+(1+i)w \geqq |w|^2$ ……②

$w = x+yi$ とおいて，①，②に代入すると

①より $|w|^2 = x^2+y^2 \geqq 1$

②より $(1-i)(x-yi)+(1+i)(x+yi) \geqq x^2+y^2$

これを整理すると $(x-1)^2+(y+1)^2 \leqq 2$

よって，右図の斜線部分（境界を含む）

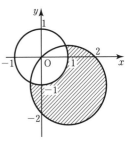

アドバイス

• z と $\bar{z}$ で表された領域は，$z = x+yi$ とおいて代入すれば，x, y の関係式が求まる。

• $w = f(z)$ で表されたときの点 w は，$z = g(w)$ として，z, $\bar{z}$ の式に代入。それから $w = x+yi$ とおいて代入する。

これで 解決 !

z の不等式で
表された領域 ➡ $z = x+yi$ とおいて代入

$w = f(z)$ …主客転倒させて→ $z = g(w)$ をまず代入

それから $w = x+yi$ とおく

■練習80 複素数 z, w には $w = \dfrac{1}{z}$ の関係があり，$|z-1| \leqq 1$, $z+\bar{z} \geqq 2$ を同時に満たす。

(1) z の表す点の存在範囲を図示せよ。

(2) w の表す点の存在範囲を図示せよ。

〈琉球大〉

81 2線分のなす角

複素数平面上に 3 点 A$(2+i)$，B$(4-2i)$，C$(3+6i)$ があるとき，
∠BAC を求めよ。

解　$\alpha=2+i$，$\beta=4-2i$，$\gamma=3+6i$ とすると

$$\frac{\gamma-\alpha}{\beta-\alpha}=\frac{(3+6i)-(2+i)}{(4-2i)-(2+i)}=\frac{1+5i}{2-3i}$$

$$=\frac{(1+5i)(2+3i)}{(2-3i)(2+3i)}=\frac{-13+13i}{13}$$

$$=-1+i=\sqrt{2}\left(\cos\frac{3}{4}\pi+i\sin\frac{3}{4}\pi\right)$$

よって，∠BAC$=\arg\dfrac{\gamma-\alpha}{\beta-\alpha}=\dfrac{3}{4}\pi$

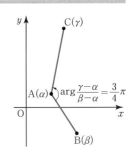

アドバイス

- 複素数平面上にある 2 点 A(α)，B(β) を結ぶ
  線分 AB と実軸（x 軸）のなす回転角は $\beta-\alpha$
  の偏角（arg）として求まる。
- 3 点 A(α)，B(β)，C(γ) があるとき，∠BAC
  は右の図で

$$\theta=\arg(\gamma-\alpha)-\arg(\beta-\alpha)=\arg\frac{\gamma-\alpha}{\beta-\alpha}$$ と

  なる。ただし，回転角なので回転の方向に注
  意する。

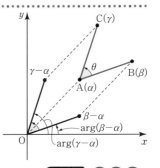

これで 解決！

2線分のなす角 ➡ 3点 A(α)，B(β)，C(γ) について
$$\theta=\angle\text{BAC}=\arg\frac{\gamma-\alpha}{\beta-\alpha}$$

3 点 A(α)，B(β)，C(γ) について，次のことも成り立つ。

A，B，C が一直線上 $\Longleftrightarrow$ $\dfrac{\gamma-\alpha}{\beta-\alpha}$ が実数

AB⊥AC $\Longleftrightarrow$ $\dfrac{\gamma-\alpha}{\beta-\alpha}$ が純虚数

■**練習81**　(1)　3 点 A$(-1+2i)$，B$(1+i)$，C$(-3+ki)$ について，次の問いに答えよ。
　　(i)　2 直線 AB，AC が垂直に交わるように，実数 k の値を定めよ。
　　(ii)　3 点 A，B，C が一直線上にあるように，実数 k の値を定めよ。
　(2)　a を実数とするとき，原点 O と $z_1=3+(2a-1)i$，$z_2=a+2-i$ を表す点 P$_1$，P$_2$
　　が同一直線上にあるような a の値を求めよ。　　　　　　　　　　〈島根大〉

82 三角形の形状（Ⅰ）

複素数平面上で，$2z_1-(1-\sqrt{3}\,i)z_2=(1+\sqrt{3}\,i)z_3$ を満たす複素数 z_1，z_2，z_3 の表す点を頂点とする三角形は，どんな三角形か。〈明治大〉

解

$2z_1-(1-\sqrt{3}\,i)z_2=(1+\sqrt{3}\,i)z_3$

$2z_1-2z_2+(1+\sqrt{3}\,i)z_2=(1+\sqrt{3}\,i)z_3$

$2(z_1-z_2)=(1+\sqrt{3}\,i)(z_3-z_2)$　よって，

$$\dfrac{z_1-z_2}{z_3-z_2}=\dfrac{1+\sqrt{3}\,i}{2}=\cos\dfrac{\pi}{3}+i\sin\dfrac{\pi}{3}$$

← $\dfrac{z_1-z_2}{z_3-z_2}=a+bi$ の形になるように変形する。

$\left|\dfrac{z_1-z_2}{z_3-z_2}\right|=1$　より　$|z_1-z_2|=|z_3-z_2|$

←辺の比が求まる。

$\arg\dfrac{z_1-z_2}{z_3-z_2}=\dfrac{\pi}{3}$　より　$\angle z_1z_2z_3=\dfrac{\pi}{3}$

←偏角から2辺のなす角が求まる。

これは頂角が $\dfrac{\pi}{3}$ の二等辺三角形，すなわち**正三角形**である。

アドバイス

• 複素数平面上の3点 z_1，z_2，z_3 がつくる三角形の形状は

$$\dfrac{z_3-z_1}{z_2-z_1},\quad \dfrac{z_1-z_2}{z_3-z_2},\quad \dfrac{z_1-z_3}{z_2-z_3}\quad$$ のどれかの式に変形して，

これを $a+bi$ の形で表す。

• $a+bi=r(\cos\theta+i\sin\theta)$ から絶対値と偏角が求まり，絶対値で2辺の長さの比が，偏角で2辺のなす角が明らかになる。

これで解決！

三角形の形状

$$\dfrac{z_1-z_2}{z_3-z_2}=r(\cos\theta+i\sin\theta)\implies \begin{array}{l}|z_1-z_2|=r|z_3-z_2|\\ \angle z_3z_2z_1=\theta\end{array}$$

⋯⋯分母にきている辺を基準に角の方向が決まる⋯⋯⋯⋯⋯

■**練習82** (1) 複素数平面上に3点 A(α)，B(β)，C(γ) を頂点とする三角形があり，α，β，γ が $\dfrac{\gamma-\alpha}{\beta-\alpha}=\sqrt{3}-i$ を満たすとき，$\dfrac{AB}{AC}=\boxed{}$，$\angle BAC=\boxed{}$ である。

〈大阪電通大〉

(2) 3つの複素数 z_1，z_2，z_3 の間に，等式 $z_1+iz_2=(1+i)z_3$ が成り立つとき，z_1，z_2，z_3 は複素数平面上でどんな三角形をつくるか。

〈愛知工大〉

83 三角形の形状（Ⅱ）

複素数 α, β は $\alpha^2 - 2\alpha\beta + 4\beta^2 = 0$（$\beta \neq 0$）を満たすものとする。次の問いに答えよ。

(1) $\dfrac{\alpha}{\beta}$ を極形式で表せ。

(2) 点 A(α)，B(β)，および原点 O を頂点とする △OAB の形状を求めよ。　　　　　　　　　　　　　　　　　　　　〈類　お茶の水女子大〉

解

(1) $\alpha^2 - 2\alpha\beta + 4\beta^2 = 0$ の両辺を β^2 で割って

$$\left(\dfrac{\alpha}{\beta}\right)^2 - 2\left(\dfrac{\alpha}{\beta}\right) + 4 = 0, \quad \dfrac{\alpha}{\beta} = 1 \pm \sqrt{3}\, i$$
　　　　　　　　　　　　　　　　　　　←$\dfrac{\alpha}{\beta}$ の 2 次方程式をつくる。

よって，$\dfrac{\alpha}{\beta} = 2\left\{\cos\left(\pm\dfrac{\pi}{3}\right) + i\sin\left(\pm\dfrac{\pi}{3}\right)\right\}$
　　←複号同順（上側の符号，または下側の符号をとる）

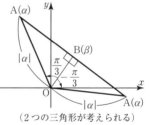

(2) $\left|\dfrac{\alpha}{\beta}\right| = 2$ より $|\alpha| = 2|\beta|$

よって，OA : OB = 2 : 1

(1)より $\arg\dfrac{\alpha}{\beta} = \pm\dfrac{\pi}{3}$ だから $\angle\text{AOB} = \dfrac{\pi}{3}$

ゆえに，△OAB は右図のような

$\angle\text{ABO} = \dfrac{\pi}{2}$，$\angle\text{AOB} = \dfrac{\pi}{3}$ の直角三角形。

（2つの三角形が考えられる）

別解　$\alpha = \beta \cdot 2\left\{\cos\left(\pm\dfrac{\pi}{3}\right) + i\sin\left(\pm\dfrac{\pi}{3}\right)\right\}$ より，α は β を 2 倍に拡大して，

$\pm\dfrac{\pi}{3}$ 回転させたものとしてもよい。

アドバイス ‥‥‥‥‥‥‥‥‥‥‥‥‥‥‥‥‥‥‥‥‥‥‥‥‥‥‥‥‥‥‥‥‥‥‥‥

・2 点 A(α)，B(β) の α, β が 2 次方程式で表されていて，そこから △OAB の形状を決定するには，$\dfrac{\alpha}{\beta} = r(\cos\theta + i\sin\theta)$ と極形式で表す。

・そうすれば，$\left|\dfrac{\alpha}{\beta}\right| = r$ で 2 辺の比，$\arg\dfrac{\alpha}{\beta}$ でなす角が求まる。

これで 解決！

α, β の 2 次方程式で表される
三角形の形状は
　➡　$\dfrac{\alpha}{\beta} = r(\cos\theta + i\sin\theta)$ の形に
　　　絶対値で辺の比，偏角で 2 辺のなす角

練習83　O を原点とする複素数平面上の点 A，B の表す複素数を α, β とし，α, β が次の各条件を満たすとき，△OAB はそれぞれどのような三角形か。

(1) $2\beta = (1 + \sqrt{3}\,i)\alpha$　　　(2) $\alpha^2 + \beta^2 = 0$　　　(3) $\alpha^2 - 2\alpha\beta + 2\beta^2 = 0$

〈横浜市立大〉

84 点 z の回転移動

複素数平面上で，点 $P(4+5i)$ を点 $A(2+i)$ の回りに $\dfrac{\pi}{6}$ 回転させた

点 Q は $\boxed{}+\boxed{}i$ である。　　　〈類　静岡大〉

解　線分 AP を A が原点にくるように $-(2+i)$
だけ平行移動させる。このとき，P が移った
点を P' とすると

$$4+5i-(2+i)=2+4i$$

よって，$P'(2+4i)$ ……(ア)

P' を O を中心に $\dfrac{\pi}{6}$ 回転させた点を Q' と
すると Q' は

$$(2+4i)\left(\cos\dfrac{\pi}{6}+i\sin\dfrac{\pi}{6}\right) \cdots\cdots(イ)$$

$$=(2+4i)\left(\dfrac{\sqrt{3}}{2}+\dfrac{1}{2}i\right)=(\sqrt{3}-2)+(2\sqrt{3}+1)i$$

Q は Q' を $2+i$ だけ平行移動させて

$$(\sqrt{3}-2)+(2\sqrt{3}+1)i+(2+i)$$
$$=\sqrt{3}+2(\sqrt{3}+1)i \cdots\cdots(ウ)$$

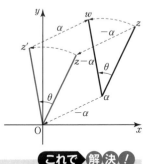

アドバイス ••••••••••••••••••••

▶**点 z を点 α の回りに回転した点 w**◀

• z と α を $-\alpha$ だけ平行移動する。……(ア)
 （α は原点に，z は $z-\alpha$ に移る。）

• $(z-\alpha)$ を原点の回りに回転させる。……(イ)
 $z'=(z-\alpha)(\cos\theta+i\sin\theta)$

• 回転させた点 z' を α だけ平行移動する。……(ウ)
 $w=(z-\alpha)(\cos\theta+i\sin\theta)+\alpha$

これで 解決!

	原点の回りの回転
z の回転移動で 移された点 w ➡	$w=z(\cos\theta+i\sin\theta)$
	点 α の回りの回転
	$w=(z-\alpha)(\cos\theta+i\sin\theta)+\alpha$

練習84　複素数平面上で 2 点 B，C が次の点で与えられているとき，BC を 1 辺とする正
三角形 ABC の頂点 A を表す複素数を求めよ。
(1) $B(0)$，$C(4+3i)$ 〈類　東京女子大〉 (2) $B(3)$，$C(1+2i)$ 　　　〈群馬大〉

85 共役な複素数の応用

複素数 z と α が $|z|=1$ かつ $|\alpha| \neq 1$ を満たすとき，$\left|\dfrac{z-\alpha}{\bar{\alpha}z-1}\right|=1$ であることを示せ。

〈愛知大〉

解

$$\left|\dfrac{z-\alpha}{\bar{\alpha}z-1}\right|^2 = \left(\dfrac{z-\alpha}{\bar{\alpha}z-1}\right)\overline{\left(\dfrac{z-\alpha}{\bar{\alpha}z-1}\right)}$$

$$= \dfrac{z-\alpha}{\bar{\alpha}z-1} \cdot \dfrac{\bar{z}-\bar{\alpha}}{\alpha\bar{z}-1}$$

$$= \dfrac{z\bar{z}-\bar{\alpha}z-\alpha\bar{z}+\alpha\bar{\alpha}}{\alpha\bar{\alpha}z\bar{z}-\bar{\alpha}z-\alpha\bar{z}+1}$$

$$= \dfrac{|z|^2-\bar{\alpha}z-\alpha\bar{z}+|\alpha|^2}{|\alpha|^2|z|^2-\bar{\alpha}z-\alpha\bar{z}+1}$$

$|z|=1$ かつ $|\alpha| \neq 1$ だから

$$= \dfrac{1-\bar{\alpha}z-\alpha\bar{z}+|\alpha|^2}{1-\bar{\alpha}z-\alpha\bar{z}+|\alpha|^2}=1$$

←$\overline{\left(\dfrac{z-\alpha}{\bar{\alpha}z-1}\right)} = \dfrac{\overline{z-\alpha}}{\overline{\bar{\alpha}z-1}}$

$\qquad = \dfrac{\bar{z}-\bar{\alpha}}{\overline{\bar{\alpha}z}-1} = \dfrac{\bar{z}-\bar{\alpha}}{\alpha\bar{z}-1}$

←$z\bar{z}=|z|^2$

←$|\alpha| \neq 1$ は分母を 0 としないための条件である。

よって，$\left|\dfrac{z-\alpha}{\bar{\alpha}z-1}\right|=1$ である。

アドバイス ･･･

- 共役な複素数の性質を使って解くハイレベルの問題である。記号だけで計算が進行するので慣れないとなかなか実感がわかない。
- しかし，共役な複素数の特性を使った変形ができれば不思議に答えに行き着くのも事実だ。そこで，次の共役な複素数の変形は知っておきたい。（証明は $\alpha=a+bi$，$\beta=c+di$ として簡単に示せる。）

$$\overline{\alpha+\beta}=\bar{\alpha}+\bar{\beta}, \quad \overline{\alpha-\beta}=\bar{\alpha}-\bar{\beta}, \quad \overline{\alpha\beta}=\bar{\alpha}\bar{\beta}$$

$$\overline{\left(\dfrac{\alpha}{\beta}\right)}=\dfrac{\bar{\alpha}}{\bar{\beta}} \ (\beta\neq0), \quad \overline{\alpha^n}=(\bar{\alpha})^n, \quad \overline{\bar{\alpha}}=\alpha$$

- さらに次の性質は問題解決の基本となる考えだ。

共役な複素数の性質 ➡
- $z\bar{z}=|z|^2$
- z が実数ならば $\bar{z}=z$ または $z-\bar{z}=0$
- z が純虚数ならば $\bar{z}=-z$ または $z+\bar{z}=0$

注 $|z|^2=z\bar{z}$ であり，$z^2=zz$ であることに注意する。

■ **練習85** (1) 複素数 α は実数でも純虚数でもないとする。$\dfrac{\alpha}{1+\alpha^2}$ が実数であるために α の満たすべき必要十分条件を求めよ。　〈奈良県立医大〉

(2) α は複素数で $|\alpha|<1$ とする。複素数 z が $\left|\dfrac{\alpha+z}{1+\bar{\alpha}z}\right|<1$ を満たすための必要十分条件は，$|z|<1$ であることを証明せよ。　〈広島市立大〉

86 放物線

> (1) 放物線 $y^2=8x$ の焦点の座標と準線の方程式を求め,その概形をかけ。
>
> (2) 定点 $(-3, 0)$ と定直線 $x=3$ から等距離にある点 P の軌跡の方程式を求めよ。

解

(1) $y^2=8x$ より
$$y^2=4\cdot 2x$$
よって,
焦点 $(2, 0)$,
準線 $x=-2$

(2) 焦点が $(-3, 0)$, 準線が
$x=3$ だから
$$y^2=4\cdot(-3)x \ \ \text{より} \ \ y^2=-12x$$

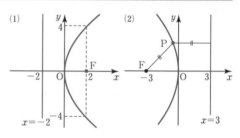

別解 $\mathrm{P}(x, y)$ とおくと
$$|x-3|=\sqrt{(x+3)^2+y^2}$$
$$x^2-6x+9=x^2+6x+9+y^2$$
よって, $y^2=-12x$

> 放物線
> 定点と定直線から
> 等しい距離にある
> 点 P の軌跡

アドバイス ••

- 放物線（parabola）は定点 F（焦点）とその定点を通らない定直線 l との距離が等しい点 P の軌跡として定義される。数 I では 2 次関数 $y=ax^2+bx+c$ のグラフとして学んだ。

- 放物線の標準形は $y^2=4px$ の形であるが, この p の値は焦点と準線の位置を定める重要な値である。

これで 解決!

放物線
$y^2=4px$
$x^2=4py$
$\Longrightarrow$

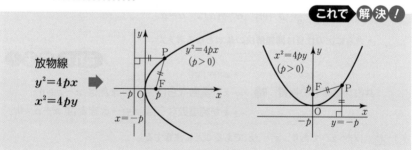

練習86 (1) 次の放物線の焦点の座標と準線の方程式を求め, その概形をかけ。

① $y^2=12x$ ② $y=\dfrac{1}{4}x^2$ ③ $y^2=-6x$

(2) 円 $x^2+y^2-4x=0$ に外接し, 直線 $x=-2$ に接する円の中心 P の軌跡を求めよ。

〈類 鳥取大〉

87 楕円

焦点が $(-1, 0)$, $(1, 0)$ にあり，点 $(0, \sqrt{2})$ を通る楕円の方程式は

$\dfrac{x^2}{\boxed{}} + \dfrac{y^2}{\boxed{}} = 1$ である。　　　　　　〈摂南大〉

解　楕円の方程式を $\dfrac{x^2}{a^2} + \dfrac{y^2}{b^2} = 1$ とおくと

点 $(0, \sqrt{2})$ を通るから，代入して

$\dfrac{2}{b^2} = 1$　より　$b^2 = 2$

焦点が $(\pm 1, 0)$ にあるから

$a^2 - b^2 = 1$　より　$a^2 = 3$

よって，$\dfrac{x^2}{3} + \dfrac{y^2}{2} = 1$

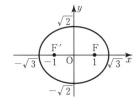

←焦点が x 軸上にあるから
$c^2 = a^2 - b^2$

アドバイス••

- 楕円（ellipse）は 2 次曲線の中でよく出題される曲線で，2 定点 F，F′（焦点）からの距離の和が一定である点 P の軌跡として定義される。楕円の方程式は標準形の $\dfrac{x^2}{a^2} + \dfrac{y^2}{b^2} = 1$ とおいて，通る点や焦点の位置，長軸，短軸の長さ等から a, b を決定していく。

- 標準形とグラフ（曲線の概形）の関係は次のようになっているが，焦点の位置は，横長では x 軸上，縦長では y 軸上になる。

これで 解決 !

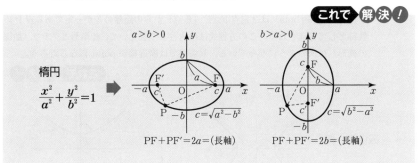

楕円
$\dfrac{x^2}{a^2} + \dfrac{y^2}{b^2} = 1$

$a > b > 0$

$c = \sqrt{a^2 - b^2}$

$\mathrm{PF} + \mathrm{PF'} = 2a = (\text{長軸})$

$b > a > 0$

$c = \sqrt{b^2 - a^2}$

$\mathrm{PF} + \mathrm{PF'} = 2b = (\text{長軸})$

練習87 (1)　2 点 $(\sqrt{5}, 0)$, $(-\sqrt{5}, 0)$ からの距離の和が 6 である点の軌跡である楕円

の方程式は $\dfrac{x^2}{\boxed{}} + \dfrac{y^2}{\boxed{}} = 1$ である。　　　　　　〈東海大〉

(2)　xy 平面において，2 点 $(0, -1)$, $(0, 1)$ を焦点とし，点 $(0, 2)$ を通る楕円の方程式を求めよ。　　　　　　〈類　東邦大〉

88 双曲線

双曲線 $\dfrac{x^2}{a^2}-\dfrac{y^2}{b^2}=1$ の1つの焦点の座標は $(10,\ 0)$ で，1つの漸近線の傾きが $\dfrac{3}{4}$ であるとき，$a=\boxed{}$，$b=\boxed{}$ である。

（ただし，$a>0$，$b>0$）

〈東京理科大〉

解

焦点の座標が $(10,\ 0)$ だから

$\sqrt{a^2+b^2}=10$ より $a^2+b^2=100$ ……①

漸近線の傾きが $\dfrac{3}{4}$ だから

$y=\dfrac{b}{a}x$ と $y=\dfrac{3}{4}x$ が一致する。

$\dfrac{b}{a}=\dfrac{3}{4}$ より $3a=4b$ ……②

②を①に代入して

$a^2+\dfrac{9}{16}a^2=100$ より $a^2=64$

$a>0$ だから $a=8$

②に代入して $b=6$

$\leftarrow \dfrac{x^2}{a^2}-\dfrac{y^2}{b^2}=1$ の漸近線は，

直線 $y=\pm\dfrac{b}{a}x$

$\leftarrow \dfrac{b}{a}=\dfrac{3}{4}$ より $a=4$，$b=3$

としてはいけない。

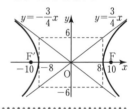

アドバイス

• 双曲線（hyperbola）は2定点 F，F′（焦点）からの距離の差が一定である点 P の軌跡として定義される。この方程式は楕円とよく似ていて，標準形とグラフ（曲線の概形）は次のようになっている。双曲線では漸近線が point になるだろう。

これで**解決**❢

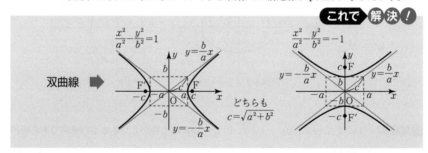

双曲線 ➡

どちらも $c=\sqrt{a^2+b^2}$

練習88 (1) 2点 F$(3,\ 0)$，F′$(-3,\ 0)$ からの距離の差が4である軌跡の方程式を求めよ。

〈類　東京薬大〉

(2) $y=2x$，$y=-2x$ を漸近線とし，点 $(3,\ 0)$ を通る双曲線について，この双曲線の方程式および焦点の座標を求めよ。

〈愛知教育大〉

89 ２次曲線の平行移動

(1) 放物線 $y^2+4y-4x+8=0$ の焦点の座標と準線の方程式を求め，それを図示せよ。

(2) 楕円 $x^2+4y^2+6x-16y+21=0$ の中心と焦点の座標を求め，それを図示せよ。 〈類 成蹊大〉

解

(1) $y^2+4y-4x+8=0$ より $(y+2)^2=4(x-1)$

よって，放物線 $y^2=4x$ を ←焦点 $(1, 0)$,
x 軸方向に 1，y 軸方向に -2　準線 $x=-1$
だけ平行移動したものだから

焦点は $(2, -2)$，準線は $x=0$

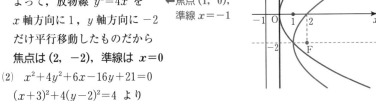

(2) $x^2+4y^2+6x-16y+21=0$

$(x+3)^2+4(y-2)^2=4$ より

$$\dfrac{(x+3)^2}{4}+(y-2)^2=1$$

よって，楕円 $\dfrac{x^2}{4}+y^2=1$ を ←中心 $(0, 0)$
　　　　　　　　　　　　　　　　　焦点
x 軸方向に -3，y 軸方向に 2　$(\pm\sqrt{3}, 0)$
だけ平行移動したものだから

中心は $(-3, 2)$，焦点は $(-3\pm\sqrt{3}, 2)$

アドバイス ••••••••••••••••••••••••••••••••••••••

- ２次曲線の平行移動は，その２次曲線の標準形（頂点または中心が原点）

放物線：$y^2=4px$，$x^2=4py$，楕円：$\dfrac{x^2}{a^2}+\dfrac{y^2}{b^2}=1$，双曲線：$\dfrac{x^2}{a^2}-\dfrac{y^2}{b^2}=\pm1$

を基準にする。

- 平行移動した２次曲線の方程式は，x 軸方向に p なら x を $x-p$ に，y 軸方向に q なら y を $y-q$ に置きかえた式で表される。

これで 解決!

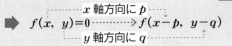

２次曲線の
平行移動
$\Rightarrow$
x 軸方向に p
$f(x, y)=0 \cdots\cdots\cdots\Rightarrow f(x-p, y-q)$
y 軸方向に q

練習89 (1) 放物線 $y^2-6y-6x+3=0$ の焦点の座標と準線の方程式を求め，それを図示せよ。

(2) 楕円 $2x^2+3y^2-16x+6y+11=0$ の中心と焦点の座標を求め，それを図示せよ。 〈類 関東学院大〉

(3) 方程式 $x^2-4y^2-6x+16y-3=0$ が表す双曲線の概形をかけ。また，焦点と漸近線の方程式を求めよ。 〈類 摂南大〉

90 2次曲線と直線

放物線 $y^2=4x$ を C とする。次の問いに答えよ。

(1) C に接する傾き -1 である直線の方程式を求めよ。

(2) 直線 $y=mx+1$ と C の共有点の個数を求めよ。　〈類　千葉工大〉

解 (1) 直線の方程式を $y=-x+n$ とおいて
$y^2=4x$ に代入する。
$(-x+n)^2=4x$, $x^2-(2n+4)x+n^2=0$
判別式を D とすると，接するから $D=0$
$\dfrac{D}{4}=(n+2)^2-n^2=4n+4=0$ より $n=-1$

よって，$y=-x-1$

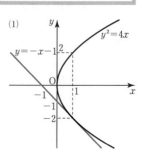

(2) $y=mx+1$ を $y^2=4x$ に代入して
$(mx+1)^2=4x$, $m^2x^2+(2m-4)x+1=0$
判別式を D とすると

$$\frac{D}{4}=(m-2)^2-m^2=-4(m-1)$$

共有点の個数は，右の図の直線を考えて

$D>0$ すなわち $m<1$（$m\neq0$）のとき 2 個。

$D=0$ すなわち $m=1$, $m=0$ のとき 1 個。

$D<0$ すなわち $m>1$ のとき，共有点はない。

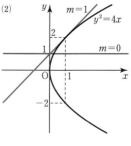

アドバイス ••

• 2次曲線と直線の共有点の個数は，まず判別式で考えるのが一般的だ。基本的には，これまで通り $D>0$, $D=0$, $D<0$ で分けて考えればよい。

• ただし，これまでと違うのは，直線が放物線の軸や，双曲線の漸近線と平行になる場合があるので注意する必要がある。

これで 解決!

2次曲線と 直線の関係 ➡	・$D>0$ のとき　共有点は 2 個（交わる）
	・$D=0$ のとき　共有点は 1 個（接する）
	・$D<0$ のとき　共有点はない（離れてる）

練習90 (1) 楕円 $4x^2+y^2=4$ の接線で傾きが 2 である直線の方程式を求めよ。

(2) 直線 $y=mx+3$ が楕円 $4x^2+y^2=4$ と第 1 象限で接するのは $m=\boxed{}$ のときであり，その接点の座標は $\boxed{}$ である。　〈東京歯大〉

(3) 放物線 $y^2=2x+3$ と直線 $y=mx+2$ が接するように m の値を定めよ。また，共有点の個数を m の値によって分類せよ。　〈類　日本大〉

91 2次曲線と定点や定直線までの距離

点 A$(a, 0)$ から双曲線 $x^2-y^2=1$ $(x>0)$ 上の点 B(x, y) への距離を s とする。

(1) s^2 を a と x で表せ。　　(2) s^2 の最小値を求めよ。〈玉川大〉

解

(1) AB$^2=s^2=(x-a)^2+y^2$

ここで，$y^2=x^2-1$ だから

$s^2=(x-a)^2+x^2-1$

$=2x^2-2ax+a^2-1$

(2) $s^2=2\left(x-\dfrac{a}{2}\right)^2+\dfrac{a^2}{2}-1$

$y^2=x^2-1\geqq0$ より $x\geqq1$

(ⅰ) $\dfrac{a}{2}\geqq1$ $(a\geqq2)$ のとき

$x=\dfrac{a}{2}$ で最小値 $\dfrac{a^2}{2}-1$

(ⅱ) $\dfrac{a}{2}<1$ $(a<2)$ のとき

$x=1$ で最小値 $(a-1)^2$

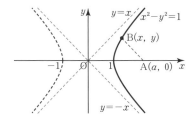

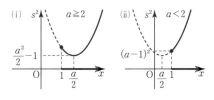

アドバイス

- 2次曲線上の点と定点の距離を求める場合，曲線上の点を (x, y) とおいて2点間の距離を求める。この後，y (or x) を消去して x (or y) の関数として考える。
- 楕円 $\dfrac{x^2}{a^2}+\dfrac{y^2}{b^2}=1$ 上の点は $\begin{cases} x=a\cos\theta \\ y=b\sin\theta \end{cases}$ と媒介変数で表して，三角関数の最大，最小に帰着させるのも有効。楕円の媒介変数表示は利用価値が高いから覚えておこう。

これで 解決!

2次曲線と定点や定直線までの距離 ➡

- 曲線の式を $y^2=(x\text{の式})$，$x^2=(y\text{の式})$ として代入
- 楕円 $\dfrac{x^2}{a^2}+\dfrac{y^2}{b^2}=1$ 上の点は $(a\cos\theta, b\sin\theta)$ と表すこともある

練習91 楕円 $C:\dfrac{x^2}{3}+y^2=1$ 上の点で $x\geqq0$ の範囲にあり，定点 A$(0, -1)$ との距離が最大となる点を P とする。

(1) 点 P の座標と線分 AP の長さを求めよ。

(2) 点 Q は楕円 C 上を動くとする。△APQ の面積が最大となるとき，点 Q の座標および △APQ の面積を求めよ。〈筑波大〉

92 線分の中点の軌跡

> 楕円 $\dfrac{x^2}{9}+y^2=1$ と直線 $y=x+k$ が2つの共有点 P，Q をもつとき
>
> (1) k のとる値の範囲を求めよ。
>
> (2) 線分 PQ の中点 R のえがく図形の方程式を求めよ。　　〈山形大〉

 (1) $y=x+k$ を楕円の式に代入して
$$x^2+9(x+k)^2=9$$
$$10x^2+18kx+9k^2-9=0 \cdots\cdots①$$
2つの共有点をもつためには
①の判別式を D とすると $D>0$

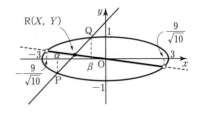

$$\frac{D}{4}=(9k)^2-10(9k^2-9)>0$$
$$(k-\sqrt{10})(k+\sqrt{10})<0$$
よって，$-\sqrt{10}<k<\sqrt{10}$

(2) P，Q の x 座標を α，β，R(X，Y) とすると
α，β は①の異なる2つの実数解であるから

$$X=\frac{\alpha+\beta}{2}=\frac{1}{2}\left(-\frac{9}{5}k\right)=-\frac{9}{10}k \cdots\cdots②$$

$$Y=X+k=-\frac{9}{10}k+k=\frac{k}{10} \cdots\cdots③$$

②，③から k を消去して，$X+9Y=0$

(1)の k の範囲より $-\sqrt{10}<-\dfrac{10}{9}X<\sqrt{10}$

よって，$x+9y=0 \left(-\dfrac{9}{\sqrt{10}}<x<\dfrac{9}{\sqrt{10}}\right)$

←R は PQ の中点だから
$$X=\frac{\alpha+\beta}{2}$$
←①で解と係数の関係より
$$\alpha+\beta=-\frac{9}{5}k$$
←R は直線 $y=x+k$ 上の点だから，$Y=X+k$ から Y が求められる。

アドバイス •••

• 2次曲線と直線の交点の中点 $(X，Y)$ の軌跡はよく出題される。交点を求めなくても解と係数の関係から X，Y の座標が求められるので，この使い方は重要だ。

線分の中点 $(X，Y)$ の軌跡 ➡ 解と係数の関係から $X=\dfrac{\alpha+\beta}{2}$
定義域は判別式 $D>0$ から

■練習92 直線 $x+2y=k$ と楕円 $x^2+4y^2=4$ は2つの共有点 P，Q をもつ。このとき，k のとる値の範囲は □ で，線分 PQ の中点 M の座標は k を用いて □ と表される。点 M の x 座標のとりうる値の範囲は □ で，点 M の軌跡の方程式は □ である。　　〈鹿児島大〉

93　楕円上の点の表し方

楕円 $C : \dfrac{x^2}{9} + \dfrac{y^2}{4} = 1$ について，次の問いに答えよ。

(1)　楕円 C に内接し，かつ各辺が座標軸に平行な長方形の面積 S の最大値を求めよ。　　　　　　　　　　　　　　　　　〈弘前大〉

(2)　楕円 C 上の点 P と直線 $l : x + 2y - 10 = 0$ との距離 d の最小値を求めよ。　　　　　　　　　　　　　　　〈類　大阪教育大〉

解　(1)　第 1 象限における楕円 C 上の点 P を

$\mathrm{P}(3\cos\theta,\ 2\sin\theta)\ \left(0 < \theta < \dfrac{\pi}{2}\right)$ とすると

$S = 4 \cdot 3\cos\theta \cdot 2\sin\theta = 12\sin 2\theta$

$0 < \sin 2\theta \leqq 1$ だから，最大値は

$\sin 2\theta = 1$ のとき　$S = \mathbf{12}$

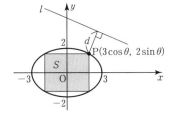

(2)　点 P と直線 l との距離 d は

$d = \dfrac{|3\cos\theta + 2 \cdot 2\sin\theta - 10|}{\sqrt{1^2 + 2^2}}$

$= \dfrac{|3\cos\theta + 4\sin\theta - 10|}{\sqrt{5}}$　　　←$a\sin\theta + b\cos\theta = \sqrt{a^2 + b^2}\sin(\theta + \alpha)$

$= \dfrac{|5\sin(\theta + \alpha) - 10|}{\sqrt{5}}$　$\left(\cos\alpha = \dfrac{4}{5},\ \sin\alpha = \dfrac{3}{5}\right)$

$-1 \leqq \sin(\theta + \alpha) \leqq 1$　だから最小値は

$\sin(\theta + \alpha) = 1$　のとき　$d = \dfrac{5}{\sqrt{5}} = \sqrt{5}$

アドバイス •

• 楕円に関係する問題では，楕円上の点を三角関数を使って媒介変数で表すことがよくある。円 $x^2 + y^2 = r^2$ 上の点を $(r\cos\theta,\ r\sin\theta)$ と表したのと同様である。

• 次の 94 のように $\mathrm{P}(x_1,\ y_1)$ と表すことも悪くないが，三角関数で表して解決することを試みるとよい。

これで 解決 !

楕円 $\dfrac{x^2}{a^2} + \dfrac{y^2}{b^2} = 1$ 上の点は　➡　$\mathrm{P}(a\cos\theta,\ b\sin\theta)$ と表せる。

■練習93　楕円 $\dfrac{x^2}{4} + y^2 = 1$ 上の第 1 象限にある点を P とする。次の問いに答えよ。

(1)　楕円に内接し，かつ座標軸に平行な長方形の面積 S の最大値を求めよ。また，そのときの長方形の第 1 象限にある頂点の座標をいえ。

(2)　点 P と直線 $x + y - 2\sqrt{5} = 0$ との距離 d の最小値を求めよ。　　〈類　東海大〉

94 2次曲線上の点 $P(x_1, y_1)$ と証明問題

双曲線 $\dfrac{x^2}{a^2} - \dfrac{y^2}{b^2} = 1$ 上の点 $P(x_1, y_1)$ から2つの漸近線に垂線 PQ,

PR を引くとき,PQ・PR は一定であることを示せ。 〈香川大〉

解　点 P から漸近線 $y = \pm \dfrac{b}{a} x$ $(bx \mp ay = 0)$

までの距離は,点と直線の距離の公式より

$$PQ = \frac{|bx_1 - ay_1|}{\sqrt{a^2 + b^2}}$$

$$PR = \frac{|bx_1 + ay_1|}{\sqrt{a^2 + b^2}}$$

$$PQ \cdot PR = \frac{|bx_1 - ay_1|}{\sqrt{a^2 + b^2}} \cdot \frac{|bx_1 + ay_1|}{\sqrt{a^2 + b^2}}$$

$$= \frac{|b^2 x_1^2 - a^2 y_1^2|}{a^2 + b^2}$$

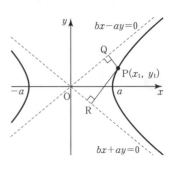

ここで,$P(x_1, y_1)$ は双曲線上の点だから

$\dfrac{x_1^2}{a^2} - \dfrac{y_1^2}{b^2} = 1$ より $b^2 x_1^2 - a^2 y_1^2 = a^2 b^2$ ←$P(x_1, y_1)$ を代入した式
を使っていく。

よって,$PQ \cdot PR = \dfrac{a^2 b^2}{a^2 + b^2}$ (一定)

アドバイス ・・

- 双曲線に限らず,2次曲線上の点を $P(x_1, y_1)$ とおいて,さまざまな証明を考える
  ことがよくある。
- このとき,x_1, y_1 を消去するのに当然のことであるが,方程式に (x_1, y_1) を代入し
  た式を必ず使うことを心掛けておきたい。これは x, y の方程式で表される曲線一
  般にいえる大切な考え方だ。

これで 解決 !

2次曲線に関する証明問題

曲線上の点 $P(x_1, y_1)$
をとったなら
$\Longrightarrow$
$\dfrac{x_1^2}{a^2} + \dfrac{y_1^2}{b^2} = 1$, $\dfrac{x_1^2}{a^2} - \dfrac{y_1^2}{b^2} = \pm 1$, $y_1^2 = 4px_1$

方程式に (x_1, y_1) を代入した式を必ず使う

■**練習94** 楕円 $\dfrac{x^2}{a^2} + \dfrac{y^2}{b^2} = 1$ $(a > b > 0)$ の周上で,第1象限

にある点を P とする。点 P と,楕円の短軸の両端 B, B′
を結ぶ2本の直線が x 軸と交わる点を Q, R とする。
原点を O とするとき,OQ・OR は P の位置に関係なく
一定であることを示せ。 〈学習院大〉

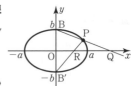

95 極方程式と xy 平面（直交座標）

次の極方程式で表される曲線を直交座標 $(x,\ y)$ に関する方程式で表し，その概形をかけ。
$$r^2(7\cos^2\theta+9)=144$$
〈奈良教育大〉

解 $\cos\theta=\dfrac{x}{r}$ を代入して

$$r^2\!\left(7\cdot\dfrac{x^2}{r^2}+9\right)=144$$

$$7x^2+9r^2=144$$

$r^2=x^2+y^2$ を代入して

$$7x^2+9(x^2+y^2)=144$$

$$16x^2+9y^2=144$$

よって，$\dfrac{x^2}{9}+\dfrac{y^2}{16}=1$（概形は右図）

←$x=r\cos\theta$ だから
$$\cos\theta=\dfrac{x}{r}$$

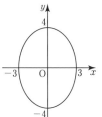

←楕円は 87 参照

アドバイス

- 極座標は平面上の点 P を右図のように，原点 O（極）と，半直線 OX（始線）を定め，O からの距離 r と OX とのなす角 θ で表したもので P$(r,\ \theta)$ とかく。

- 極方程式から曲線をイメージするのは慣れないと難しいので，点線の直交座標（xy の式）に直して考えるのがよい。

- 極座標と xy 平面の式は，次の関係で結ばれている。

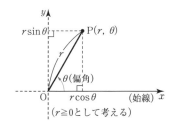

$(r\geqq0$ として考える$)$

これで 解 決 !

極方程式と xy 平面 ➡ $\begin{cases} x=r\cos\theta \\ y=r\sin\theta \end{cases} \longrightarrow r^2=x^2+y^2 \quad (r=\sqrt{x^2+y^2})$

練習95 (1) 極方程式 $r=\dfrac{\sqrt{6}}{2+\sqrt{6}\cos\theta}$ の表す曲線を，直交座標 $(x,\ y)$ に関する方程式で表し，その概形を図示せよ。〈徳島大〉

(2) 点 $\left(\dfrac{1}{2},\ \dfrac{\sqrt{3}}{2}\right)$ を中心として，半径 1 である円を極座標を用いて表せ。ただし，極座標は原点を極とし，x 軸を始線として考える。〈津田塾大〉

96 軌跡と極方程式

(1) 点 $A(\sqrt{3}, 0)$ と準線 $x=\dfrac{4}{\sqrt{3}}$ からの距離の比が $\sqrt{3}:2$ である点 $P(x, y)$ の軌跡を求めよ。

(2) (1)における A を極，x の正の部分の半直線 AX を始線として，P を $r=f(\theta)$ の形の極方程式で表せ。　〈帯広畜産大〉

解 (1) 右図より

$2PA=\sqrt{3}\,PH$ だから $4PA^2=3PH^2$

$4\{(x-\sqrt{3})^2+y^2\}=3\left(\dfrac{4}{\sqrt{3}}-x\right)^2$

$4x^2-8\sqrt{3}\,x+12+4y^2=16-8\sqrt{3}\,x+3x^2$

よって，$x^2+4y^2=4$（楕円）

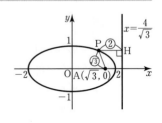

(2) 右図より

$P(\sqrt{3}+r\cos\theta, \ r\sin\theta)$

$PH=\dfrac{4}{\sqrt{3}}-(\sqrt{3}+r\cos\theta)$, $AP=r$

$AP:PH=\sqrt{3}:2$ だから

$\sqrt{3}\left(\dfrac{4}{\sqrt{3}}-\sqrt{3}-r\cos\theta\right)=2r$

$1-\sqrt{3}\,r\cos\theta=2r$ 　よって，$r=\dfrac{1}{2+\sqrt{3}\,\cos\theta}$

アドバイス

- 極座標のよさは，極（原点）をどこにとってもよいという自由性にある。それによって，2次曲線をより簡単な形の極方程式で表すことができる。
- 極方程式をつくるときは，次のことに目を向けるとよい。

これで 解決！

軌跡を極方程式で表す ➡ 極（原点）と始線を確認したら $r\cos\theta$, $r\sin\theta$ の表す長さを考える。

練習96 座標平面上に定点 $F(-4, 0)$ および定直線 $l:x=-\dfrac{25}{4}$ が与えられている。

(1) 動点 $P(x, y)$ から l へ垂線 PH を引くとき，$\dfrac{PF}{PH}=\dfrac{4}{5}$ となるように，P が動くものとする。このとき，P の軌跡の方程式を求めよ。

(2) F を極，F から x 軸の正の方向に向かう半直線を始線とする極座標を考える。このとき，(1)で得られた図形を極方程式で表せ。　〈山梨大〉

こ た え

1 (1) $a_n=\dfrac{1}{5}n-5$, 36

(2) $a_n=\dfrac{2}{5}n+\dfrac{14}{5}$

(3) 初項 3，公差 5

2 (1) 初項 4，公比 3 のとき　和 484

　　初項 4，公比 -3 のとき　和 244

(2) 初項 3，和 93

3 $-4n+79$, 741

4 $a=2$, $b=-4$, $c=8$

5 (1) $\dfrac{22}{3}$, 9, $\dfrac{32}{3}$

(2) $1<r<\dfrac{1+\sqrt{5}}{2}$

6 1090

7 $\dfrac{1-(n+1)x^n+nx^{n+1}}{(1-x)^2}$

8 (1) $\dfrac{1}{6}n(n+1)(6n^2-2n-1)$

(2) $\dfrac{1}{12}n(n+1)^2(n+2)$

9 (1) $\dfrac{n}{2n+1}$

(2) $3+2\sqrt{2}$

10 (1) $b_n=\dfrac{1}{3}\cdot\left(\dfrac{1}{9}\right)^{n-1}$, $\displaystyle\sum_{k=1}^{n}b_k=\dfrac{3}{8}\left\{1-\left(\dfrac{1}{9}\right)^n\right\}$

(2) $\left(\dfrac{1}{3}\right)^{n^2}$

11 (1) $\begin{cases} a_1=1 \\ a_n=2^{n-1}-1 \quad (n\geqq2) \end{cases}$

(2) $a_n=\left(\dfrac{1}{3}\right)^n$

12 (1) 91

(2) 512

(3) 第 32 群の 4 番目

13 (1) $a_n=3n^2-2n+3$

(2) $a_n=\dfrac{1}{n^2+4n-2}$

14 (1) $a_n=2^n-n^2+n-2$

(2) $a_n=\dfrac{3}{n+2}$

(3) $a_n=(n^2-n+1)\cdot2^{n-1}$

15 (1) $a_n=2^{n+1}-3$

(2) $a_n=3-2\cdot\left(\dfrac{1}{3}\right)^{n-1}$

16 $a_n=\dfrac{1}{2\cdot3^{n-1}-1}$

17 $a_n=2^n(2^{n-1}+1)$

18 (1) $\alpha=1$, $\beta=5$ または $\alpha=-\dfrac{1}{2}$, $\beta=2$

(2) $a_n=\dfrac{1}{3}(4\cdot5^{n-1}-2^{n-1})$

　　$b_n=\dfrac{1}{3}(8\cdot5^{n-1}+2^{n-1})$

19 (1) $a_3=11$, $a_4=49$, $a_5=179$

(2) $(\alpha,\ \beta)=(2,\ 3),\ (3,\ 2)$

(3) $a_n=3^n-2^{n+1}$

20 (1) $l_1=\sqrt{3}$, $l_2=\dfrac{\sqrt{3}}{2}$

(2) $S=\sqrt{3}\left\{1-\left(\dfrac{1}{4}\right)^n\right\}$

21 (1) ［Ⅰ］　$n=1$ のとき

（左辺）$=1^3=1$，（右辺）$=\dfrac{1^2(1+1)^2}{4}=1$

よって，（左辺）$=$（右辺）で成り立つ。

［Ⅱ］　$n=k$ のとき成り立つとすると

$\displaystyle\sum_{i=1}^{k}i^3=\dfrac{k^2(k+1)^2}{4}$　……①

$n=k+1$ のとき，①を使って変形すると

$\displaystyle\sum_{i=1}^{k+1}i^3=\sum_{i=1}^{k}i^3+(k+1)^3$

$=\dfrac{k^2(k+1)^2}{4}+(k+1)^3$

$=\dfrac{(k+1)^2}{4}\{k^2+4(k+1)\}$

$=\dfrac{(k+1)^2(k+2)^2}{4}$

$=\dfrac{(k+1)^2\{(k+1)+1\}^2}{4}$

となり，$n=k+1$ のときにも成り立つ。

［Ⅰ］，［Ⅱ］より与式はすべての自然数 n について成り立つ。

(2) ［Ⅰ］　$n=4$ のとき

（左辺）$=4!=4\cdot3\cdot2=24$

（右辺）$=2^4=16$

よって，（左辺）$>$（右辺）で成り立つ。

100

[Ⅱ] $n=k$ のとき成り立つとすると
$k!>2^k$ ……①
$n=k+1$ のとき，①を使って変形すると
$(k+1)!=(k+1)k!>(k+1)2^k$
ここで
$(k+1)2^k-2^{k+1}=2^k(k+1-2)$
$=(k-1)2^k>0$ （$k\geqq4$ より）
よって
$(k+1)!>(k+1)2^k>2^{k+1}$ より
$(k+1)!>2^{k+1}$
となるので，$n=k+1$（$k\geqq4$）のときにも成り立つ。
[Ⅰ]，[Ⅱ] により与式は $n\geqq4$ の自然数 n について成り立つ。

22 (1) $a_2=\dfrac{2}{5}$, $a_3=\dfrac{3}{7}$, $a_4=\dfrac{4}{9}$

(2) (1)より $a_n=\dfrac{n}{2n+1}$ …①と推測できる。
[Ⅰ] $n=1$ のとき
①は $a_1=\dfrac{1}{2\cdot1+1}=\dfrac{1}{3}$ で成り立つ。
[Ⅱ] $n=k$ のとき，①が成り立つとすると
$a_k=\dfrac{k}{2k+1}$
$n=k+1$ のとき
$a_{k+1}=\dfrac{1-a_k}{3-4a_k}=\dfrac{1-\dfrac{k}{2k+1}}{3-4\cdot\dfrac{k}{2k+1}}$
$=\dfrac{2k+1-k}{3(2k+1)-4k}=\dfrac{k+1}{2k+3}$
$=\dfrac{k+1}{2(k+1)+1}$
となり，$n=k+1$ のときにも成り立つ。
よって，[Ⅰ]，[Ⅱ] によりすべての自然数で①は成り立つ。

23 (1) $P_1=\dfrac{1}{6}$, $P_2=\dfrac{5}{18}$, $P_3=\dfrac{19}{54}$

(2) n 回投げた後，
(i) 1 の目の出る回数が奇数の場合
$n+1$ 回目は 1 の目が出なければよいから
$P_n\times\dfrac{5}{6}$
(ii) 1 の目が出る回数が偶数の場合
$n+1$ 回目は 1 の目が出なければよいから

$(1-P_n)\times\dfrac{1}{6}$

(i)，(ii)より $P_{n+1}=\dfrac{5}{6}P_n+\dfrac{1}{6}(1-P_n)$

よって，$P_{n+1}=\dfrac{2}{3}P_n+\dfrac{1}{6}$ が成り立つ。

(3) $P_n=\dfrac{1}{2}\left\{1-\left(\dfrac{2}{3}\right)^n\right\}$

24 $\dfrac{10}{3}$

25 (1)

X	1	2	3	4	5	6	計
$P(X)$	$\dfrac{2}{45}$	$\dfrac{4}{45}$	$\dfrac{10}{45}$	$\dfrac{11}{45}$	$\dfrac{12}{45}$	$\dfrac{6}{45}$	1

(2) 期待値 4　分散 $\dfrac{16}{9}$　標準偏差 $\dfrac{4}{3}$

26 (1) $\dfrac{k^2}{n^2}$

(2)

X	1	2	3	⋯	k	⋯	n	計
$P(X)$	$\dfrac{1}{n^2}$	$\dfrac{3}{n^2}$	$\dfrac{5}{n^2}$		$\dfrac{2k-1}{n^2}$		$\dfrac{2n-1}{n^2}$	1

(3) $E(X)=\dfrac{(n+1)(4n-1)}{6n}$

$V(X)=\dfrac{(n+1)(n-1)(2n^2+1)}{36n^2}$

27 (1)

X	2	3	4	計
$P(X)$	$\dfrac{1}{6}$	$\dfrac{2}{6}$	$\dfrac{3}{6}$	1

$E(X)=\dfrac{10}{3}$　$V(X)=\dfrac{5}{9}$

(2) $a=3$, $b=5$ または $a=-3$, $b=25$

28 (1) $E(X_1)=p$, $V(X_1)=p-p^2$
$E(X_2)=p$, $V(X_2)=p-p^2$

(2) $E(Y)=(a+b)p+cp^2$

(3) $V(Y)=\dfrac{1}{2}(p-p^2)$

29 (1) $\dfrac{5}{12}$

(2) $P(X=r)={}_nC_r\left(\dfrac{5}{12}\right)^r\left(\dfrac{7}{12}\right)^{n-r}$
$(r=0,\ 1,\ 2,\ \cdots\cdots,\ n)$

(3) $E(Y)=\dfrac{5}{12}n+1$　$V(Y)=\dfrac{35}{144}n$

30 (1) $k=\dfrac{1}{8}$　(2) $P(2\leqq X\leqq4)=\dfrac{3}{4}$

(3) $E(X)=\dfrac{8}{3}$, $V(X)=\dfrac{8}{9}$

31 (1) 976 個　(2) 11 人

32 (1) 0.1587　(2) 0.1574

33 (1) 0.6827　(2) 0.0455

34 (1) $295.1 \leq \mu \leq 304.9$

　　(2) 97 以上

35 $0.1216 \leq p \leq 0.2784$

36 新しい機械によって製品の重さに変化が
　　あったとはいえない。

37 A，Bのワクチンには効果の違いはある
　　とはいえない。

38 (1) $\overrightarrow{BC} = \vec{a} + \vec{b}$

　　(2) $\overrightarrow{AH} = \dfrac{1}{2}\vec{a} + \dfrac{3}{2}\vec{b}$

　　(3) $\overrightarrow{CH} = -\dfrac{3}{2}\vec{a} + \dfrac{1}{2}\vec{b}$

　　(4) $\overrightarrow{HG} = \vec{a} - \dfrac{1}{2}\vec{b}$

39 A を原点とする点
B，C の位置ベクトル
を それ ぞれ B($\vec{b}$)，
C($\vec{c}$) とすると

△ABC の重心 G は

　　$G\left(\dfrac{\vec{b}+\vec{c}}{3}\right)$

また，P$\left(\dfrac{\vec{b}+2\vec{c}}{3}\right)$，Q$\left(\dfrac{\vec{c}}{3}\right)$，R$\left(\dfrac{2}{3}\vec{b}\right)$ だから，

△PQR の重心 G′ は

　　$\dfrac{1}{3}\left(\dfrac{\vec{b}+2\vec{c}}{3}+\dfrac{\vec{c}}{3}+\dfrac{2}{3}\vec{b}\right) = \dfrac{\vec{b}+\vec{c}}{3}$　より

　　$G'\left(\dfrac{\vec{b}+\vec{c}}{3}\right)$　よって，G と G′ は一致する。

(注)　右図のように
$\overrightarrow{AB}=\vec{b}$，$\overrightarrow{AC}=\vec{c}$
と表記すると

　　$\overrightarrow{AG} = \dfrac{\vec{b}+\vec{c}}{3}$

　　$\overrightarrow{AP} = \dfrac{\vec{b}+2\vec{c}}{3}$

　　$\overrightarrow{AQ} = \dfrac{\vec{c}}{3}$，$\overrightarrow{AR} = \dfrac{2}{3}\vec{b}$

と表される。（解と表記の仕方が違うだけで
同じことである。）

40 (1) $\overrightarrow{OE} = \dfrac{1}{5}\vec{a} + \dfrac{1}{3}\vec{b}$

　　(2) OE：EF＝8：7，AF：FB＝5：3

　　(3) AB：BG＝2：1

41 右図のように
$\overrightarrow{AB}=\vec{b}$，$\overrightarrow{AC}=\vec{c}$
とすると

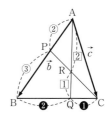

　　$\overrightarrow{AP} = \dfrac{2}{5}\vec{b}$

　　$\overrightarrow{AQ} = \dfrac{\vec{b}+2\vec{c}}{3}$

　　$\overrightarrow{AR} = \dfrac{2}{3}\overrightarrow{AQ}$

　　　　$= \dfrac{2}{3} \cdot \dfrac{\vec{b}+2\vec{c}}{3} = \dfrac{2\vec{b}+4\vec{c}}{9}$

　　$\overrightarrow{PR} = \overrightarrow{AR} - \overrightarrow{AP}$

　　　　$= \dfrac{2\vec{b}+4\vec{c}}{9} - \dfrac{2}{5}\vec{b}$

　　　　$= \dfrac{-8\vec{b}+20\vec{c}}{45} = \dfrac{4(-2\vec{b}+5\vec{c})}{45}$

　　$\overrightarrow{PC} = \overrightarrow{AC} - \overrightarrow{AP}$

　　　　$= \vec{c} - \dfrac{2}{5}\vec{b} = \dfrac{-2\vec{b}+5\vec{c}}{5}$

　　よって，$\overrightarrow{PR} = \dfrac{4}{9}\overrightarrow{PC}$ が成り立つから，

　　3 点 P，R，C は一直線上にある。
　　このとき，PR：RC＝4：5

42 $a=3$，$b=6$

43 $\vec{p} = 3\vec{a} - 2\vec{b}$

44 (1) $\vec{a} \cdot \vec{b} = -10$，$\theta = 120°$，$|2\vec{a}+\vec{b}| = 7$

　　(2) $|\overrightarrow{BC}| = 2\sqrt{5}$

　　(3) $\vec{p} \cdot \vec{q} = 3$，$\theta = 30°$

45 (1) $x = \dfrac{5}{2}$，-3

　　(2) $x = -\dfrac{1}{2}$

　　(3) $x = -8 \pm 5\sqrt{3}$

46 (1) $\left(\dfrac{3}{\sqrt{13}}, \dfrac{2}{\sqrt{13}}\right)$，$\left(-\dfrac{3}{\sqrt{13}}, -\dfrac{2}{\sqrt{13}}\right)$

　　(2) $\left(\dfrac{1}{\sqrt{10}}, -\dfrac{3}{\sqrt{10}}\right)$，$\left(-\dfrac{1}{\sqrt{10}}, \dfrac{3}{\sqrt{10}}\right)$

47 順に，$\dfrac{9}{10}$，$\dfrac{13\sqrt{10}}{10}$，$90°$

48 $|\vec{b} - t\vec{a}|^2 = |\vec{b}|^2 - 2t\vec{a} \cdot \vec{b} + t^2|\vec{a}|^2$

　　　　$= |\vec{a}|^2 t^2 - 2(\vec{a} \cdot \vec{b})t + |\vec{b}|^2$

　　　　$= |\vec{a}|^2\left(t^2 - \dfrac{2\vec{a} \cdot \vec{b}}{|\vec{a}|^2}t\right) + |\vec{b}|^2$

　　　　$= |\vec{a}|^2\left(t - \dfrac{\vec{a} \cdot \vec{b}}{|\vec{a}|^2}\right)^2 - \dfrac{(\vec{a} \cdot \vec{b})^2}{|\vec{a}|^2} + |\vec{b}|^2$

$t = \dfrac{\vec{a} \cdot \vec{b}}{|\vec{a}|^2}$ のとき最小となるから

102

$t_0 = \dfrac{\vec{a} \cdot \vec{b}}{|\vec{a}|^2}$ であり，このとき

$$\vec{a} \cdot (\vec{b} - t_0 \vec{a}) = \vec{a} \cdot \vec{b} - t_0 |\vec{a}|^2$$
$$= \vec{a} \cdot \vec{b} - \dfrac{\vec{a} \cdot \vec{b}}{|\vec{a}|^2} \cdot |\vec{a}|^2$$
$$= \vec{a} \cdot \vec{b} - \vec{a} \cdot \vec{b} = 0$$

よって，題意は示された。

49 (1) $\vec{c} = \dfrac{1}{3}\vec{a} + \dfrac{2}{3}\vec{b}$

(2) $\vec{a} \cdot \vec{b} = 8$

(3) $\triangle OAB = 5\sqrt{17}$

50 $\overrightarrow{OA} \cdot \overrightarrow{OB} = -\dfrac{1}{5}$

$|\overrightarrow{AB}| = \dfrac{2\sqrt{15}}{5}$　$\sin\theta = \dfrac{\sqrt{15}}{5}$

51 $\overrightarrow{AP} = \dfrac{5\overrightarrow{AB} + 7\overrightarrow{AC}}{15}$

BD : DC = 7 : 5

$\triangle PAB : \triangle PBC : \triangle PCA = 7 : 3 : 5$

52 (1) AB = 6

(2) $\overrightarrow{OP} = \dfrac{5}{9}\overrightarrow{OA} + \dfrac{4}{9}\overrightarrow{OB}$

$\overrightarrow{OQ} = \dfrac{2}{5}\overrightarrow{OB}$

(3) $\overrightarrow{OI} = \dfrac{1}{3}\overrightarrow{OA} + \dfrac{4}{15}\overrightarrow{OB}$

53 $\overrightarrow{OH} = \dfrac{6}{7}\overrightarrow{OA} + \dfrac{1}{7}\overrightarrow{OB}$

54 $\overrightarrow{OP} = \dfrac{1}{6}\overrightarrow{OA} + \dfrac{1}{4}\overrightarrow{OB}$

55 $\overrightarrow{AH} = \dfrac{7}{8}\overrightarrow{AB} + \dfrac{5}{8}\overrightarrow{AD}$

56 (1) $\vec{a} \cdot \vec{b} = 2$　(2) $s = 2t$

(3) $s = \dfrac{1}{2}$,　$t = \dfrac{1}{4}$

57 $\overrightarrow{OH} = \dfrac{3}{7}\overrightarrow{OA} + \dfrac{16}{35}\overrightarrow{OB}$

58 (1) $2\overrightarrow{OA} = \overrightarrow{OA'}$, $2\overrightarrow{OB} = \overrightarrow{OB'}$ となる点をとると，下図の直線 A′B′ 上

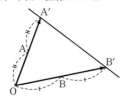

(2) $-\dfrac{1}{2}\overrightarrow{OB} = \overrightarrow{OB'}$ となる点をとると，下図の直線 AB′ 上

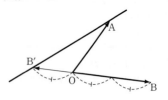

(3) $\dfrac{3}{2}\overrightarrow{OB} = \overrightarrow{OB'}$ となる点をとると，下図の線分 AB′ 上

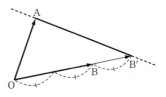

59 (1) 下図の斜線部分を動く。ただし，境界を含む。

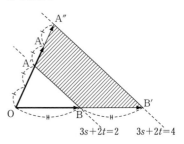

(2) 図の斜線部分を動く。ただし，境界を含む。

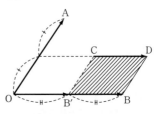

60 (1) $a = -5$, $b = -1$, AB $= 2\sqrt{17}$

(2) P(6, 9, 3)

(3) $x = 5$

(4) $\vec{e} = \left(\dfrac{\sqrt{6}}{6}, \dfrac{\sqrt{6}}{6}, -\dfrac{\sqrt{6}}{3} \right)$,

$\left(-\dfrac{\sqrt{6}}{6}, -\dfrac{\sqrt{6}}{6}, \dfrac{\sqrt{6}}{3} \right)$

61 $\overrightarrow{\mathrm{OA}}=\vec{a}$, $\overrightarrow{\mathrm{OB}}=\vec{b}$, $\overrightarrow{\mathrm{OC}}=\vec{c}$ とすると

$\overrightarrow{\mathrm{OF}}=\dfrac{1}{3}(\vec{a}+\vec{b}+\vec{c})$

$\overrightarrow{\mathrm{OG}}=\dfrac{1}{3}(\overrightarrow{\mathrm{OD}}+\overrightarrow{\mathrm{OQ}}+\overrightarrow{\mathrm{OS}})$

$\qquad =\dfrac{1}{3}(\vec{a}+\vec{b}+\vec{a}+\vec{c}+\vec{b}+\vec{c})$

$\qquad =\dfrac{2}{3}(\vec{a}+\vec{b}+\vec{c})$

$\overrightarrow{\mathrm{OR}}=\vec{a}+\vec{b}+\vec{c}$

よって, $\overrightarrow{\mathrm{OG}}=2\overrightarrow{\mathrm{OF}}$, $\overrightarrow{\mathrm{OR}}=3\overrightarrow{\mathrm{OF}}$ が成り立つ。
ゆえに, O, F, G, R は同一直線上にある。

62 (1) $\overrightarrow{\mathrm{MP}}=\dfrac{3}{4}\vec{a}-\dfrac{1}{2}\vec{c}$

$\overrightarrow{\mathrm{MQ}}=\dfrac{3}{4}\vec{b}+\dfrac{1}{2}\vec{c}$

(2) $\overrightarrow{\mathrm{MN}}=\vec{a}+\vec{b}$

$\overrightarrow{\mathrm{MN}}=s\overrightarrow{\mathrm{MP}}+t\overrightarrow{\mathrm{MQ}}$ とおくと

$\qquad =s\left(\dfrac{3}{4}\vec{a}-\dfrac{1}{2}\vec{c}\right)+t\left(\dfrac{3}{4}\vec{b}+\dfrac{1}{2}\vec{c}\right)$

$\vec{a}+\vec{b}=\dfrac{3}{4}s\vec{a}+\dfrac{3}{4}t\vec{b}+\left(-\dfrac{s}{2}+\dfrac{t}{2}\right)\vec{c}$

$\vec{a}$, $\vec{b}$, $\vec{c}$ は1次独立だから

$\dfrac{3}{4}s=1$, $\dfrac{3}{4}t=1$, $-\dfrac{s}{2}+\dfrac{t}{2}=0$

これより $s=t=\dfrac{4}{3}$

よって, $\overrightarrow{\mathrm{MN}}=\dfrac{4}{3}\overrightarrow{\mathrm{MP}}+\dfrac{4}{3}\overrightarrow{\mathrm{MQ}}$

と表せるから, M, N, P, Q は同一平面上にある。

(3) $\cos\theta=\dfrac{1}{2\sqrt{70}}\left(=\dfrac{\sqrt{70}}{140}\right)$

63 (1) $\mathrm{PQ}=\dfrac{\sqrt{13}}{6}$　$\mathrm{PR}=\dfrac{\sqrt{3}}{4}$

(2) $\overrightarrow{\mathrm{PQ}}\cdot\overrightarrow{\mathrm{PR}}=\dfrac{5}{48}$

(3) $\triangle\mathrm{PQR}=\dfrac{\sqrt{131}}{96}$

64 (1) $\overrightarrow{\mathrm{OP}}=\dfrac{1}{3}\vec{a}$

(2) $\mathrm{PQ}:\mathrm{QC}=1:9$

65 (1) $\overrightarrow{\mathrm{AF}}=-\dfrac{3}{4}\vec{a}+\dfrac{1}{12}\vec{b}+\dfrac{1}{6}\vec{c}$

(2) $\overrightarrow{\mathrm{OG}}=\dfrac{1}{9}\vec{b}+\dfrac{2}{9}\vec{c}$

66 (1) $\overrightarrow{\mathrm{OM}}=\dfrac{2}{5}\vec{a}+\dfrac{1}{5}\vec{b}+\dfrac{2}{5}\vec{c}$

(2) $\overrightarrow{\mathrm{ON}}=\dfrac{4}{23}\vec{a}+\dfrac{2}{23}\vec{b}+\dfrac{4}{23}\vec{c}$

67 (1) $\mathrm{D}(-1,\ 7,\ 0)$

(2) $\mathrm{H}\left(\dfrac{7}{2},\ 1,\ \dfrac{9}{2}\right)$

68 (1) $\left(\dfrac{1}{6},\ \dfrac{1}{3},\ \dfrac{1}{6}\right)$

(2) $\dfrac{\sqrt{6}}{2}$

(3) $\dfrac{1}{6}$

69 (1)

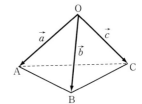

$\overrightarrow{\mathrm{OA}}=\vec{a}$, $\overrightarrow{\mathrm{OB}}=\vec{b}$, $\overrightarrow{\mathrm{OC}}=\vec{c}$ とすると
$\overrightarrow{\mathrm{OA}}\cdot\overrightarrow{\mathrm{BC}}=\vec{a}\cdot(\vec{c}-\vec{b})=0$ より

$\qquad \vec{a}\cdot\vec{b}=\vec{a}\cdot\vec{c}$ ……①

$\triangle\mathrm{OAB}=\dfrac{1}{2}\sqrt{|\vec{a}|^2|\vec{b}|^2-(\vec{a}\cdot\vec{b})^2}$

$\triangle\mathrm{OAC}=\dfrac{1}{2}\sqrt{|\vec{a}|^2|\vec{c}|^2-(\vec{a}\cdot\vec{c})^2}$

$\triangle\mathrm{OAB}=\triangle\mathrm{OBC}$ より,

$\dfrac{1}{2}\sqrt{|\vec{a}|^2|\vec{b}|^2-(\vec{a}\cdot\vec{b})^2}$

$=\dfrac{1}{2}\sqrt{|\vec{a}|^2|\vec{c}|^2-(\vec{a}\cdot\vec{c})^2}$

$|\vec{a}|^2|\vec{b}|^2-(\vec{a}\cdot\vec{b})^2=|\vec{a}|^2|\vec{c}|^2-(\vec{a}\cdot\vec{c})^2$

①を代入して
$|\vec{a}|^2|\vec{b}|^2=|\vec{a}|^2|\vec{c}|^2$　より
$|\vec{b}|=|\vec{c}|$ ……②
よって, $\mathrm{OB}=\mathrm{OC}$

(2) $\overrightarrow{\mathrm{OG}}=\dfrac{1}{3}(\vec{a}+\vec{b}+\vec{c})$, $\overrightarrow{\mathrm{BC}}=(\vec{c}-\vec{b})$

$\overrightarrow{\mathrm{OG}}\cdot\overrightarrow{\mathrm{BC}}=\dfrac{1}{3}(\vec{a}+\vec{b}+\vec{c})\cdot(\vec{c}-\vec{b})$

$=\dfrac{1}{3}(\vec{a}\cdot\vec{c}-\vec{a}\cdot\vec{b}+\vec{b}\cdot\vec{c}-|\vec{b}|^2+|\vec{c}|^2-\vec{b}\cdot\vec{c})$

①, ②を代入して
$\overrightarrow{\mathrm{OG}}\cdot\overrightarrow{\mathrm{BC}}=0$　よって, $\overrightarrow{\mathrm{OG}}\perp\overrightarrow{\mathrm{BC}}$

70

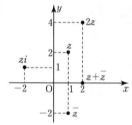

71 AB=13, BC=$7\sqrt{2}$, CA=13
AB=AC の二等辺三角形

72 (1) $z_1+z_2=1+5i$, $z_1-z_2=-3+3i$

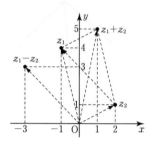

(2) $z_3=3i$, $z_4=\dfrac{7}{2}-\dfrac{1}{2}i$

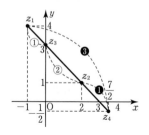

73 (1) (i) $z=2\left(\cos\dfrac{\pi}{6}+i\sin\dfrac{\pi}{6}\right)$

(ii) $z=\sqrt{2}\left(\cos\dfrac{5}{4}\pi+i\sin\dfrac{5}{4}\pi\right)$

(2) $\begin{cases} z=\cos\dfrac{\pi}{3}+i\sin\dfrac{\pi}{3} \\ z=\cos\dfrac{5}{3}\pi+i\sin\dfrac{5}{3}\pi \end{cases}$

(3) $\dfrac{1}{2}+\dfrac{2-\sqrt{3}}{2}i$

74 $1+i=\sqrt{2}\left(\cos\dfrac{\pi}{4}+i\sin\dfrac{\pi}{4}\right)$

$1+\sqrt{3}i=2\left(\cos\dfrac{\pi}{3}+i\sin\dfrac{\pi}{3}\right)$

$\dfrac{1+\sqrt{3}i}{1+i}=\sqrt{2}\left(\cos\dfrac{\pi}{12}+i\sin\dfrac{\pi}{12}\right)$

$\cos\dfrac{\pi}{12}=\dfrac{\sqrt{6}+\sqrt{2}}{4}$, $\sin\dfrac{\pi}{12}=\dfrac{\sqrt{6}-\sqrt{2}}{4}$

75 (1) ① $\dfrac{1}{4}-\dfrac{1}{4}i$ ② 16

(2) $n=1$, $z=8$

76 (1) $-\dfrac{\sqrt{2}}{2}+\dfrac{\sqrt{2}}{2}i$, $\dfrac{\sqrt{2}}{2}-\dfrac{\sqrt{2}}{2}i$

(2) $\dfrac{\sqrt{3}}{2}\pm\dfrac{1}{2}i$, $-\dfrac{\sqrt{3}}{2}\pm\dfrac{1}{2}i$, $\pm i$

77 (1) 直線 $x=-2$

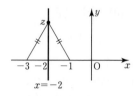

(2) 点 -1 を中心とする半径 2 の円

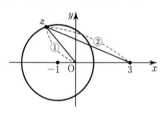

(3) 点 i を中心とする半径 1 の円

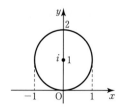

(4) 原点 O を中心とする半径 2 の円

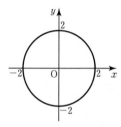

78 (1) 点 i を中心とする半径 1 の円

(2) $z = \dfrac{4}{5} + \dfrac{3}{5}i$ のとき最大値 2

79 (1) z は実軸 $(z \neq 0)$ または $|z| = \sqrt{2}$

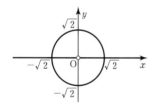

(2) $|w| = 1$ ただし，点 -1 を除く。

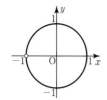

80 (1) 下図の斜線部分。ただし，境界を含む。 $((x-1)^2 + y^2 \le 1$ かつ $x \ge 1)$

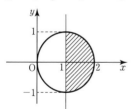

(2) 下図の斜線部分。ただし，境界を含む。
$\left(\left(x - \dfrac{1}{2}\right)^2 + y^2 \le \dfrac{1}{4}\right.$ かつ $\left. x \ge \dfrac{1}{2}\right)$

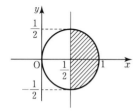

81 (1) (i) $k = -2$ (ii) $k = 3$

(2) $a = -\dfrac{1}{2}, \ -1$

82 (1) $\dfrac{\text{AB}}{\text{AC}} = \dfrac{1}{2}$, $\angle \text{BAC} = \dfrac{\pi}{6}$

(2) 直角二等辺三角形

83 (1) 正三角形

(2) 直角二等辺三角形
(3) 直角二等辺三角形

84 (1) $\left(2 - \dfrac{3\sqrt{3}}{2}\right) + \left(\dfrac{3}{2} + 2\sqrt{3}\right)i$,
$\left(2 + \dfrac{3\sqrt{3}}{2}\right) + \left(\dfrac{3}{2} - 2\sqrt{3}\right)i$

(2) $2 - \sqrt{3} + (1 - \sqrt{3})i$,
$2 + \sqrt{3} + (1 + \sqrt{3})i$

85 (1) $|\alpha| = 1$

(2) $\left| \dfrac{\alpha + z}{1 + \bar{\alpha}z} \right| < 1 \Longleftrightarrow |\alpha + z| < |1 + \bar{\alpha}z|$
$\cdots\cdots$①

だから
$|\alpha + z|^2 < |1 + \bar{\alpha}z|^2$
$(\alpha + z)(\overline{\alpha + z}) < (1 + \bar{\alpha}z)(\overline{1 + \bar{\alpha}z})$
$(\alpha + z)(\bar{\alpha} + \bar{z}) < (1 + \bar{\alpha}z)(1 + \alpha\bar{z})$
$\alpha\bar{\alpha} + \alpha\bar{z} + z\bar{\alpha} + z\bar{z} < 1 + \alpha\bar{z} + \bar{\alpha}z + \alpha\bar{\alpha}z\bar{z}$
$|\alpha|^2|z|^2 - |\alpha|^2 - |z|^2 + 1 > 0$
$(|\alpha|^2 - 1)(|z|^2 - 1) > 0$

$|\alpha| < 1$ だから $|\alpha|^2 - 1 < 0$
よって，$|z|^2 - 1 < 0$
ゆえに，①が成り立つ必要十分条件は
$|z|^2 < 1$
したがって，$|z| < 1$ である。

86 (1) ① 焦点 $(3, 0)$，準線 $x = -3$

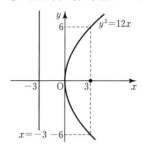

② 焦点 $(0, 1)$，準線 $y=-1$

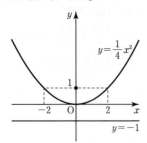

③ 焦点 $\left(-\dfrac{3}{2}, 0\right)$，準線 $x=\dfrac{3}{2}$

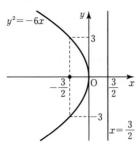

(2) 放物線 $y^2=12(x+1)$

87 (1) $\dfrac{x^2}{9}+\dfrac{y^2}{4}=1$

(2) $\dfrac{x^2}{3}+\dfrac{y^2}{4}=1$

88 (1) $\dfrac{x^2}{4}-\dfrac{y^2}{5}=1$

(2) $\dfrac{x^2}{9}-\dfrac{y^2}{36}=1$

焦点 $(3\sqrt{5}, 0)$，$(-3\sqrt{5}, 0)$

89 (1) 焦点 $\left(\dfrac{1}{2}, 3\right)$，準線 $x=-\dfrac{5}{2}$

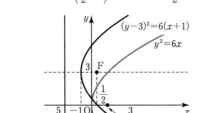

(2) 中心 $(4, -1)$，焦点 $(6, -1)$，$(2, -1)$

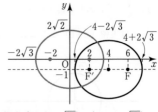

(3) 焦点 $(3, 2+\sqrt{5})$，$(3, 2-\sqrt{5})$

漸近線 $y=\dfrac{1}{2}x+\dfrac{1}{2}$，$y=-\dfrac{1}{2}x+\dfrac{7}{2}$

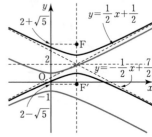

90 (1) $y=2x\pm2\sqrt{2}$

(2) $m=-\sqrt{5}$，接点 $\left(\dfrac{\sqrt{5}}{3}, \dfrac{4}{3}\right)$

(3) $m=\dfrac{1}{3}$，1

$m<0$，$0<m<\dfrac{1}{3}$，$1<m$ のとき 2 個

$m=\dfrac{1}{3}$，1，0 のとき 1 個

$\dfrac{1}{3}<m<1$ のとき，共有点はない。

91 (1) $P\left(\dfrac{3}{2}, \dfrac{1}{2}\right)$，$AP=\dfrac{3}{\sqrt{2}}$

(2) $Q\left(-\dfrac{3}{2}, \dfrac{1}{2}\right)$，$\triangle APQ=\dfrac{9}{4}$

92 $-2\sqrt{2}<k<2\sqrt{2}$，$M\left(\dfrac{k}{2}, \dfrac{k}{4}\right)$，

$-\sqrt{2}<x<\sqrt{2}$，$y=\dfrac{1}{2}x$ $(-\sqrt{2}<x<\sqrt{2})$

93 (1) 4　第 1 象限の頂点 $\left(\sqrt{2}, \dfrac{\sqrt{2}}{2}\right)$

(2) $\dfrac{\sqrt{10}}{2}$

94

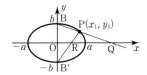

$\dfrac{x^2}{a^2}+\dfrac{y^2}{b^2}=1$ 上 の 点 を P$(x_1,\ y_1)$ $(x_1>0,$
$y_1>0)$ とする。

B$(0,\ b)$, B$'(0,\ -b)$ だから
直線PB の方程式は

$y-b=\dfrac{y_1-b}{x_1-0}x$ より $y=\dfrac{y_1-b}{x_1}x+b$

$y=0$ のとき $x=-\dfrac{bx_1}{y_1-b}$

よって, Q$\left(-\dfrac{bx_1}{y_1-b},\ 0\right)$

直線PB′ の方程式は

$y+b=\dfrac{y_1+b}{x_1-0}x$ より $y=\dfrac{y_1+b}{x_1}x-b$

$y=0$ のとき $x=\dfrac{bx_1}{y_1+b}$

よって, R$\left(\dfrac{bx_1}{y_1+b},\ 0\right)$

$$\begin{aligned}
\mathrm{OQ\cdot OR}&=-\dfrac{bx_1}{y_1-b}\cdot\dfrac{bx_1}{y_1+b}\\
&=-\dfrac{b^2x_1{}^2}{y_1{}^2-b^2}
\end{aligned}$$

ここで, $(x_1,\ y_1)$ は楕円上の点だから

$\dfrac{x_1{}^2}{a^2}+\dfrac{y_1{}^2}{b^2}=1$ より $b^2x_1{}^2+a^2y_1{}^2=a^2b^2$

$b^2x_1{}^2=a^2b^2-a^2y_1{}^2$ を代入して

$$\begin{aligned}
\mathrm{OQ\cdot OR}&=-\dfrac{a^2b^2-a^2y_1{}^2}{y_1{}^2-b^2}\\
&=\dfrac{a^2(y_1{}^2-b^2)}{y_1{}^2-b^2}=a^2\ (一定)
\end{aligned}$$

ゆえに, OQ·OR は P の位置に関係なく一定
である。

95 (1) $\dfrac{(x-3)^2}{6}-\dfrac{y^2}{3}=1$

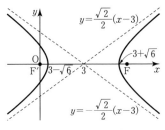

F$(6,\ 0)$, F$'(0,\ 0)$

(2) $r=2\sin\left(\theta+\dfrac{\pi}{6}\right)$

96 (1) $\dfrac{x^2}{25}+\dfrac{y^2}{9}=1$ (2) $r=\dfrac{9}{5-4\cos\theta}$

108

参考 曲線の媒介変数表示

●円

$$\begin{cases} x = a\cos\theta \\ y = a\sin\theta \end{cases}$$ ・原点が中心，半径 a の円 $x^2+y^2=a^2$

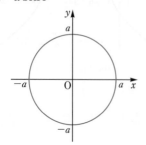

●楕円

$$\begin{cases} x = a\cos\theta \\ y = b\sin\theta \end{cases}$$ ・頂点が $(\pm a,\ 0),\ (0,\ \pm b)$ の楕円 $\dfrac{x^2}{a^2}+\dfrac{y^2}{b^2}=1$

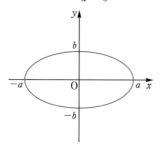

●双曲線

$$\begin{cases} x = \dfrac{a}{\cos\theta} \\ y = b\tan\theta \end{cases}$$ ・頂点が $(\pm a,\ 0)$ で，漸近線が $y=\pm\dfrac{b}{a}x$ の双曲線 $\dfrac{x^2}{a^2}-\dfrac{y^2}{b^2}=1$

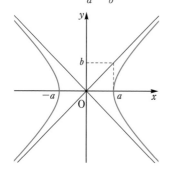

●直線

$$\begin{cases} x = x_1 + ta \\ y = y_1 + tb \end{cases}$$ ・点 $(x_1,\ y_1)$ を通り，方向ベクトルが $\vec{m}=(a,\ b)$ の直線

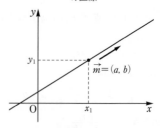

研究 円の媒介変数表示

・定点 $(-1,\ 0)$ を通る傾き t の直線と円 $x^2+y^2=1$ の交点の関係から

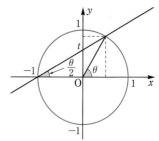

$t=\tan\dfrac{\theta}{2}$ とおくと，$\cos\theta=\dfrac{1-t^2}{1+t^2}$，

$\sin\theta=\dfrac{2t}{1+t^2}$ となるから，

円 $x^2+y^2=1$ は

$$x=\dfrac{1-t^2}{1+t^2},\ y=\dfrac{2t}{1+t^2}$$

と媒介変数表示できる。

ただし，点 $(-1,\ 0)$ は除く。

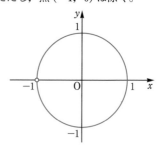

●サイクロイド

$$\begin{cases} x=a(\theta-\sin\theta) \\ y=a(1-\cos\theta) \end{cases}$$

・1つの円が定直線上を滑ることなく転がるとき，
その円の周上の定点の軌跡。

[例]
$$\begin{cases} x=\theta-\sin\theta \\ y=1-\cos\theta \end{cases}$$

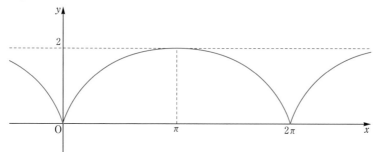

●ハイポサイクロイド
（内サイクロイド）

・定円の内側を，定円より小さい円が
定円上を滑ることなく転がるとき，
その円の周上の定点の軌跡。

[例]　アステロイド

$$\begin{cases} x=3\cos\theta+\cos3\theta \ (=4\cos^3\theta) \\ y=3\sin\theta-\sin3\theta \ (=4\sin^3\theta) \end{cases}$$

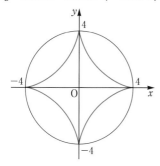

●エピサイクロイド
（外サイクロイド）

・定円の外側を，ある円が定円上を滑
ることなく転がるとき，その円の周
上の定点の軌跡。

[例]　カージオイド

$$\begin{cases} x=2\cos\theta-\cos2\theta \\ y=2\sin\theta-\sin2\theta \end{cases}$$

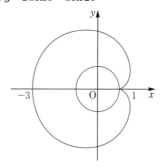

[研究]　・3倍角の公式
$$\begin{cases} \cos3\theta=4\cos^3\theta-3\cos\theta \\ \sin3\theta=3\sin\theta-4\sin^3\theta \end{cases}$$
から，アステロイドの媒介変数表示は
$$\begin{cases} x=4\cos^3\theta \\ y=4\sin^3\theta \end{cases}$$ と表すことができる。

・左上のアステロイドでは，
定円の半径と転がる円の半径の比
は　4:1　である。
・上のカージオイドでは，
定円の半径と転がる円の半径の比
は　1:2　である。

参考　極方程式の表す図形

●直線 $\theta=\alpha$

・極 O を通り，始線 OX とのなす角
　が α の直線

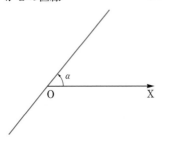

●直線 $r\cos(\theta-\alpha)=a$

・点 A$(a,\ \alpha)$ を通り，線分 OA に垂
　直な直線

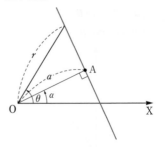

●円 $r=a$

・極 O が中心，
　半径 a の円

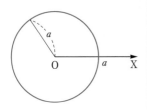

●円 $r=2a\cos\theta$

・点 A$(a,\ 0)$ が中心，
　半径 a の円

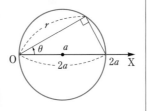

●円 $r=2a\sin\theta$

・点 A$\left(a,\ \dfrac{\pi}{2}\right)$ が中心，

　半径 a の円

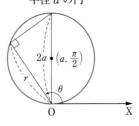

●2次曲線 $r=\dfrac{ea}{1+e\cos\theta}\ \left(\text{または}\ \dfrac{ea}{1-e\cos\theta}\right)$

・$0<e<1$ のとき楕円

・　$e=1$ のとき放物線

・$1<e$　　のとき双曲線

　＊$e=\dfrac{\text{OP}}{\text{PH}}$ を離心率という。

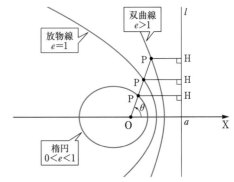

●渦巻線　$r=a\theta$

[例]　$r=\theta$

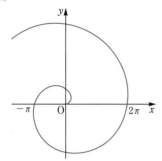

●正葉曲線　$r=\sin a\theta$

[例]　$r=\sin 2\theta$

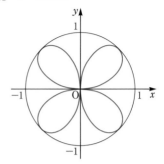

●カージオイド　$r=m(1+\cos\theta)$

[例]　$r=1+\cos\theta$

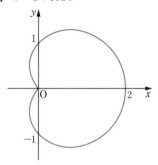

●リマソン　$r=m+n\cos\theta$

[例]　$r=1+2\cos\theta$

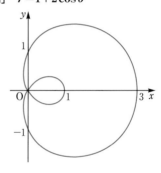

●レムニスケート　$r^2=2a^2\cos 2\theta$

[例]　$r^2=\cos 2\theta$

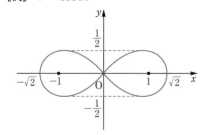

・2定点からの距離の積が一定

→レムニスケート

$\left(\begin{array}{l}\text{・2定点からの距離の和が一定→楕円}\\ \text{・2定点からの距離の差が一定→双曲線}\end{array}\right)$

・図は2定点 $\mathrm{F}'(-1,\ 0)$, $\mathrm{F}(1,\ 0)$ から
の距離の積が一定の点の軌跡。
直交座標の方程式は
$(x^2+y^2)^2=2(x^2-y^2)$ で表される。

●正規分布表●

t	.00	.01	.02	.03	.04	.05	.06	.07	.08	.09
0.0	0.0000	0.0040	0.0080	0.0120	0.0160	0.0199	0.0239	0.0279	0.0319	0.0359
0.1	0.0398	0.0438	0.0478	0.0517	0.0557	0.0596	0.0636	0.0675	0.0714	0.0753
0.2	0.0793	0.0832	0.0871	0.0910	0.0948	0.0987	0.1026	0.1064	0.1103	0.1141
0.3	0.1179	0.1217	0.1255	0.1293	0.1331	0.1368	0.1406	0.1443	0.1480	0.1517
0.4	0.1554	0.1591	0.1628	0.1664	0.1700	0.1736	0.1772	0.1808	0.1844	0.1879
0.5	0.1915	0.1950	0.1985	0.2019	0.2054	0.2088	0.2123	0.2157	0.2190	0.2224
0.6	0.2257	0.2291	0.2324	0.2357	0.2389	0.2422	0.2454	0.2486	0.2517	0.2549
0.7	0.2580	0.2611	0.2642	0.2673	0.2704	0.2734	0.2764	0.2794	0.2823	0.2852
0.8	0.2881	0.2910	0.2939	0.2967	0.2995	0.3023	0.3051	0.3078	0.3106	0.3133
0.9	0.3159	0.3186	0.3212	0.3238	0.3264	0.3289	0.3315	0.3340	0.3365	0.3389
1.0	0.3413	0.3438	0.3461	0.3485	0.3508	0.3531	0.3554	0.3577	0.3599	0.3621
1.1	0.3643	0.3665	0.3686	0.3708	0.3729	0.3749	0.3770	0.3790	0.3810	0.3830
1.2	0.3849	0.3869	0.3888	0.3907	0.3925	0.3944	0.3962	0.3980	0.3997	0.4015
1.3	0.4032	0.4049	0.4066	0.4082	0.4099	0.4115	0.4131	0.4147	0.4162	0.4177
1.4	0.4192	0.4207	0.4222	0.4236	0.4251	0.4265	0.4279	0.4292	0.4306	0.4319
1.5	0.4332	0.4345	0.4357	0.4370	0.4382	0.4394	0.4406	0.4418	0.4429	0.4441
1.6	0.4452	0.4463	0.4474	0.4484	0.4495	0.4505	0.4515	0.4525	0.4535	0.4545
1.7	0.4554	0.4564	0.4573	0.4582	0.4591	0.4599	0.4608	0.4616	0.4625	0.4633
1.8	0.4641	0.4649	0.4656	0.4664	0.4671	0.4678	0.4686	0.4693	0.4699	0.4706
1.9	0.4713	0.4719	0.4726	0.4732	0.4738	0.4744	0.4750	0.4756	0.4761	0.4767
2.0	0.4772	0.4778	0.4783	0.4788	0.4793	0.4798	0.4803	0.4808	0.4812	0.4817
2.1	0.4821	0.4826	0.4830	0.4834	0.4838	0.4842	0.4846	0.4850	0.4854	0.4857
2.2	0.4861	0.4864	0.4868	0.4871	0.4875	0.4878	0.4881	0.4884	0.4887	0.4890
2.3	0.4893	0.4896	0.4898	0.4901	0.4904	0.4906	0.4909	0.4911	0.4913	0.4916
2.4	0.4918	0.4920	0.4922	0.4925	0.4927	0.4929	0.4931	0.4932	0.4934	0.4936
2.5	0.4938	0.4940	0.4941	0.4943	0.4945	0.4946	0.4948	0.4949	0.4951	0.4952
2.6	0.4953	0.4955	0.4956	0.4957	0.4959	0.4960	0.4961	0.4962	0.4963	0.4964
2.7	0.4965	0.4966	0.4967	0.4968	0.4969	0.4970	0.4971	0.4972	0.4973	0.4974
2.8	0.4974	0.4975	0.4976	0.4977	0.4977	0.4978	0.4979	0.4979	0.4980	0.4981
2.9	0.4981	0.4982	0.4982	0.4983	0.4984	0.4984	0.4985	0.4985	0.4986	0.4986
3.0	0.4987	0.4987	0.4987	0.4988	0.4988	0.4989	0.4989	0.4989	0.4990	0.4990
3.1	0.4990	0.4991	0.4991	0.4991	0.4992	0.4992	0.4992	0.4992	0.4993	0.4993
3.2	0.4993	0.4993	0.4994	0.4994	0.4994	0.4994	0.4994	0.4995	0.4995	0.4995
3.3	0.4995	0.4995	0.4995	0.4996	0.4996	0.4996	0.4996	0.4996	0.4996	0.4997
3.4	0.4997	0.4997	0.4997	0.4997	0.4997	0.4997	0.4997	0.4997	0.4997	0.4998
3.5	0.4998	0.4998	0.4998	0.4998	0.4998	0.4998	0.4998	0.4998	0.4998	0.4998

短期集中ゼミ　数学 B+C

1 等差数列の一般項 $a_n = a + (n-1)d$ と和 $S_n = \dfrac{1}{2}n\{2a + (n-1)d\}$ の公式に代入する。

(1) 初項を a，公差を d とすると

$$a_{20} = a + 19d = -1 \quad \cdots\cdots ①$$
$$a_{50} = a + 49d = 5 \quad \cdots\cdots ②$$

①，②を解いて

$$a = -\frac{24}{5}, \quad d = \frac{1}{5}$$

よって，$a_n = -\dfrac{24}{5} + (n-1)\cdot\dfrac{1}{5}$ より

$$\boldsymbol{a_n = \frac{1}{5}n - 5}$$

また，$\dfrac{1}{5}n - 5 > 2$　より，$n > 35$

よって，最小の n は **36**

(2) $S_5 = \dfrac{1}{2}\cdot 5\cdot\{2a + (5-1)d\} = 20$

$$a + 2d = 4 \quad \cdots\cdots ①$$

$$S_{10} = \frac{1}{2}\cdot 10\cdot\{2a + (10-1)d\} = 30 + 20$$

$$2a + 9d = 10 \quad \cdots\cdots ②$$

①，②を解いて

$$a = \frac{16}{5}, \quad d = \frac{2}{5}$$

よって，$a_n = \dfrac{16}{5} + (n-1)\cdot\dfrac{2}{5}$ より

$$\boldsymbol{a_n = \frac{2}{5}n + \frac{14}{5}}$$

(3) 初項 a，公差を d とすると(i)より
$a_4 + a_6 + a_8 = 84$ だから
$a_n = a + (n-1)d$
に $n = 4$，6，8 を代入して

$$(a + 3d) + (a + 5d) + (a + 7d) = 84$$
$$a + 5d = 28 \quad \cdots\cdots ①$$

(ii)より $a_n > 50$ となる最小の n が 11
だから $a_{10} \leq 50$ かつ $50 < a_{11}$ である。

$$\begin{cases} a + 9d \leq 50 & \cdots\cdots ② \\ a + 10d > 50 & \cdots\cdots ③ \end{cases}$$

①より $a = 28 - 5d$ を②，③に代入す
ると

②は $28 - 5d + 9d \leq 50$

$$4d \leq 22, \quad d \leq \frac{11}{2} = 5.5$$

③は $28 - 5d + 10d > 50$

$$5d > 22, \quad d > \frac{22}{5} = 4.4$$

よって，$4.4 < d \leq 5.5$ で，d は自然数
だから $d = 5$，①に代入して $a = 3$

2 等比数列の一般項 $a_n = ar^{n-1}$ と和 $S_n = \dfrac{a(r^n - 1)}{r - 1}$ の公式に代入する。

(1) 初項を a，公比を r とすると

$$a_3 = ar^2 = 36 \quad \cdots\cdots ①$$
$$a_5 = ar^4 = 324 \quad \cdots\cdots ②$$

②÷①より

$$\frac{\cancel{a}r^{\cancel{4}\,2}}{\cancel{a}r^2} = \frac{\cancel{324}^{\,9}}{\cancel{36}}, \quad r^2 = 9$$

よって，$r = \pm 3$　①に代入して $a = 4$
よって，$a = 4$，$r = 3$ のとき

$$S_5 = \frac{4(3^5 - 1)}{3 - 1} = \boldsymbol{484}$$

$a = 4$，$r = -3$ のとき

$$S_5 = \frac{4\{(-3)^5 - 1)\}}{-3 - 1} = \boldsymbol{244}$$

(2) 初項から第 n 項までの和を S_n，
初項を a，公比を r とすると

$$S_3 = \frac{a(r^3 - 1)}{r - 1} = 21 \quad\quad\quad \cdots\cdots ①$$

$$S_9 = \frac{a(r^9 - 1)}{r - 1} = 21 + 1512 = 1533 \quad \cdots ②$$

②より

$$\frac{a(r^9 - 1)}{r - 1} = \frac{a\{(r^3)^3 - 1\}}{r - 1} \text{ として}$$

$$\frac{a(r^3 - 1)(r^6 + r^3 + 1)}{r - 1} = 1533$$

①を代入して

$$21(r^6 + r^3 + 1) = 1533$$
$$r^6 + r^3 + 1 = 73$$
$$(r^3 + 9)(r^3 - 8) = 0$$

$r > 0$ だから $r^3 = 8$ より $r = 2$

①に代入して

$7a=21$ より $a=3$

よって，初項は 3

また，はじめの 5 項の和は

$$S_5=\frac{3(2^5-1)}{2-1}=\textbf{93}$$

3 $a_n\geqq0$ となる最大の n を求める。

初項を a，公差を d とすると

$a_{10}=a+9d=39$ ……①

$a_{30}=a+29d=-41$ ……②

①，②を解いて

$a=75,\ d=-4$

よって，$a_n=75+(n-1)\cdot(-4)$

$=-4n+79$

$a_n=-4n+79\geqq0$ となるのは

$$n\leqq\frac{79}{4}\fallingdotseq19.7\cdots$$

だから，初項から第 19 項までの和が最大になる。

よって，

$$S_{19}=\frac{1}{2}\cdot19\{2\cdot75+(19-1)\cdot(-4)\}$$

$$=\frac{1}{2}\cdot19\cdot78=\textbf{741}$$

4 $a,\ b,\ c$ が等比数列，$c,\ a,\ b$ が等差数列となる関係式をつくる。

$a,\ b,\ c$ が等比数列をなすから

$b^2=ac$ ……①

$c,\ a,\ b$ が等差数列をなすから

$2a=b+c$ ……②

また，和が 6 だから

$a+b+c=6$ ……③

②より $b+c=2a$ を③に代入して

$3a=6,\ a=2$

①，②に代入して

$b^2=2c$ ……①′

$b+c=4$ ……②′

①′，②′ を解いて

$b=2,\ c=2$ または $b=-4,\ c=8$

$a,\ b,\ c$ は異なる 3 数だから

$a=2,\ b=-4,\ c=8$

5 (1) 等差数列をなす 3 つの数を $a-d,\ a,\ a+d$ または $a,\ a+d,\ a+2d$ とおく。

等差数列をなす 3 つの数を $a-d,\ a,\ a+d$ とおくと

$(a-d)+a+(a+d)=27$ より

$a=9$

$(a-d)\cdot a\cdot(a+d)=704$

に $a=9$ を代入して

$(9-d)\cdot9\cdot(9+d)=704$

$81-d^2=\dfrac{704}{9},\ d^2=\dfrac{25}{9}$ より

$d=\pm\dfrac{5}{3}$

$d=\dfrac{5}{3}$ のとき $\dfrac{22}{3},\ 9,\ \dfrac{32}{3}$

$d=-\dfrac{5}{3}$ のとき $\dfrac{32}{3},\ 9,\ \dfrac{22}{3}$

よって，どちらの場合も 3 つの数は

$\dfrac{22}{3},\ 9,\ \dfrac{32}{3}$

別解

等差数列をなす 3 つの数を $a,\ a+d,\ a+2d$ とおくと

$a+(a+d)+(a+2d)=27$ より

$a+d=9$ ……①

$a(a+d)(a+2d)=704$ ……②

①を②に代入して

$(9-d)\cdot9\cdot(9+d)=704$

$81-d^2=\dfrac{704}{9},\ d^2=\dfrac{25}{9}$ より

$d=\pm\dfrac{5}{3}$

（以下同様）

(2) 等比数列をなす 3 辺は $a>0,\ r>1$ として $a,\ ar,\ ar^2$ とおける。

三角形の 3 辺を $a,\ ar,\ ar^2\ (a>0,\ r>1)$ とおくと

$a<ar<ar^2$ より

三角形になるためには

（最大辺）＜（他の 2 辺の和）

となればよい。

のときである。

共通項の一般項を c_n とすると②に代入して

$$c_n = 5 \cdot 4n - 1 = 20n - 1$$

$$\left(\begin{array}{l} l = 5n \text{ とすると①に代入して} \\ c_n = 4 \cdot 5n - 1 = 20n - 1 \end{array} \right)$$

6 2つの数列をかいて，初項を見つける。公差は4と5の最小公倍数

4で割ると3余るのは

3，7，11，15，19，23，……

5で割ると4余るのは

4，9，14，19，24，29，……

初項19，公差は，4と5の最小公倍数の20だから

$$a_n = 19 + (n-1) \cdot 20 = 20n - 1$$

$1 \leqq 20n - 1 \leqq 200$ より

$0.1 \leqq n \leqq 10.05$

n は自然数だから $1 \leqq n \leqq 10$

よって，$S = \dfrac{1}{2} \cdot 10 \cdot \{2 \cdot 19 + (10-1) \cdot 20\}$

$\qquad = \textbf{1090}$

別解

$S = \dfrac{1}{2}n(a+l)$ を使って求めると

末項が $a_{10} = 20 \cdot 10 - 1 = 199$ だから

$$S = \dfrac{1}{2} \cdot 10(19 + 199) = \textbf{1090}$$

別解 2つの数列の一般項から，共通項の一般項を整数の性質を使って求める。

4で割ると3余る数は初項3，公差4の等差数列だから

$$a_l = 3 + (l-1) \cdot 4 = 4l - 1 \quad \cdots\cdots①$$

5で割ると4余る数は初項4，公差5の等差数列だから

$$b_m = 4 + (m-1) \cdot 5 = 5m - 1 \quad \cdots\cdots②$$

$a_l = b_m$ となるのは

$4l - 1 = 5m - 1$ より $4l = 5m$

4と5は互いに素だから

$m = 4n$（または $l = 5n$）（$n = 1, 2, 3,$ ……）

7 一般項は $a_n = n \cdot x^{n-1}$ だから $S_n - x S_n$ を計算する。

$$\begin{array}{r} S_n = 1 + 2 \cdot x + 3 \cdot x^2 + \cdots\cdots\cdots\cdots + nx^{n-1} \qquad\qquad \\ -) \; x S_n = \qquad x + 2x^2 + 3 \cdot x^3 + \cdots\cdots + (n-1)x^{n-1} + nx^n \\ \hline (1-x)S_n = \underline{1 + x + x^2 + x^3 + \cdots\cdots + x^{n-1}} - nx^n \end{array}$$

初項1，公比 x，項数 n

$$= \dfrac{1 \cdot (1 - x^n)}{1 - x} - nx^n$$

$$= \dfrac{1 - x^n - (1-x)nx^n}{1-x}$$

$$= \dfrac{1 - x^n - nx^n + nx^{n+1}}{1-x}$$

$$= \dfrac{1 - (n+1)x^n + nx^{n+1}}{1-x}$$

よって，$S_n = \dfrac{\textbf{1} - (\textbf{\textit{n}}+\textbf{1})\textbf{\textit{x}}^{\textbf{\textit{n}}} + \textbf{\textit{n}}\textbf{\textit{x}}^{\textbf{\textit{n}}+\textbf{1}}}{(\textbf{1}-\textbf{\textit{x}})^{\textbf{2}}}$

8 $\sum$ の公式をあてはめて計算する。

(1) 第 k 項は

$a_k = k(2k-1)^2 = 4k^3 - 4k^2 + k$ だから

$$(与式) = \sum_{k=1}^{n}(4k^3 - 4k^2 + k)$$

$$= 4\sum_{k=1}^{n}k^3 - 4\sum_{k=1}^{n}k^2 + \sum_{k=1}^{n}k$$

$$= 4 \cdot \left\{ \dfrac{1}{2}n(n+1) \right\}^2$$

$$\qquad - 4 \cdot \dfrac{1}{6}n(n+1)(2n+1)$$

$$\qquad\qquad + \dfrac{1}{2}n(n+1)$$

$$= \dfrac{1}{6}n(n+1)\{6n(n+1)$$

$$\qquad\qquad - 4(2n+1) + 3\}$$

$$= \dfrac{\textbf{1}}{\textbf{6}}\textbf{\textit{n}}(\textbf{\textit{n}}+\textbf{1})(\textbf{6}\textbf{\textit{n}}^{\textbf{2}} - \textbf{2}\textbf{\textit{n}} - \textbf{1})$$

(2) 第 k 項は $a_k = k^2(n-k+1)$

と表せるから

4

$$\text{（与式）}=\sum_{k=1}^{n}k^2(n-k+1)$$

$$=-\sum_{k=1}^{n}k^3+(n+1)\sum_{k=1}^{n}k^2$$

$$=-\left\{\frac{1}{2}n(n+1)\right\}^2$$
$$\quad+(n+1)\frac{1}{6}n(n+1)(2n+1)$$

$$=-\frac{1}{4}n^2(n+1)^2$$
$$\quad+\frac{1}{6}n(n+1)^2(2n+1)$$

$$=\frac{1}{12}n(n+1)^2\{2(2n+1)-3n\}$$

$$=\boldsymbol{\frac{1}{12}n(n+1)^2(n+2)}$$

9 (1) $\dfrac{1}{(2k-1)(2k+1)}$ を部分分数に分解する。

$$\frac{1}{(2k-1)(2k+1)}$$
$$=\frac{1}{2}\left(\frac{1}{2k-1}-\frac{1}{2k+1}\right)\text{と変形}$$
$$\sum_{k=1}^{n}\frac{1}{(2k-1)(2k+1)}$$
$$=\frac{1}{2}\sum_{k=1}^{n}\left(\frac{1}{2k-1}-\frac{1}{2k+1}\right)$$
$$=\frac{1}{2}\left\{\left(\frac{1}{1}-\frac{1}{3}\right)+\left(\frac{1}{3}-\frac{1}{5}\right)+\left(\frac{1}{5}-\frac{1}{7}\right)\right.$$
$$\quad+\cdots+\left(\frac{1}{2n-3}-\frac{1}{2n-1}\right)$$
$$\quad\left.+\left(\frac{1}{2n-1}-\frac{1}{2n+1}\right)\right\}$$
$$=\frac{1}{2}\left(1-\frac{1}{2n+1}\right)=\boldsymbol{\frac{n}{2n+1}}$$

(2) $\dfrac{1}{\sqrt{k+2}+\sqrt{k}}$ を有理化する。

$$\frac{1}{\sqrt{k+2}+\sqrt{k}}$$
$$=\frac{\sqrt{k+2}-\sqrt{k}}{(\sqrt{k+2}+\sqrt{k})(\sqrt{k+2}-\sqrt{k})}$$
$$=\frac{\sqrt{k+2}-\sqrt{k}}{k+2-k}=\frac{1}{2}(\sqrt{k+2}-\sqrt{k})$$
と変形

$$\sum_{k=1}^{48}\frac{1}{\sqrt{k+2}+\sqrt{k}}$$
$$=\sum_{k=1}^{48}\frac{1}{2}(\sqrt{k+2}-\sqrt{k})$$
$$=\frac{1}{2}\{(\sqrt{3}-\sqrt{1})+(\sqrt{4}-\sqrt{2})$$
$$\quad+(\sqrt{5}-\sqrt{3})+\cdots$$
$$\quad+(\sqrt{49}-\sqrt{47})+(\sqrt{50}-\sqrt{48})\}$$
$$=\frac{1}{2}(-1-\sqrt{2}+\sqrt{49}+\sqrt{50})$$
$$=\frac{1}{2}(-1-\sqrt{2}+7+5\sqrt{2})$$
$$=\boldsymbol{3+2\sqrt{2}}$$

10 (1) 数列 $\{a_n\}$ の偶数番目で作られる数列の一般項は n を $2n$ に置きかえればよい。

$$a_n=1\cdot\left(\frac{1}{3}\right)^{n-1}$$
$$b_n=a_{2n}=\left(\frac{1}{3}\right)^{2n-1}=\frac{1}{3}\cdot\left(\frac{1}{3}\right)^{2n-2}$$
$$=\frac{1}{3}\cdot\left(\frac{1}{3}\right)^{2(n-1)}$$
よって，$\boldsymbol{b_n=\frac{1}{3}\cdot\left(\frac{1}{9}\right)^{n-1}}$

$$\sum_{k=1}^{n}\frac{1}{3}\cdot\left(\frac{1}{9}\right)^{k-1}=\frac{1}{3}\cdot\frac{1\cdot\left\{1-\left(\frac{1}{9}\right)^n\right\}}{1-\frac{1}{9}}$$
$$=\boldsymbol{\frac{3}{8}\left\{1-\left(\frac{1}{9}\right)^n\right\}}$$

(2) $b_1b_2\cdots\cdots b_n$ は累乗部分の和を求める。

$$b_n=\frac{1}{3}\cdot\left(\frac{1}{9}\right)^{n-1}\quad\text{だから}$$
$$b_1b_2\cdots\cdots b_n$$
$$=\frac{1}{3}\left(\frac{1}{9}\right)^0\times\frac{1}{3}\cdot\left(\frac{1}{9}\right)^1\times\frac{1}{3}\cdot\left(\frac{1}{9}\right)^2$$
$$\quad\times\cdots\cdots\times\left(\frac{1}{3}\right)\cdot\left(\frac{1}{9}\right)^{n-1}$$
$$=\left(\frac{1}{3}\right)^n\cdot\left(\frac{1}{9}\right)^{0+1+2+\cdots+(n-1)}$$
$$=\left(\frac{1}{3}\right)^n\cdot\left(\frac{1}{9}\right)^{\frac{n(n-1)}{2}}$$
$$=\left(\frac{1}{3}\right)^n\cdot\left\{\left(\frac{1}{3}\right)^2\right\}^{\frac{n(n-1)}{2}}$$

$$=\left(\frac{1}{3}\right)^n \cdot \left(\frac{1}{3}\right)^{n(n-1)}=\left(\frac{1}{3}\right)^{n^2}\quad (=3^{-n^2})$$

11 (1) $a_n=S_n-S_{n-1}\ (n\geqq2)$ の利用。

$$a_1=S_1=2^1-1=1$$
$$a_n=S_n-S_{n-1}\ (n\geqq2)\ より$$
$$=2^n-n-\{2^{n-1}-(n-1)\}$$
$$=2^{n-1}(2-1)-1$$
$$=2^{n-1}-1\quad\cdots\cdots①$$

ここで，①に $n=1$ を代入すると
$$2^{1-1}-1=2^0-1=0$$
となり，a_1 と一致しない。

よって，$\begin{cases} a_1=1 \\ a_n=2^{n-1}-1\ (n\geqq2) \end{cases}$

(2) $\displaystyle\sum_{k=1}^{n}a_k=S_n$ だから $a_{n+1}=S_{n+1}-S_n$ を利用して，a_{n+1} と a_n の式にする。

$\displaystyle\sum_{k=1}^{n}a_k=S_n$ だから与式は

$$S_n=\frac{1}{2}(1-a_n)\quad\cdots\cdots①\quad と表せる。$$
$$S_{n+1}=\frac{1}{2}(1-a_{n+1})\quad\cdots\cdots②\quad として$$

②-①より
$$S_{n+1}-S_n=-\frac{1}{2}a_{n+1}+\frac{1}{2}a_n$$
$$a_{n+1}=-\frac{1}{2}a_{n+1}+\frac{1}{2}a_n$$
$$a_{n+1}=\frac{1}{3}a_n\ \Leftarrow\ \text{等比数列の漸化式}$$

ここで，①に $n=1$ を代入して
$$S_1=a_1=\frac{1}{2}(1-a_1)\quad より\quad a_1=\frac{1}{3}$$

数列 $\{a_n\}$ は，初項 $\dfrac{1}{3}$，公比 $\dfrac{1}{3}$ の等比数列だから
$$a_n=\frac{1}{3}\cdot\left(\frac{1}{3}\right)^{n-1}$$

よって，$a_n=\left(\dfrac{1}{3}\right)^n$

12 (1) 第9群の末項までの項数を求める。

第1群から第9群までの項の数は

$$1+2+3+\cdots\cdots+9=\frac{9\times10}{2}=45\ (個)$$

第10群の最初の数は奇数の列
$a_N=2N-1$ の46番目の数だから
$$a_{46}=2\times46-1=\mathbf{91}$$

(2) 第8群の初項と末項を求める。

第1群から第7群までの項の数は
$$1+2+3+\cdots\cdots+7=\frac{7\times8}{2}=28\ (個)$$

第8群の初項と末項は
$$a_{29}=2\times29-1=57$$
$$a_{36}=2\times36-1=71$$

第8群の項数は8個だから，和は
$$\frac{8(57+71)}{2}=\mathbf{512}$$

別解 第8群の初項がわかれば，公差2，項数8の等差数列の和として求まる。

第8群の初項は $a_{29}=57$ だから和は
$$\frac{1}{2}\cdot8\{2\cdot57+(8-1)\cdot2\}=4\cdot128=\mathbf{512}$$

(3) 999 が始めから何番目の数になるかを求めて，それが第何群の何番目かを調べる。

$2N-1=999$ より $N=500$
999 は始めから500番目の数である。
500番目が第 n 群に含まれるとすると
$$\frac{n(n-1)}{2}<500\leqq\frac{n(n+1)}{2}$$
$$n(n-1)<1000\leqq n(n+1)$$
$n^2\fallingdotseq1000$ として n を求めると
$n=31$ または 32
第31群までの項の数は
$$\frac{31\times32}{2}=496\ (個)$$
第32群までの項の数は
$$\frac{32\times33}{2}=528\ (個)$$

よって，500番目は第32群の数であり，第32群の初項は497番目だから500番目になる 999 は第32群の4番目である。

13 数列 $\{a_n\}$ の階差をとって階差数列の一般項を求める公式を利用。

(1)
$$4,\ 11,\ 24,\ 43,\ 68,\ \cdots\cdots\{a_n\}$$
$$7\quad 13\quad 19\quad 25\quad \cdots\cdots\{b_n\}$$

$b_n=7+(n-1)\cdot 6=6n+1$

だから

$n\geqq 2$ のとき

$$a_n=4+\sum_{k=1}^{n-1}(6k+1)$$
$$=4+6\cdot\frac{n(n-1)}{2}+(n-1)$$
$$=3n^2-2n+3$$

$n=1$ のとき，$a_1=3\cdot 1^2-2\cdot 1+3=4$

で成り立つ。

よって，$a_n=3n^2-2n+3$

(2) 数列 $\{a_n\}$ を逆数にした数列 $\left\{\dfrac{1}{a_n}\right\}$ を考える。

数列 $\{a_n\}$ を逆数にして並べる。

$$3,\ 10,\ 19,\ 30,\ 43,\ \cdots\cdots\left\{\dfrac{1}{a_n}\right\}$$
$$7\quad 9\quad 11\quad 13\quad \cdots\cdots\{b_n\}$$

$b_n=7+(n-1)\cdot 2=2n+5$

だから

$n\geqq 2$ のとき

$$\frac{1}{a_n}=3+\sum_{k=1}^{n-1}(2k+5)$$
$$=3+2\cdot\frac{n(n-1)}{2}+5(n-1)$$
$$=n^2+4n-2$$

$n=1$ のとき，$\dfrac{1}{a_1}=1^2+4\cdot 1-2=3$

で成り立つ。

よって，$\dfrac{1}{a_n}=n^2+4n-2$

ゆえに，$a_n=\dfrac{1}{n^2+4n-2}$

14 (1) $a_{n+1}-a_n=f(n)$ で $f(n)=2^n-2n$ の場合。

$a_{n+1}-a_n=2^n-2n$ だから

$n\geqq 2$ のとき

$$a_n=a_1+\sum_{k=1}^{n-1}(2^k-2k)$$
$$=0+\sum_{k=1}^{n-1}2^k-2\sum_{k=1}^{n-1}k$$
$$=\frac{2(2^{n-1}-1)}{2-1}-2\cdot\frac{n(n-1)}{2}$$
$$=2^n-2-n^2+n=2^n-n^2+n-2$$

$n=1$ でも成り立つ。

よって，$a_n=2^n-n^2+n-2$

(2) 両辺の逆数をとって，$b_n=\dfrac{1}{a_n}$ とおく。

$a_{n+1}=\dfrac{3a_n}{a_n+3}$ の両辺の逆数をとると，

$$\frac{1}{a_{n+1}}=\frac{a_n+3}{3a_n}=\frac{1}{a_n}+\frac{1}{3}$$

$\dfrac{1}{a_n}=b_n$ とおくと　$b_1=\dfrac{1}{a_1}=1$

$$b_{n+1}=b_n+\frac{1}{3},\quad b_{n+1}-b_n=\frac{1}{3}$$

$n\geqq 2$ のとき

$$b_n=b_1+\sum_{k=1}^{n-1}\frac{1}{3}$$
$$=1+\frac{1}{3}(n-1)=\frac{n+2}{3}$$

$n=1$ でも成り立つ。

よって，$a_n=\dfrac{1}{b_n}=\dfrac{3}{n+2}$

(3) 両辺を 2^{n+1} で割って，$b_n=\dfrac{a_n}{2^n}$ とおく。

$a_{n+1}-2a_n=n\cdot 2^{n+1}$

の両辺を 2^{n+1} で割ると

$$\frac{a_{n+1}}{2^{n+1}}-\frac{a_n}{2^n}=n$$

$b_n=\dfrac{a_n}{2^n}$ とおくと

$$b_{n+1}-b_n=n,\qquad b_1=\frac{a_1}{2^1}=\frac{1}{2}$$

$n\geqq 2$ のとき

$$b_n=b_1+\sum_{k=1}^{n-1}k$$
$$=\frac{1}{2}+\frac{n(n-1)}{2}=\frac{n^2-n+1}{2}$$

$n=1$ でも成り立つ。

よって，$b_n=\dfrac{a_n}{2^n}=\dfrac{n^2-n+1}{2}$

ゆえに，$a_n=(n^2-n+1)\cdot 2^{n-1}$

15 $\boxed{a_{n+1}=pa_n+q\ (p\neq 1)\ \text{の型の漸化式だから}}$
$\boxed{a_{n+1}-\alpha=p(a_n-\alpha)\ \text{と変形する。}}$

(1) $a_{n+1}+3=2(a_n+3)$
$\qquad(\alpha=2\alpha+3\ \text{より}\ \alpha=-3)$
と変形すると，数列 $\{a_n+3\}$ は
初項 $a_1+3=1+3=4$，公比 2
の等比数列だから
$\qquad a_n+3=4\cdot 2^{n-1}$
よって，$a_n=2^{n+1}-3$

(2) $3a_{n+1}-a_n-6=0$
$\qquad a_{n+1}=\dfrac{1}{3}a_n+2$
$\qquad a_{n+1}-3=\dfrac{1}{3}(a_n-3)$
$\qquad\left(\alpha=\dfrac{1}{3}\alpha+2\ \text{より}\ \alpha=3\right)$
と変形すると，数列 $\{a_n-3\}$ は
初項 $a_1-3=1-3=-2$
公比 $\dfrac{1}{3}$ の等比数列だから
$\qquad a_n-3=-2\cdot\left(\dfrac{1}{3}\right)^{n-1}$
よって，$a_n=3-2\cdot\left(\dfrac{1}{3}\right)^{n-1}$

別解 階差をとって一般項を求める。

(1) $a_{n+1}=2a_n+3$ ……①
$\quad a_n=2a_{n-1}+3$ ……②
①$-$②より
$\quad a_{n+1}-a_n=2(a_n-a_{n-1})$ と変形する
と階差数列 $\{a_{n+1}-a_n\}$ は
初項 $a_2-a_1=(2\cdot 1+3)-1=4$
公比 2 の等比数列だから
$a_{n+1}-a_n=4\cdot 2^{n-1}$ より
$n\geqq 2$ のとき
$a_n=a_1+\displaystyle\sum_{k=1}^{n-1}4\cdot 2^{k-1}=1+\dfrac{4(2^{n-1}-1)}{2-1}$
$\qquad=1+4\cdot 2^{n-1}-4=2^{n+1}-3$
（$n=1$ のときにも成り立つ。）

(2) $a_{n+1}=\dfrac{1}{3}a_n+2$ ……①

$a_n=\dfrac{1}{3}a_{n-1}+2$ ……②
①$-$②より
$\quad a_{n+1}-a_n=\dfrac{1}{3}(a_n-a_{n-1})$
階差数列 $\{a_{n+1}-a_n\}$ は
初項 $a_2-a_1=\left(\dfrac{1}{3}\cdot 1+2\right)-1=\dfrac{4}{3}$
公比 $\dfrac{1}{3}$ の等比数列だから
$\quad a_{n+1}-a_n=\dfrac{4}{3}\cdot\left(\dfrac{1}{3}\right)^{n-1}$
$n\geqq 2$ のとき
$a_n=a_1+\displaystyle\sum_{k=1}^{n-1}\dfrac{4}{3}\cdot\left(\dfrac{1}{3}\right)^{k-1}$
$\qquad=1+\dfrac{4}{3}\cdot\dfrac{1\cdot\left\{1-\left(\dfrac{1}{3}\right)^{n-1}\right\}}{1-\dfrac{1}{3}}$
$\qquad=1+2\left\{1-\left(\dfrac{1}{3}\right)^{n-1}\right\}$
よって，$a_n=3-2\cdot\left(\dfrac{1}{3}\right)^{n-1}$
（$n=1$ のときも成り立つ。）

16 $\boxed{\text{両辺の逆数をとって}\ b_n=\dfrac{1}{a_n}\ \text{とおく。}}$

$a_{n+1}=\dfrac{a_n}{2a_n+3}$ の両辺の逆数をとると
$\dfrac{1}{a_{n+1}}=\dfrac{2a_n+3}{a_n}=2+\dfrac{3}{a_n}$
$b_n=\dfrac{1}{a_n}$ とおくと
$\quad b_{n+1}=3b_n+2$
$b_{n+1}+1=3(b_n+1)$ と変形すると
数列 $\{b_n+1\}$ は，初項 b_1+1，公比 3
の等比数列。
（$\alpha=3\alpha+2$ より $\alpha=-1$）
ここで，$b_1=\dfrac{1}{a_1}=1$ だから初項は 2
よって，$b_n+1=2\cdot 3^{n-1}$ より
$\quad b_n=2\cdot 3^{n-1}-1$
ゆえに，$a_n=\dfrac{1}{2\cdot 3^{n-1}-1}$

17

両辺を 2^{n+1} で割って $b_n=\dfrac{a_n}{2^n}$ とおく。

$a_{n+1}=4a_n-2^{n+1}$
の両辺を 2^{n+1} で割ると

$$\dfrac{a_{n+1}}{2^{n+1}}=\dfrac{4a_n}{2^{n+1}}-1=2\cdot\dfrac{a_n}{2^n}-1$$

$b_n=\dfrac{a_n}{2^n}$ とおくと $b_{n+1}=2b_n-1$

$b_1=\dfrac{a_1}{2^1}=\dfrac{4}{2}=2$

$b_{n+1}-1=2(b_n-1)$ と変形すると
（$\alpha=2\alpha-1$ より $\alpha=1$）
数列 $\{b_n-1\}$ は初項 $b_1-1=2-1=1$
公比 2 の等比数列だから
$b_n-1=1\cdot2^{n-1}$ より $b_n=2^{n-1}+1$

$b_n=\dfrac{a_n}{2^n}=2^{n-1}+1$

よって，$a_n=2^n(2^{n-1}+1)$

18 (1)

誘導に従って，α, β を求める。

$a_{n+1}+\alpha b_{n+1}$
$=3a_n+b_n+\alpha(2a_n+4b_n)$
$=(3+2\alpha)a_n+(1+4\alpha)b_n$
$=\beta(a_n+\alpha b_n)$
$=\beta a_n+\alpha\beta b_n$ より
$3+2\alpha=\beta$ ……①
$1+4\alpha=\alpha\beta$ ……②
①，②を解いて

$\alpha=1$, $\beta=5$ または $\alpha=-\dfrac{1}{2}$, $\beta=2$

(2)

(α, β) それぞれの組について，漸化式をつくり，一般項を求める。

$\alpha=1$, $\beta=5$ のとき
$a_{n+1}+b_{n+1}=5(a_n+b_n)$ より
数列 $\{a_n+b_n\}$ は，
初項 $a_1+b_1=1+3=4$，公比 5
の等比数列だから
$a_n+b_n=4\cdot5^{n-1}$ ……③

$\alpha=-\dfrac{1}{2}$, $\beta=2$ のとき

$a_{n+1}-\dfrac{1}{2}b_{n+1}=2\Big(a_n-\dfrac{1}{2}b_n\Big)$ より

数列 $\Big\{a_n-\dfrac{1}{2}b_n\Big\}$ は

初項 $a_1-\dfrac{1}{2}b_1=1-\dfrac{3}{2}=-\dfrac{1}{2}$, 公比 2

の等比数列だから

$a_n-\dfrac{1}{2}b_n=-\dfrac{1}{2}\cdot2^{n-1}$ ……④

③＋④×2 より
$3a_n=4\cdot5^{n-1}-2^{n-1}$

よって，$a_n=\dfrac{1}{3}(4\cdot5^{n-1}-2^{n-1})$

③－④ より

$\dfrac{3}{2}b_n=4\cdot5^{n-1}+\dfrac{1}{2}\cdot2^{n-1}$

よって，$b_n=\dfrac{1}{3}(8\cdot5^{n-1}+2^{n-1})$

19 (1)

漸化式に $n=1$, 2, 3 を順次代入する。

$a_3=5a_2-6a_1=5\cdot1-6\cdot(-1)$
$\qquad=11$
$a_4=5a_3-6a_2=5\cdot11-6\cdot1$
$\qquad=49$
$a_5=5a_4-6a_3=5\cdot49-6\cdot11$
$\qquad=179$

(2)

$a_{n+2}-(\alpha+\beta)a_{n+1}+\alpha\beta a_n=0$ と変形して各項の係数を比較する。

$a_{n+2}-\alpha a_{n+1}=\beta(a_{n+1}-\alpha a_n)$
$a_{n+2}-(\alpha+\beta)a_{n+1}+\alpha\beta a_n=0$
$\Longleftrightarrow a_{n+2}-5a_n+6a_n=0$ より
$\alpha+\beta=5$, $\alpha\beta=6$
α, β は $t^2-5t+6=0$
の解だから
$(t-2)(t-3)=0$ より $t=2$, 3
よって，$(\alpha, \beta)=(2, 3)$, $(3, 2)$

(3)

(α, β) のそれぞれの組について漸化式をつくり一般項を求める。

(ⅰ) $\alpha=2$, $\beta=3$ のとき
$a_{n+2}-2a_{n+1}=3(a_{n+1}-2a_n)$ より
数列 $\{a_{n+1}-2a_n\}$ は
初項 $a_2-2a_1=1-2\cdot(-1)=3$
公比 3 の等比数列だから
$a_{n+1}-2a_n=3\cdot3^{n-1}=3^n$ ……①

(ii) $\alpha=3$, $\beta=2$ のとき

$a_{n+2}-3a_{n+1}=2(a_{n+1}-3a_n)$ より

数列 $\{a_{n+1}-3a_n\}$ は

初項 $a_2-3a_1=1-3\cdot(-1)=4$

公比 2 の等比数列だから

$a_{n+1}-3a_n=4\cdot2^{n-1}=2^{n+1}$ ……②

①−②より

$$a_n=3^n-2^{n+1}$$

20 円の半径と円に内接する正三角形の 1 辺の比を考える。

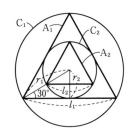

(1) $r_1=1$ より

$$l_1=2r_1\cos30°=2\cdot1\cdot\frac{\sqrt{3}}{2}=\sqrt{3}$$

$$l_2=\frac{1}{2}l_1=\frac{\sqrt{3}}{2}$$

(2) $l_1:l_2=2:1$ より A_1 と A_2 の相似比は $2:1$ だから A_{n-1} と A_n の面積比は $4:1$ である。

よって，$T_n=\frac{1}{4}T_{n-1}$ と表せる。

ここで，$T_1=\frac{1}{2}\cdot\sqrt{3}\cdot\sqrt{3}\sin60°$

$$=\frac{3}{2}\cdot\frac{\sqrt{3}}{2}=\frac{3\sqrt{3}}{4}$$ だから

$$T_n=\frac{3\sqrt{3}}{4}\left(\frac{1}{4}\right)^{n-1}$$

ゆえに

$$S=\frac{3\sqrt{3}}{4}\cdot\frac{\left\{1-\left(\frac{1}{4}\right)^n\right\}}{1-\frac{1}{4}}$$

$$=\sqrt{3}\left\{1-\left(\frac{1}{4}\right)^n\right\}$$

21 ［Ⅰ］，［Ⅱ］のステップを踏む。$n=k$ のときの仮定を利用して $n=k+1$ のときの式を示す。

(1) ［Ⅰ］ $n=1$ のとき

$(\text{左辺})=1^3=1$，$(\text{右辺})=\frac{1^2(1+1)^2}{4}=1$

よって，$(\text{左辺})=(\text{右辺})$ で成り立つ。

［Ⅱ］ $n=k$ のとき成り立つとすると

$$\sum_{i=1}^{k}i^3=\frac{k^2(k+1)^2}{4}$$ ……①

$n=k+1$ のとき，①を使って変形すると

$$\sum_{i=1}^{k+1}i^3=\sum_{i=1}^{k}i^3+(k+1)^3$$

$$=\frac{k^2(k+1)^2}{4}+(k+1)^3$$

$$=\frac{(k+1)^2}{4}\{k^2+4(k+1)\}$$

$$=\frac{(k+1)^2(k+2)^2}{4}$$

$$=\frac{(k+1)^2\{(k+1)+1\}^2}{4}$$

となり，$n=k+1$ のときにも成り立つ。

［Ⅰ］，［Ⅱ］より与式はすべての自然数 n について成り立つ。

(2) ［Ⅰ］ $n=4$ のとき

$(\text{左辺})=4!=4\cdot3\cdot2\cdot1=24$

$(\text{右辺})=2^4=16$

よって，$(\text{左辺})>(\text{右辺})$ で成り立つ。

［Ⅱ］ $n=k$ のとき成り立つとすると

$$k!>2^k$$ ……①

$n=k+1$ のとき，①を使って変形すると

$$(k+1)!=(k+1)k!>(k+1)2^k$$

ここで

$(k+1)2^k-2^{k+1}=2^k(k+1-2)$

$=(k-1)2^k>0$ （$k≧4$ より）

よって，

$(k+1)!>(k+1)2^k>2^{k+1}$ より

$(k+1)!>2^{k+1}$

となるので，$n=k+1$ （$k≧4$）のときにも成り立つ。

［Ⅰ］，［Ⅱ］により与式は $n≧4$ の自然数 n について成り立つ。

22 (1) 漸化式に $n=1$, 2, 3 を順次代入する。

$a_1=\dfrac{1}{3}$, $a_{n+1}=\dfrac{1-a_n}{3-4a_n}$ より

$a_2=\dfrac{1-a_1}{3-4a_1}=\dfrac{1-\dfrac{1}{3}}{3-4\cdot\dfrac{1}{3}}=\dfrac{3-1}{9-4}=\dfrac{2}{5}$

$a_3=\dfrac{1-a_2}{3-4a_2}=\dfrac{1-\dfrac{2}{5}}{3-4\cdot\dfrac{2}{5}}=\dfrac{5-2}{15-8}=\dfrac{3}{7}$

$a_4=\dfrac{1-a_3}{3-4a_3}=\dfrac{1-\dfrac{3}{7}}{3-4\cdot\dfrac{3}{7}}=\dfrac{7-3}{21-12}=\dfrac{4}{9}$

(2) $n=k+1$ のときの a_{k+1} の式は, 漸化式 $a_{k+1}=\dfrac{1-a_k}{3-4a_k}$ を利用する。

(1)より

$a_n=\dfrac{n}{2n+1}$ …①

と推測できる。

[I] $n=1$ のとき

①は $a_1=\dfrac{1}{2\cdot1+1}=\dfrac{1}{3}$ で成り立つ。

[II] $n=k$ のとき, ①が成り立つとすると

$a_k=\dfrac{k}{2k+1}$

$n=k+1$ のとき

$a_{k+1}=\dfrac{1-a_k}{3-4a_k}=\dfrac{1-\dfrac{k}{2k+1}}{3-4\cdot\dfrac{k}{2k+1}}$

$=\dfrac{2k+1-k}{3(2k+1)-4k}=\dfrac{k+1}{2k+3}$

$=\dfrac{k+1}{2(k+1)+1}$

となり, $n=k+1$ のときにも成り立つ。

よって, [I], [II] によりすべての自然数で①は成り立つ。

23 $P_2=\dfrac{5}{6}\times P_1+\dfrac{1}{6}\times(1-P_1)$ と表せる。
　　　奇数回　　　偶数回
P_n と P_{n+1} の関係式も同様に考えられる。

(1) さいころを1回投げて, 1の目が出る確率は $\dfrac{1}{6}$, それ以外の目が出る確率は $1-\dfrac{1}{6}=\dfrac{5}{6}$ だから

$P_1=\dfrac{1}{6}$

$P_2=\dfrac{5}{6}\times P_1+\dfrac{1}{6}\times(1-P_1)$

$=\dfrac{5}{6}\times\dfrac{1}{6}+\dfrac{1}{6}\times\dfrac{5}{6}=\dfrac{5}{18}$

$P_3=\dfrac{5}{6}\times P_2+\dfrac{1}{6}\times(1-P_2)$

$=\dfrac{5}{6}\times\dfrac{5}{18}+\dfrac{1}{6}\times\left(1-\dfrac{5}{18}\right)$

$=\dfrac{25}{108}+\dfrac{13}{108}=\dfrac{38}{108}=\dfrac{19}{54}$

(2) n 回投げた後,

(i) 1の目の出る回数が奇数の場合 $n+1$ 回目は1の目以外が出ればよいから

$P_n\times\dfrac{5}{6}$

(ii) 1の目が出る回数が偶数の場合 $n+1$ 回目は1の目が出ればよいから

$(1-P_n)\times\dfrac{1}{6}$

(i), (ii)より $P_{n+1}=\dfrac{5}{6}P_n+\dfrac{1}{6}(1-P_n)$

よって, $P_{n+1}=\dfrac{2}{3}P_n+\dfrac{1}{6}$ が成り立つ。

(3) $P_{n+1}-\dfrac{1}{2}=\dfrac{2}{3}\left(P_n-\dfrac{1}{2}\right)$

と変形すると

$\left(\alpha=\dfrac{2}{3}\alpha+\dfrac{1}{6}\ \text{より}\ \alpha=\dfrac{1}{2}\right)$

数列 $\left\{P_n-\dfrac{1}{2}\right\}$ は,

初項 $P_1-\dfrac{1}{2}=\dfrac{1}{6}-\dfrac{1}{2}=-\dfrac{1}{3}$

公比 $\dfrac{2}{3}$ の等比数列だから

$$P_n - \frac{1}{2} = -\frac{1}{3} \cdot \left(\frac{2}{3}\right)^{n-1}$$

$$P_n = \frac{1}{2} - \frac{1}{3} \cdot \left(\frac{2}{3}\right)^{n-1}$$

よって，$\boldsymbol{P_n = \dfrac{1}{2}\left\{1 - \left(\dfrac{2}{3}\right)^n\right\}}$

24 確率変数 X のとりうる値と，それぞれに対応する確率を求め，公式にあてはめる。

袋の中から 2 個の球を取り出したときの合計点 X，球の色，および，確率は次のようになる。

X	2	3	4	5
球の色	(赤赤)	(赤白)	(白白) (赤黒)	(白黒)

6 個から 2 個球を取り出す総数は

${}_6C_2 = 15$（通り）

$X = 2$ のとき　${}_3C_2 = 3$（通り）

$X = 3$ のとき　${}_3C_1 \times {}_2C_1 = 6$（通り）

$X = 4$ のとき　${}_2C_2 + {}_3C_1 \times 1 = 4$（通り）

$X = 5$ のとき　${}_2C_1 \times 1 = 2$（通り）

確率分布表は，次のようになる。

X	2	3	4	5	計
P	$\frac{3}{15}$	$\frac{6}{15}$	$\frac{4}{15}$	$\frac{2}{15}$	1

よって，合計点の期待値を $E(X)$ とすると

$$E(X) = 2 \times \frac{3}{15} + 3 \times \frac{6}{15} + 4 \times \frac{4}{15}$$
$$+ 5 \times \frac{2}{15}$$
$$= \frac{1}{15}(6 + 18 + 16 + 10)$$
$$= \frac{50}{15} = \frac{10}{3}$$

25 (1) 確率変数 X は 1～6 までの値をとる。

確率分布は次のようになる。

X	1	2	3	4	5	6	計
$P(X)$	$\frac{2}{45}$	$\frac{4}{45}$	$\frac{10}{45}$	$\frac{11}{45}$	$\frac{12}{45}$	$\frac{6}{45}$	1

(2) $E(X)$，$V(X)$ の公式にあてはめる。

$$E(X) = 1 \times \frac{2}{45} + 2 \times \frac{4}{45} + 3 \times \frac{10}{45}$$
$$+ 4 \times \frac{11}{45} + 5 \times \frac{12}{45} + 6 \times \frac{6}{45}$$
$$= \frac{1}{45}(2 + 8 + 30 + 44 + 60 + 36)$$
$$= \frac{180}{45} = 4$$

$$V(X) = (1-4)^2 \times \frac{2}{45} + (2-4)^2 \times \frac{4}{45}$$
$$+ (3-4)^2 \times \frac{10}{45} + (4-4)^2 \times \frac{11}{45}$$
$$+ (5-4)^2 \times \frac{12}{45} + (6-4)^2 \times \frac{6}{45}$$
$$= \frac{1}{45}(18 + 16 + 10 + 12 + 24)$$
$$= \frac{80}{45} = \frac{16}{9}$$

また，標準偏差 $\sigma(X)$ は

$$\sigma(X) = \sqrt{V(X)} = \sqrt{\frac{16}{9}} = \frac{4}{3}$$

26 1 回の試行で $1 \leq X \leq k$ となる確率は $P(X \leq k) = \dfrac{k}{n}$，$X = k$ となる確率は $P(X = k) = P(X \leq k) - P(X \leq k-1)$

(1) 2 回とも $1 \leq X \leq k$ のカードが取り出される確率だから

$$P(X \leq k) = \frac{k}{n} \times \frac{k}{n} = \frac{k^2}{n^2}$$

(2) $k \geq 2$ のとき

$$P(X = k) = P(X \leq k) - P(X \leq k-1)$$
$$= \frac{k^2}{n^2} - \frac{(k-1)^2}{n^2} = \frac{2k-1}{n^2}$$

$k = 1$ のとき，$P(X = 1) = \dfrac{1}{n^2}$　だから

成り立つ。

よって，$P(X = k) = \dfrac{2k-1}{n^2}$　$(k \geq 1)$

となり，X の確率分布は次のようになる。

X	1	2	3	$\cdots$	k	$\cdots$	n	計
$P(X)$	$\frac{1}{n^2}$	$\frac{3}{n^2}$	$\frac{5}{n^2}$	$\cdots$	$\frac{2k-1}{n^2}$	$\cdots$	$\frac{2n-1}{n^2}$	1

(3) 確率分布表より，平均は $\sum\limits_{k=1}^{n} k \cdot \dfrac{2k-1}{n^2}$ と表せる。

$$E(X)=1\times\frac{1}{n^2}+2\times\frac{3}{n^2}+3\times\frac{5}{n^2}+\cdots$$
$$+k\times\frac{2k-1}{n^2}+\cdots+n\times\frac{2n-1}{n^2}$$
$$=\sum_{k=1}^{n}k\cdot\frac{2k-1}{n^2}$$
$$=\frac{2}{n^2}\sum_{k=1}^{n}k^2-\frac{1}{n^2}\sum_{k=1}^{n}k$$
$$=\frac{2}{n^2}\cdot\frac{n(n+1)(2n+1)}{6}$$
$$-\frac{1}{n^2}\cdot\frac{n(n+1)}{2}$$
$$=\frac{n+1}{n}\left(\frac{2n+1}{3}-\frac{1}{2}\right)$$
$$=\frac{(n+1)(4n-1)}{6n}$$

$$E(X^2)=1^2\times\frac{1}{n^2}+2^2\times\frac{3}{n^2}+3^2\times\frac{5}{n^2}$$
$$+k^2\times\frac{2k-1}{n^2}+\cdots+n^2\times\frac{2n-1}{n^2}$$
$$=\sum_{k=1}^{n}k^2\cdot\frac{2k-1}{n^2}$$
$$=\frac{2}{n^2}\sum_{k=1}^{n}k^3-\frac{1}{n^2}\sum_{k=1}^{n}k^2$$
$$=\frac{2}{n^2}\left\{\frac{n(n+1)}{2}\right\}^2$$
$$-\frac{1}{n^2}\cdot\frac{n(n+1)(2n+1)}{6}$$
$$=\frac{n+1}{n}\left\{\frac{n(n+1)}{2}-\frac{2n+1}{6}\right\}$$
$$=\frac{(n+1)(3n^2+n-1)}{6n}$$

$$V(X)=E(X^2)-\{E(X)\}^2$$
$$=\frac{(n+1)(3n^2+n-1)}{6n}$$
$$-\left\{\frac{(n+1)(4n-1)}{6n}\right\}^2$$
$$=\frac{n+1}{36n^2}\{6n(3n^2+n-1)$$
$$-(n+1)(4n-1)^2\}$$
$$=\frac{n+1}{36n^2}(2n^3-2n^2+n-1)$$
$$=\frac{(n+1)(n-1)(2n^2+1)}{36n^2}$$

27 $E(X),\ V(X)$ を求めて，次の公式を利用。
$$E(aX+b)=aE(X)+b,$$
$$V(aX+b)=a^2V(X)$$

(1) $X=2$ のとき (①, ②) の1通り
　$X=3$ のとき (①, ③)，(②, ③) の
　2通り
　$X=4$ のとき (①, ④)，(②, ④)，
　(③, ④) の3通り
よって，求める確率分布は次のようになる。

X	2	3	4	計
$P(X)$	$\frac{1}{6}$	$\frac{2}{6}$	$\frac{3}{6}$	1

$$E(X)=2\times\frac{1}{6}+3\times\frac{2}{6}+4\times\frac{3}{6}=\frac{10}{3}$$
$$V(X)=E(X^2)-\{E(X)\}^2$$
$$=2^2\times\frac{1}{6}+3^2\times\frac{2}{6}$$
$$+4^2\times\frac{3}{6}-\left(\frac{10}{3}\right)^2$$
$$=\frac{35}{3}-\frac{100}{9}=\frac{5}{9}$$

(2) $E(Z)=E(aX+b)$
$$=aE(X)+b$$
$$=a\times\frac{10}{3}+b=15$$
$$10a+3b=45\ \cdots\cdots①$$
$$V(Z)=V(aX+b)$$
$$=a^2V(X)=a^2\times\frac{5}{9}=5$$
$$a^2=9\ \cdots\cdots②$$
①，②を解いて
　$a=3$ のとき，$b=5$
　$a=-3$ のとき，$b=25$
よって，$a=3,\ b=5$
または，$a=-3,\ b=25$

28 $E(Y)=E(aX_1+bX_2+c_1X_1X_2)$
$$=aE(X_1)+bE(X_2)+c_1E(X_1X_2)$$
を利用。

(1) 表の出る確率が p だから
裏が出る確率は $1-p$
$E(X_1)=1\times p+0\times(1-p)=\boldsymbol{p}$
$V(X_1)=1^2\times p+0^2\times(1-p)-p^2$
$\qquad =\boldsymbol{p-p^2}$
X_2 についても同様だから
$E(X_2)=\boldsymbol{p},\quad V(X_2)=\boldsymbol{p-p^2}$

(2) X_1 と X_2 は独立だから
$E(Y)=E(aX_1+bX_2+cX_1X_2)$
$\qquad =aE(X_1)+bE(X_2)$
$\qquad\qquad +cE(X_1)E(X_2)$
$\qquad =\boldsymbol{(a+b)p+cp^2}$

(3) $\boxed{\begin{array}{l}V(Y)=V(aX_1+bX_2)\\ \quad =V(aX_1)+V(bX_2)\\ \quad =a^2V(X_1)+b^2V(X_2)\quad \text{を利用}\end{array}}$

$V(Y)=V(aX_1+bX_2)$
$\qquad =a^2V(X_1)+b^2V(X_2)$
$\qquad =(a^2+b^2)(p-p^2)$
$a+b=1$ より $b=1-a$ を代入して
$V(Y)=(p-p^2)\{a^2+(1-a)^2\}$
$\qquad =(p-p^2)\left\{2\left(a-\dfrac{1}{2}\right)^2+\dfrac{1}{2}\right\}$
$0<p<1$ だから $p-p^2>0$
よって，$a=\dfrac{1}{2}$ のときに最小になり，
最小値は
$$V(Y)=\dfrac{1}{2}(p-p^2)$$

29 (1) 試行 A の全事象は $6\times6=36$ 通り
甲＝乙 は 6 通り
甲＞乙 または 甲＜乙 はそれぞれ
15通り
よって，求める確率は $\dfrac{15}{36}=\dfrac{5}{12}$

(2) $\boxed{\text{二項分布は }P(X=r)={}_nC_rp^rq^{n-r}}$

X は二項分布 $B\left(n,\ \dfrac{5}{12}\right)$ に従うから
$P(X=r)={}_nC_r\left(\dfrac{5}{12}\right)^r\left(\dfrac{7}{12}\right)^{n-r}$
$\qquad\qquad (r=0,\ 1,\ 2,\ \cdots\cdots,\ n)$
(分布表は略)

(3) $\boxed{\begin{array}{l}\triangle\text{PQR の面積 }Y\text{ を }X\text{ で表す。}X\text{ は}\\ B\left(n,\ \dfrac{5}{12}\right)\text{ に従う。このとき，}\\ E(X)=np,\quad V(X)=np(1-p)\end{array}}$

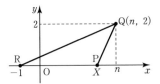

$P(X,\ 0)$ とすると，$\triangle$PQR の面積 Y
は
$Y=\dfrac{1}{2}(X+1)\times2=X+1$
X は $B\left(n,\ \dfrac{5}{12}\right)$ に従うから
$E(X)=n\cdot\dfrac{5}{12}=\dfrac{5}{12}n$
$V(X)=n\cdot\dfrac{5}{12}\cdot\dfrac{7}{12}=\dfrac{35}{144}n$
よって，
$E(Y)=E(X+1)=E(X)+1$
$\qquad =\dfrac{5}{12}n+1$
$V(Y)=V(X+1)=V(X)=\dfrac{35}{144}n$

30 $\boxed{\begin{array}{l}\text{区間 }[a\leqq X\leqq b]\text{ における 確率密度関数}\\ f(x)\text{ についての公式で計算。}\\ \displaystyle\int_a^b f(x)\,dx=1\\ E(X)=m=\displaystyle\int_a^b xf(x)\,dx\\ V(X)=\displaystyle\int_a^b (x-m)^2 f(x)\,dx\end{array}}$

(1) $\displaystyle\int_0^4 f(x)\,dx=1$ だから
$\displaystyle\int_0^4 kx\,dx=\left[\dfrac{k}{2}x^2\right]_0^4=8k=1$
よって，$k=\dfrac{1}{8}$

(2) $P(2\leqq X\leqq4)=\displaystyle\int_2^4\dfrac{1}{8}x\,dx=\left[\dfrac{1}{16}x^2\right]_2^4$
$\qquad\qquad =\dfrac{1}{16}(16-4)=\dfrac{3}{4}$

(3) 期待値を $E(X)$, 分散を $V(X)$ とすると

$$E(X)=\int_0^4 x\cdot\frac{1}{8}x\,dx=\left[\frac{1}{24}x^3\right]_0^4$$

$$=\frac{64}{24}=\frac{8}{3}$$

$$V(X)=\int_0^4\left(x-\frac{8}{3}\right)^2\cdot\frac{1}{8}x\,dx$$

$$=\frac{1}{8}\int_0^4\left(x^3-\frac{16}{3}x^2+\frac{64}{9}x\right)dx$$

$$=\frac{1}{8}\left[\frac{1}{4}x^4-\frac{16}{9}x^3+\frac{32}{9}x^2\right]_0^4$$

$$=\frac{1}{8}\cdot 4^2\left(\frac{16}{4}-\frac{64}{9}+\frac{32}{9}\right)$$

$$=2\cdot\frac{4}{9}=\frac{8}{9}$$

31 (1) 缶詰の重さは正規分布 $N(200,\ 3^2)$ に従うから $Z=\dfrac{X-200}{3}$ とおいて標準化する。

缶詰の重さを X とすると, X は正規分布 $N(200,\ 3^2)$ に従うから, $Z=\dfrac{X-200}{3}$ とおくと Z は $N(0,\ 1)$ に従う。

$X=194$ のとき,

$$Z=\frac{194-200}{3}=-2$$

$X=209$ のとき, $Z=\dfrac{209-200}{3}=3$

だから

$$P(194\le X\le 209)$$
$$=P(-2\le Z\le 3)$$
$$=P(0\le Z\le 2)+P(0\le Z\le 3)$$
$$=0.4772+0.4987$$
$$=0.9759$$

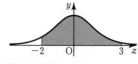

$1000\times 0.9759=975.9$

よって, 規格品の個数はおよそ **976 個**

(2) 試験の得点を X とすると X は $N(62,\ 16^2)$ に従うから $Z=\dfrac{X-62}{16}$ とおいて標準化する。

試験の得点を X とおくと, X は正規分布 $N(62,\ 16^2)$ に従うから, $Z=\dfrac{X-62}{16}$ とおくと Z は $N(0,\ 1)$ に従う。

$X=30$ のとき, $Z=\dfrac{30-62}{16}=-2$

だから

$$P(X\le 30)$$
$$=P(Z\le -2)$$
$$=0.5-P(0\le Z\le 2)$$
$$=0.5-0.4772=0.0228$$

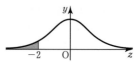

$500\times 0.0228=11.4$

よって, 不合格者はおよそ **11 人**

32 二項分布 $B(n,\ p)$ は正規分布 $N(np,\ np(1-p))$ に従うから $Z=\dfrac{X-np}{\sqrt{np(1-p)}}$ で標準化する。

(1) 1個のさいころを投げるとき, 1 または 6 の目が出る確率は $\dfrac{1}{3}$ である。

1 または 6 の目の出る回数を X とすると, X は二項分布 $B\left(450,\ \dfrac{1}{3}\right)$ に従うから

$$E(X)=450\times\frac{1}{3}=150$$

$$\sigma(X)=\sqrt{450\times\frac{1}{3}\times\frac{2}{3}}=\sqrt{100}=10$$

$n=450$ は十分大きな値だから

$Z=\dfrac{X-150}{10}$ とおくと, Z は近似的に正規分布 $N(0,\ 1)$ に従う。

$X=140$ のとき,

$Z=\dfrac{140-150}{10}=-1$　だから

$P(X \leqq 140)$
$= P(Z \leqq -1)$
$= 0.5 - P(0 \leqq Z \leqq 1)$
$= 0.5 - 0.3413 = \mathbf{0.1587}$

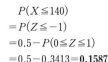

(2)　$X = 160$ のとき，$Z = \dfrac{160-150}{10} = 1$

　　$X = 180$ のとき，$Z = \dfrac{180-150}{10} = 3$

　　だから
　　$P(160 \leqq X \leqq 180)$
　　$= P(1 \leqq Z \leqq 3)$
　　$= P(0 \leqq Z \leqq 3) - P(0 \leqq Z \leqq 1)$
　　$= 0.4987 - 0.3413 = \mathbf{0.1574}$

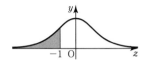

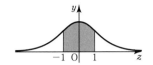

(2)　$\overline{X} = 150$ のとき，$Z = \dfrac{150-120}{15} = 2$

　　$\overline{X} = 90$ のとき，$Z = \dfrac{90-120}{15} = -2$

　　だから
　　$P(\overline{X} \leqq 90,\ 150 \leqq \overline{X})$
　　$= P(|Z| \geqq 2)$
　　$= 1 - P(-2 \leqq Z \leqq 2)$
　　$= 1 - 0.9545 \quad \left(\begin{array}{l} = 2\{0.5 - P(0 \leqq Z \leqq 2)\} \\ = 2(0.5 - 0.4772) \\ = 0.0456 \ \text{でもよい。} \end{array} \right.$
　　$= \mathbf{0.0455}$

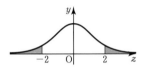

33
母平均 μ，母標準偏差 σ から大きさ n の標本を抽出するとき，標本平均 $\overline{X}$ の分布は $N\left(\mu,\ \dfrac{\sigma^2}{n}\right)$ で近似できる。

$n = 100$，$\mu = 120$，$\sigma = 150$ で，n は十分大きいから，$\overline{X}$ は正規分布 $N\left(120,\ \dfrac{150^2}{100}\right)$，すなわち $N(120,\ 15^2)$ で近似できる。

$Z = \dfrac{\overline{X} - 120}{15}$ とおくと，Z は正規分布 $N(0,\ 1)$ に従う。

(1)　$\overline{X} = 105$ のとき，

　　$Z = \dfrac{105 - 120}{15} = -1$

　　$\overline{X} = 135$ のとき，$Z = \dfrac{135 - 120}{15} = 1$

　　だから
　　$P(105 \leqq \overline{X} \leqq 135)$
　　$= P(-1 \leqq Z \leqq 1) \quad \left(\begin{array}{l} = 2P(0 \leqq Z \leqq 1) \\ = 2 \times 0.3413 \\ = 0.6826 \ \text{でもよい} \end{array} \right.$
　　$= \mathbf{0.6827}$

34
母平均の推定：信頼度 95 % では
$$\overline{X} - \dfrac{1.96\sigma}{\sqrt{n}} \leqq \mu \leqq \overline{X} + \dfrac{1.96\sigma}{\sqrt{n}}$$

(1)　標本平均は　$\overline{X} = 300$，
　　標本の大きさは　$n = 400$
　　標準偏差は　$\sigma = 50$　だから
　　$300 - \dfrac{1.96 \times 50}{\sqrt{400}} \leqq \mu \leqq 300 + \dfrac{1.96 \times 50}{\sqrt{400}}$
　　$300 - 4.9 \leqq \mu \leqq 300 + 4.9$
　　よって，$\mathbf{295.1} \leqq \mu \leqq \mathbf{304.9}$

(2)　信頼度 95 % の信頼区間の幅は
　　$2 \times \dfrac{1.96\sigma}{\sqrt{n}}$　だから
　　$2 \times \dfrac{1.96 \times 12.5}{\sqrt{n}} \leqq 5$
　　$5\sqrt{n} \geqq 49$　より　$n \geqq 96.04$
　　よって，標本の大きさを **97** 以上にすればよい。

35 母比率の推定の公式にあてはめる。

$$p_0 - 1.96 \times \sqrt{\frac{p_0(1-p_0)}{n}} \le p \le p_0 + 1.96$$
$$\times \sqrt{\frac{p_0(1-p_0)}{n}}$$

標本の大きさは $n = 100$

標本比率は $\dfrac{20}{100} = 0.2$ だから

母比率 p に対する信頼度95%の信頼区間は

$$0.2 - 1.96 \times \sqrt{\frac{0.2 \times 0.8}{100}} \le p \le 0.2 + 1.96$$
$$\times \sqrt{\frac{0.2 \times 0.8}{100}}$$

$0.2 - 1.96 \times 0.04 \le p \le 0.2 + 1.96 \times 0.04$

よって，**$0.1216 \le p \le 0.2784$**

36 母平均の検定：有意水準5%では

$$z = \frac{\overline{X} - \mu}{\dfrac{\sigma}{\sqrt{n}}} = \frac{\sqrt{n}(\overline{X} - \mu)}{\sigma}$$

$|z| > 1.96$ のとき，仮説を棄却する。

帰無仮説は「新しい機械によって重さに変化はなかった」

有意水準5%の検定なので $|z| > 1.96$ を棄却域とする。

100個の製品の標本平均は，正規分布 $N\left(170, \dfrac{12^2}{100}\right)$ に従う。

$$z = \frac{168 - 170}{\dfrac{12}{10}} = \frac{10 \times (-2)}{12}$$

$$= -1.66\cdots$$

$|z| = 1.66\cdots < 1.96$

z は棄却域に含まれないので仮説は棄却されない。

よって，新しい機械によって製品の重さに変化があったとはいえない。

37 母比率の検定：有意水準5%では，

$$z = \frac{p_0 - p}{\sqrt{\dfrac{p(1-p)}{n}}} \longrightarrow \frac{X - np}{\sqrt{np(1-p)}}$$

$|z| > 1.96$ のとき，仮説を棄却する。

帰無仮説は「ワクチンBを接種すると効果のある人は75%である」

有意水準5%の検定なので $|z| > 1.96$ を棄却域とする。

母比率は $p = 0.75$

標本比率は $p_0 = \dfrac{80}{100} = 0.8$

$$z = \frac{0.8 - 0.75}{\sqrt{\dfrac{0.75 \times 0.25}{100}}} = \frac{0.05}{\dfrac{\sqrt{3}}{40}} = \frac{2}{\sqrt{3}}$$

$$= \frac{2\sqrt{3}}{3} = 1.154\cdots$$

$|z| = 1.154\cdots < 1.96$

z は棄却域に含まれないので仮説は棄却されない。

よって，A，Bのワクチンには効果の違いはあるとはいえない。

38 Aを始点とするベクトルで表す。

(1) $\overrightarrow{\mathrm{BC}} = \overrightarrow{\mathrm{AO}} = \vec{a} + \vec{b}$

(2) $\overrightarrow{\mathrm{AH}} = \overrightarrow{\mathrm{AF}} + \overrightarrow{\mathrm{FH}} = \overrightarrow{\mathrm{AF}} + \dfrac{1}{2}\overrightarrow{\mathrm{AO}}$

$$= \vec{b} + \frac{1}{2}(\vec{a} + \vec{b}) = \frac{1}{2}\vec{a} + \frac{3}{2}\vec{b}$$

(3) $\overrightarrow{\mathrm{AC}} = \overrightarrow{\mathrm{AB}} + \overrightarrow{\mathrm{BC}} = \overrightarrow{\mathrm{AB}} + \overrightarrow{\mathrm{AO}}$

$$= \vec{a} + (\vec{a} + \vec{b}) = 2\vec{a} + \vec{b} \quad \text{だから}$$

$$\overrightarrow{\mathrm{CH}} = \overrightarrow{\mathrm{AH}} - \overrightarrow{\mathrm{AC}}$$

$$= \frac{1}{2}\vec{a} + \frac{3}{2}\vec{b} - (2\vec{a} + \vec{b})$$

$$= -\frac{3}{2}\vec{a} + \frac{1}{2}\vec{b}$$

(4) $\overrightarrow{\mathrm{HG}} = \overrightarrow{\mathrm{AG}} - \overrightarrow{\mathrm{AH}}$

$$= \overrightarrow{\mathrm{AO}} + \overrightarrow{\mathrm{OG}} - \overrightarrow{\mathrm{AH}}$$

$$= (\vec{a} + \vec{b}) + \frac{1}{2}\vec{a} - \left(\frac{1}{2}\vec{a} + \frac{3}{2}\vec{b}\right)$$

$$= \vec{a} - \frac{1}{2}\vec{b}$$

別解 ベクトルを追っていく。

(3) $\overrightarrow{\mathrm{CH}} = \overrightarrow{\mathrm{CD}} + \overrightarrow{\mathrm{DE}} + \overrightarrow{\mathrm{EH}}$

$$= \vec{b} + (-\vec{a}) - \frac{1}{2}(\vec{a} + \vec{b})$$

$$= -\frac{3}{2}\vec{a} + \frac{1}{2}\vec{b}$$

(4) $\overrightarrow{HG}=\overrightarrow{HE}+\overrightarrow{EO}+\overrightarrow{OG}$

$=\dfrac{1}{2}(\vec{a}+\vec{b})+(-\vec{b})+\dfrac{1}{2}\vec{a}$

$=\vec{a}-\dfrac{1}{2}\vec{b}$

39 A を原点として, $B(\vec{b})$, $C(\vec{c})$ で表す。

A を原点とする点 B, C の位置ベクトルをそれぞれ $B(\vec{b})$, $C(\vec{c})$ とすると

△ABC の重心 G は

$G\left(\dfrac{\vec{b}+\vec{c}}{3}\right)$

また, $P\left(\dfrac{\vec{b}+2\vec{c}}{3}\right)$, $Q\left(\dfrac{\vec{c}}{3}\right)$, $R\left(\dfrac{2}{3}\vec{b}\right)$

だから, △PQR の重心 G′ は

$\dfrac{1}{3}\left(\dfrac{\vec{b}+2\vec{c}}{3}+\dfrac{\vec{c}}{3}+\dfrac{2}{3}\vec{b}\right)=\dfrac{\vec{b}+\vec{c}}{3}$ より

$G'\left(\dfrac{\vec{b}+\vec{c}}{3}\right)$

よって, G と G′ は一致する。

(注) 右図のように

$\overrightarrow{AB}=\vec{b}$, $\overrightarrow{AC}=\vec{c}$

と表記すると

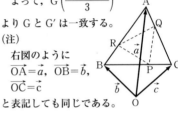

$\overrightarrow{AG}=\dfrac{\vec{b}+\vec{c}}{3}$

$\overrightarrow{AP}=\dfrac{\vec{b}+2\vec{c}}{3}$

$\overrightarrow{AQ}=\dfrac{\vec{c}}{3}$, $\overrightarrow{AR}=\dfrac{2}{3}\vec{b}$

と表される。(解と表記の仕方が違うだけで同じことである。)

別解 A, B, C 以外の点 O を原点として表す。

定点 O を原点とする点 A, B, C の位置ベクトルをそれぞれ $\vec{a}$, $\vec{b}$, $\vec{c}$ とすると

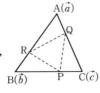

$G\left(\dfrac{\vec{a}+\vec{b}+\vec{c}}{3}\right)$, $P\left(\dfrac{\vec{b}+2\vec{c}}{3}\right)$

$Q\left(\dfrac{\vec{c}+2\vec{a}}{3}\right)$, $R\left(\dfrac{\vec{a}+2\vec{b}}{3}\right)$

△PQR の重心 G′ は

$\dfrac{1}{3}\left(\dfrac{\vec{b}+2\vec{c}}{3}+\dfrac{\vec{c}+2\vec{a}}{3}+\dfrac{\vec{a}+2\vec{b}}{3}\right)$

$=\dfrac{\vec{a}+\vec{b}+\vec{c}}{3}$

よって, $G'\left(\dfrac{\vec{a}+\vec{b}+\vec{c}}{3}\right)$

より G と G′ は一致する。

(注)

右図のように

$\overrightarrow{OA}=\vec{a}$, $\overrightarrow{OB}=\vec{b}$,

$\overrightarrow{OC}=\vec{c}$

と表記しても同じである。

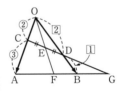

40 問題のベクトルを $\vec{a}$, $\vec{b}$ で表し, 内分点, 外分点の考え方から判断する。

(1) $\overrightarrow{OE}=\dfrac{1}{2}(\overrightarrow{OC}+\overrightarrow{OD})$

$=\dfrac{1}{2}\left(\dfrac{2}{5}\vec{a}+\dfrac{2}{3}\vec{b}\right)=\dfrac{1}{5}\vec{a}+\dfrac{1}{3}\vec{b}$

(2) $\overrightarrow{OE}=\dfrac{3\vec{a}+5\vec{b}}{15}=\dfrac{8}{15}\cdot\dfrac{3\vec{a}+5\vec{b}}{8}$

と表せるから $\overrightarrow{OE}=\dfrac{8}{15}\overrightarrow{OF}$ である。

よって, $OE:EF=\dfrac{8}{15}:\dfrac{7}{15}=8:7$

また, $\overrightarrow{OF}=\dfrac{3\vec{a}+5\vec{b}}{8}\left(=\dfrac{3\vec{a}+5\vec{b}}{5+3}\right)$

だから

F は AB を 5:3 に内分する点である。

よって, $AF:FB=5:3$

(3) $\overrightarrow{OG}=\dfrac{-5\overrightarrow{OC}+9\overrightarrow{OD}}{9-5}$

$=\dfrac{1}{4}\left(-5\cdot\dfrac{2}{5}\vec{a}+9\cdot\dfrac{2}{3}\vec{b}\right)$

18

$$=\frac{-\vec{a}+3\vec{b}}{2}\left(=\frac{-\vec{a}+3\vec{b}}{3-1}\right)$$

だから

G は AB を 3：1 に外分する点である

よって，**AB：BG＝2：1**

41 $\overrightarrow{AB}=\vec{b}, \overrightarrow{AC}=\vec{c}$ として，$\overrightarrow{PR}=k\overrightarrow{PC}$ を示す。

右図のように
$\overrightarrow{AB}=\vec{b}, \overrightarrow{AC}=\vec{c}$
とすると

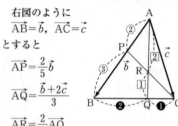

$$\overrightarrow{AP}=\frac{2}{5}\vec{b}$$

$$\overrightarrow{AQ}=\frac{\vec{b}+2\vec{c}}{3}$$

$$\overrightarrow{AR}=\frac{2}{3}\overrightarrow{AQ}$$

$$=\frac{2}{3}\cdot\frac{\vec{b}+2\vec{c}}{3}=\frac{2\vec{b}+4\vec{c}}{9}$$

$$\overrightarrow{PR}=\overrightarrow{AR}-\overrightarrow{AP}$$

$$=\frac{2\vec{b}+4\vec{c}}{9}-\frac{2}{5}\vec{b}$$

$$=\frac{-8\vec{b}+20\vec{c}}{45}=\frac{4(-2\vec{b}+5\vec{c})}{45}$$

$$\overrightarrow{PC}=\overrightarrow{AC}-\overrightarrow{AP}$$

$$=\vec{c}-\frac{2}{5}\vec{b}=\frac{-2\vec{b}+5\vec{c}}{5}$$

よって，$\overrightarrow{PR}=\frac{4}{9}\overrightarrow{PC}$ が成り立つから，

3 点 P，R，C は一直線上にある。

このとき，PR：RC＝**4：5**

42 四角形 ABCD が平行四辺形になる条件は $\overrightarrow{AB}=\overrightarrow{DC}$ または $\overrightarrow{AD}=\overrightarrow{BC}$ である。

四角形 ABCD が平行四辺形になるためには

$\overrightarrow{AB}=\overrightarrow{DC}$ となればよい。

$\overrightarrow{AB}=(a+2, 4-1)=(a+2, 3)$

$\overrightarrow{DC}=(4+1, b-3)=(5, b-3)$

$\overrightarrow{AB}=\overrightarrow{DC}$ より $a+2=5, 3=b-3$

よって，$a=3, b=6$

別解

$\overrightarrow{AD}=\overrightarrow{BC}$ となればよい。

$\overrightarrow{AD}=(-1, 3)-(-2, 1)=(1, 2)$

$\overrightarrow{BC}=(4, b)-(a, 4)=(4-a, b-4)$

$(1, 2)=(4-a, b-4)$ より

$1=4-a, 2=b-4$

よって，$a=3, b=6$

43 $\vec{p}=m\vec{a}+n\vec{b}$ とおいて成分を代入する。

$\vec{p}=m\vec{a}+n\vec{b}$ とおくと

$(-7, 4)=m(-1, 2)+n(2, 1)$

$=(-m+2n, 2m+n)$

x 成分，y 成分を等しくおいて

$$\begin{cases} -m+2n=-7 & \cdots\cdots① \\ 2m+n=4 & \cdots\cdots② \end{cases}$$

①，②を解いて

$m=3, n=-2$

よって，$\vec{p}=3\vec{a}-2\vec{b}$

44 (1) 条件に従って，$\vec{a}$ と $\vec{b}$ についての内積や大きさを計算する。

$(2\vec{a}+\vec{b})\cdot(\vec{a}-2\vec{b})=12$ より

$2|\vec{a}|^2-3\vec{a}\cdot\vec{b}-2|\vec{b}|^2=12$

$|\vec{a}|=4, |\vec{b}|=5$ を代入して

$32-3\vec{a}\cdot\vec{b}-50=12$

$-3\vec{a}\cdot\vec{b}=30$

よって，$\vec{a}\cdot\vec{b}=-10$

$\vec{a}$ と $\vec{b}$ のなす角を θ とすると

$$\cos\theta=\frac{\vec{a}\cdot\vec{b}}{|\vec{a}||\vec{b}|}=\frac{-10}{4\cdot5}=-\frac{1}{2}$$

よって，$0\leqq\theta\leqq180°$ より $\theta=\mathbf{120°}$

$|2\vec{a}+\vec{b}|^2=4|\vec{a}|^2+4\vec{a}\cdot\vec{b}+|\vec{b}|^2$

$=4\cdot4^2+4\cdot(-10)+5^2$

$=64-40+25$

$=49$

よって，$|2\vec{a}+\vec{b}|=\sqrt{49}=\mathbf{7}$

(2) $\overrightarrow{BC}=\overrightarrow{AC}-\overrightarrow{AB}$ として $|\overrightarrow{BC}|^2$ を計算する。

$|\overrightarrow{BC}|^2=|\overrightarrow{AC}-\overrightarrow{AB}|^2$

$=|\overrightarrow{AC}|^2-2\overrightarrow{AB}\cdot\overrightarrow{AC}+|\overrightarrow{AB}|^2$

$=5^2-2\cdot3+1^2=20$

よって，$|\overrightarrow{BC}|=\sqrt{20}=\mathbf{2\sqrt{5}}$

(3) $|\vec{p}+\vec{q}|=\sqrt{13}, |\vec{p}-\vec{q}|=1$ の両辺を 2 乗する。

$|\vec{p}+\vec{q}|^2=(\sqrt{13})^2$ より

$|\vec{p}|^2+2\vec{p}\cdot\vec{q}+|\vec{q}|^2=13$ ……①

$|\vec{p}-\vec{q}|^2=1^2$ より

$|\vec{p}|^2-2\vec{p}\cdot\vec{q}+|\vec{q}|^2=1$ ……②

①－②より

$4\vec{p}\cdot\vec{q}=12$　よって，$\vec{p}\cdot\vec{q}=\boldsymbol{3}$

②に $|\vec{p}|=\sqrt{3}$，$\vec{p}\cdot\vec{q}=3$ を代入して

$(\sqrt{3})^2-2\cdot3+|\vec{q}|^2=1$

$|\vec{q}|^2=4$ より $|\vec{q}|=2$

$\cos\theta=\dfrac{\vec{p}\cdot\vec{q}}{|\vec{p}||\vec{q}|}=\dfrac{3}{\sqrt{3}\cdot2}=\dfrac{\sqrt{3}}{2}$

$0°\leqq\theta\leqq180°$ より　$\theta=30°$

45 それぞれの条件を成分で計算する。

(1) $\vec{a}+\vec{b}=(1,\ x)+(2,\ -1)=(3,\ x-1)$

$2\vec{a}-3\vec{b}=2(1,\ x)-3(2,\ -1)$

$\qquad\qquad=(-4,\ 2x+3)$

$(\vec{a}+\vec{b})\perp(2\vec{a}-3\vec{b})$ のとき

$(\vec{a}+\vec{b})\cdot(2\vec{a}-3\vec{b})=0$ だから

$3\times(-4)+(x-1)\times(2x+3)=0$

$2x^2+x-15=0$

$(2x-5)(x+3)=0$

よって，$x=\dfrac{5}{2},\ -3$

(2) $(\vec{a}+\vec{b})/\!/(2\vec{a}-3\vec{b})$ のとき

$\vec{a}+\vec{b}=k(2\vec{a}-3\vec{b})$ が成り立つから

$(3,\ x-1)=k(-4,\ 2x+3)$

となればよい。

$3=-4k$　……①

$x-1=k(2x+3)$　……②

①より $k=-\dfrac{3}{4}$　②に代入して

$x-1=-\dfrac{3}{4}(2x+3)$

$4x-4=-6x-9,\ 10x=-5$

よって，$x=-\dfrac{1}{2}$

(3) $|\vec{a}|=\sqrt{1+x^2}$，

$|\vec{b}|=\sqrt{2^2+(-1)^2}=\sqrt{5}$

$\vec{a}\cdot\vec{b}=1\times2+x\times(-1)=2-x$

$\cos60°=\dfrac{\vec{a}\cdot\vec{b}}{|\vec{a}||\vec{b}|}=\dfrac{2-x}{\sqrt{1+x^2}\sqrt{5}}$

$\dfrac{1}{2}=\dfrac{2-x}{\sqrt{5x^2+5}}$

$4-2x=\sqrt{5x^2+5}$

右辺は正だから　$4-2x>0$

すなわち $x<2$ のとき，両辺2乗して

$(4-2x)^2=5x^2+5$

$4x^2-16x+16=5x^2+5$

$x^2+16x-11=0$

$x=-8\pm\sqrt{64+11}=-8\pm5\sqrt{3}$

これは $x<2$ を満たす。

よって，$\boldsymbol{x=-8\pm5\sqrt{3}}$

46 (1) （内積）$=0$，（大きさ）$=1$ の条件をとる。

単位ベクトルを $\vec{e}=(x,\ y)$ とすると

$\vec{b}\cdot\vec{e}=-2x+3y=0$　……①

$|\vec{e}|^2=x^2+y^2=1$　……②

①，②を解いて

$x=\pm\dfrac{3}{\sqrt{13}},\ y=\pm\dfrac{2}{\sqrt{13}}$（複号同順）

よって，$\vec{e}=\left(\dfrac{3}{\sqrt{13}},\ \dfrac{2}{\sqrt{13}}\right)$,

$\qquad\left(-\dfrac{3}{\sqrt{13}},\ -\dfrac{2}{\sqrt{13}}\right)$

(2) $\vec{a}$ と $\vec{b}$ のなす角を2等分する単位ベクトルを考える。

$\vec{a}$ と同じ向きの単位ベクトルは

$\dfrac{\vec{a}}{|\vec{a}|}=\dfrac{1}{\sqrt{1^2+2^2}}(1,\ 2)=\left(\dfrac{1}{\sqrt{5}},\ \dfrac{2}{\sqrt{5}}\right)$

$\vec{b}$ と同じ向きの単位ベクトルは

$\dfrac{\vec{b}}{|\vec{b}|}=\dfrac{1}{\sqrt{(-4)^2+2^2}}(-4,\ 2)$

$\qquad=\left(-\dfrac{2}{\sqrt{5}},\ \dfrac{1}{\sqrt{5}}\right)$

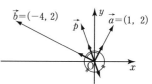

$\vec{a}$ と $\vec{b}$ のそれぞれとなす角が等しいベクトルは，$\vec{a}$ と $\vec{b}$ のなす角を2等分するベクトルだから

$t\left(\dfrac{\vec{a}}{|\vec{a}|}+\dfrac{\vec{b}}{|\vec{b}|}\right)=t\left(\dfrac{-1}{\sqrt{5}},\ \dfrac{3}{\sqrt{5}}\right)$ と表せる。

このベクトルの1つを $t=\sqrt{5}$ として，$\vec{p}=(-1,\ 3)$ とすると，求めるベクトルは $\vec{p}$ に平行な単位ベクトルである。

よって，

$$\pm\dfrac{\vec{p}}{|\vec{p}|}=\pm\dfrac{1}{\sqrt{(-1)^2+3^2}}(-1,\ 3)$$

ゆえに，$\left(\dfrac{1}{\sqrt{10}},\ -\dfrac{3}{\sqrt{10}}\right)$,

$\left(-\dfrac{1}{\sqrt{10}},\ \dfrac{3}{\sqrt{10}}\right)$

別解 **三角形の内角の2等分線と対辺の比の性質を利用して，角を2等分するベクトルを求める。**

$|\vec{a}|=\sqrt{1^2+2^2}=\sqrt{5}$

$|\vec{b}|=\sqrt{(-4)^2+2^2}=2\sqrt{5}$

$|\vec{a}|:|\vec{b}|=1:2$

右図において

$\vec{q}=\dfrac{\vec{b}+2\vec{a}}{2+1}$

$=\dfrac{1}{3}(-2,\ 6)=\left(-\dfrac{2}{3},\ 2\right)$

求めるベクトルは，$\vec{q}$ と平行な単位ベクトルだから

$$\pm\dfrac{\vec{q}}{|\vec{q}|}=\pm\dfrac{1}{\sqrt{\left(-\dfrac{2}{3}\right)^2+2^2}}\left(-\dfrac{2}{3},\ 2\right)$$

$$=\pm\left(\dfrac{-1}{\sqrt{10}},\ \dfrac{3}{\sqrt{10}}\right)$$

よって，$\left(\dfrac{1}{\sqrt{10}},\ -\dfrac{3}{\sqrt{10}}\right)$,

$\left(-\dfrac{1}{\sqrt{10}},\ \dfrac{3}{\sqrt{10}}\right)$

別解 **2つのベクトルのなす角の公式を使う。**

求めるベクトルを $\vec{e}=(x,\ y)$ とすると

$|\vec{e}|=1$ だから

$|\vec{e}|^2=x^2+y^2=1$　……①

$\vec{a}$ と $\vec{e}$，$\vec{b}$ と $\vec{e}$ のなす角が等しいから

$\dfrac{\vec{a}\cdot\vec{e}}{|\vec{a}||\vec{e}|}=\dfrac{\vec{b}\cdot\vec{e}}{|\vec{b}||\vec{e}|}$　が成り立つ。

$\dfrac{x+2y}{\sqrt{1^2+2^2}\cdot1}=\dfrac{-4x+2y}{\sqrt{(-4)^2+2^2}\cdot1}$

$\dfrac{x+2y}{\sqrt{5}}=\dfrac{-4x+2y}{2\sqrt{5}}$

$3x+y=0$　……②

①，②を解いて

$x=\pm\dfrac{1}{\sqrt{10}},\ y=\mp\dfrac{3}{\sqrt{10}}$　(複号同順)

よって，$\left(\dfrac{1}{\sqrt{10}},\ -\dfrac{3}{\sqrt{10}}\right)$,

$\left(-\dfrac{1}{\sqrt{10}},\ \dfrac{3}{\sqrt{10}}\right)$

47 $|\vec{a}+t\vec{b}|^2$ を成分で表すと t の2次関数になる。

$\vec{a}+t\vec{b}=(-4,\ 3)+t(3,\ 1)$

$\qquad=(-4+3t,\ 3+t)$

$|\vec{a}+t\vec{b}|^2=(-4+3t)^2+(3+t)^2$

$\qquad=10t^2-18t+25$

$\qquad=10\left(t-\dfrac{9}{10}\right)^2+\dfrac{169}{10}$

よって，$|\vec{a}+t\vec{b}|$ は $t=\dfrac{9}{10}$ のとき

最小値 $\sqrt{\dfrac{169}{10}}=\dfrac{13\sqrt{10}}{10}$ である。

このとき，

$\vec{a}+\dfrac{9}{10}\vec{b}=\left(-4+\dfrac{27}{10},\ 3+\dfrac{9}{10}\right)$

$\qquad=\left(-\dfrac{13}{10},\ \dfrac{39}{10}\right)$

$\left(\vec{a}+\dfrac{9}{10}\vec{b}\right)\cdot\vec{b}=-\dfrac{13}{10}\times3+\dfrac{39}{10}\times1=0$

よって，$\vec{a}+\dfrac{9}{10}\vec{b}$ と $\vec{b}$ のなす角 θ は

$\theta=90°$

別解 **$|\vec{a}+t\vec{b}|^2$ を展開してから，成分を代入。**

$|\vec{a}+t\vec{b}|^2=|\vec{a}|^2+2t\vec{a}\cdot\vec{b}+t|\vec{b}|^2$

ここで，$|\vec{a}|^2=(-4)^2+3^2=25$

$\qquad|\vec{b}|^2=3^2+1=10$

$\qquad\vec{a}\cdot\vec{b}=-4\times3+3\times1=-9$

を代入して

$|\vec{a}+t\vec{b}|^2=25-18t+10t^2$

以下同様。

48

$$|\vec{b}-t\vec{a}|^2=|\vec{b}|^2-2t\vec{a}\cdot\vec{b}+t^2|\vec{a}|^2$$
$$=|\vec{a}|^2t^2-2(\vec{a}\cdot\vec{b})t+|\vec{b}|^2$$
$$=|\vec{a}|^2\left(t^2-\frac{2\vec{a}\cdot\vec{b}}{|\vec{a}|^2}t\right)+|\vec{b}|^2$$
$$=|\vec{a}|^2\left(t-\frac{\vec{a}\cdot\vec{b}}{|\vec{a}|^2}\right)^2$$
$$-\frac{(\vec{a}\cdot\vec{b})^2}{|\vec{a}|^2}+|\vec{b}|^2$$

$t=\dfrac{\vec{a}\cdot\vec{b}}{|\vec{a}|^2}$ のとき最小となるから

$t_0=\dfrac{\vec{a}\cdot\vec{b}}{|\vec{a}|^2}$ であり，このとき
$$\vec{a}\cdot(\vec{b}-t_0\vec{a})=\vec{a}\cdot\vec{b}-t_0|\vec{a}|^2$$
$$=\vec{a}\cdot\vec{b}-\frac{\vec{a}\cdot\vec{b}}{|\vec{a}|^2}\cdot|\vec{a}|^2$$
$$=\vec{a}\cdot\vec{b}-\vec{a}\cdot\vec{b}=0$$

よって，題意は示された。

49

(1) $\vec{c}=\dfrac{\vec{a}+2\vec{b}}{2+1}$
$$=\frac{1}{3}\vec{a}+\frac{2}{3}\vec{b}$$

(2) $|\vec{c}|=5$ だから
$$\left|\frac{1}{3}\vec{a}+\frac{2}{3}\vec{b}\right|=5$$
$$|\vec{a}+2\vec{b}|^2=15^2$$
$$|\vec{a}|^2+4\vec{a}\cdot\vec{b}+4|\vec{b}|^2=225$$
$|\vec{a}|=7$，$|\vec{b}|=6$ を代入して
$$7^2+4\vec{a}\cdot\vec{b}+4\cdot6^2=225$$
$$4\vec{a}\cdot\vec{b}=32$$
よって，$\vec{a}\cdot\vec{b}=8$

(3) $\triangle OAB=\dfrac{1}{2}\sqrt{|\vec{a}|^2|\vec{b}|^2-(\vec{a}\cdot\vec{b})^2}$
$$=\frac{1}{2}\sqrt{7^2\cdot6^2-8^2}$$
$$=\frac{1}{2}\sqrt{1700}=5\sqrt{17}$$

50

$|5\overrightarrow{OA}+6\overrightarrow{OB}|^2=|-7\overrightarrow{OC}|^2$　より
$$25|\overrightarrow{OA}|^2+60\overrightarrow{OA}\cdot\overrightarrow{OB}+36|\overrightarrow{OB}|^2$$
$$=49|\overrightarrow{OC}|^2$$

半径が 1 だから
$$|\overrightarrow{OA}|=|\overrightarrow{OB}|=|\overrightarrow{OC}|=1$$
$$25+60\overrightarrow{OA}\cdot\overrightarrow{OB}+36=49$$
$$60\overrightarrow{OA}\cdot\overrightarrow{OB}=-12$$
$$\overrightarrow{OA}\cdot\overrightarrow{OB}=-\frac{1}{5}$$

$$|\overrightarrow{AB}|^2=|\overrightarrow{OB}-\overrightarrow{OA}|^2$$
$$=|\overrightarrow{OB}|^2-2\overrightarrow{OA}\cdot\overrightarrow{OB}+|\overrightarrow{OA}|^2$$
$$=1-2\cdot\left(-\frac{1}{5}\right)+1=\frac{12}{5}$$

よって，$|\overrightarrow{AB}|=\sqrt{\dfrac{12}{5}}=\dfrac{2\sqrt{15}}{5}$

$\triangle ABC$ の外接円の半径が 1 だから，正弦定理を用いて
$$\sin\theta=\frac{|\overrightarrow{AB}|}{2\cdot1}=\frac{1}{2}\cdot\frac{2\sqrt{15}}{5}=\frac{\sqrt{15}}{5}$$

51

$$3\overrightarrow{PA}+5\overrightarrow{PB}+7\overrightarrow{PC}=\vec{0}$$
$$-3\overrightarrow{AP}+5(\overrightarrow{AB}-\overrightarrow{AP})+7(\overrightarrow{AC}-\overrightarrow{AP})=\vec{0}$$
$$-15\overrightarrow{AP}=-5\overrightarrow{AB}-7\overrightarrow{AC}$$

よって，$\overrightarrow{AP}=\dfrac{5\overrightarrow{AB}+7\overrightarrow{AC}}{15}$
$$\overrightarrow{AP}=\frac{12}{15}\cdot\frac{5\overrightarrow{AB}+7\overrightarrow{AC}}{7+5}$$
$$=\frac{4}{5}\cdot\frac{5\overrightarrow{AB}+7\overrightarrow{AC}}{12}$$

$\dfrac{5\overrightarrow{AB}+7\overrightarrow{AC}}{12}$ は辺 BC を $7:5$ に内分する点を表すから点 D は BC を $7:5$ に内分する点である。

よって，BD：DC$=7:5$

$\overrightarrow{AP}=\dfrac{4}{5}\overrightarrow{AD}$　より

AP：PD$=4:1$

$\triangle PCD$ の面積を S とすると

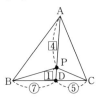

$\triangle\text{PBD}=\dfrac{7}{5}S$

$\triangle\text{PBC}=S+\dfrac{7}{5}S$

$\qquad=\dfrac{12}{5}S$

$\triangle\text{PAB}=4\times\triangle\text{PBD}=4\times\dfrac{7}{5}S=\dfrac{28}{5}S$

$\triangle\text{PCA}=4\times\triangle\text{PCD}=4S$

よって，$\triangle\text{PAB}:\triangle\text{PBC}:\triangle\text{PCA}$

$\qquad=\dfrac{28}{5}S:\dfrac{12}{5}S:4S=\mathbf{7:3:5}$

別解

$\triangle\text{ABC}$ の面積を S とすると

$\triangle\text{PAB}=\dfrac{4}{5}\triangle\text{ABD}=\dfrac{4}{5}\times\dfrac{7}{12}S=\dfrac{7}{15}S$

$\triangle\text{PBC}=\dfrac{1}{5}S$

$\triangle\text{PCA}=\dfrac{4}{5}\triangle\text{ADC}=\dfrac{4}{5}\times\dfrac{5}{12}S=\dfrac{1}{3}S$

よって，$\triangle\text{PAB}:\triangle\text{PBC}:\triangle\text{PCA}$

$\qquad=\dfrac{7}{15}S:\dfrac{1}{5}S:\dfrac{1}{3}S=\mathbf{7:3:5}$

52 角の 2 等分線と対辺の比の性質を使う。

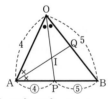

(1) $\overrightarrow{\text{AB}}=\overrightarrow{\text{OB}}-\overrightarrow{\text{OA}}$ だから

$|\overrightarrow{\text{AB}}|^2=|\overrightarrow{\text{OB}}-\overrightarrow{\text{OA}}|^2$

$\qquad=|\overrightarrow{\text{OB}}|^2-2\overrightarrow{\text{OA}}\cdot\overrightarrow{\text{OB}}+|\overrightarrow{\text{OA}}|^2$

$\qquad=5^2-2\cdot\dfrac{5}{2}+4^2=36$

よって，$\mathbf{AB=6}$

(2) $\text{AP}:\text{PB}=\text{OA}:\text{OB}=4:5$ だから

$\overrightarrow{\text{OP}}=\dfrac{5\overrightarrow{\text{OA}}+4\overrightarrow{\text{OB}}}{4+5}=\dfrac{5}{9}\overrightarrow{\text{OA}}+\dfrac{4}{9}\overrightarrow{\text{OB}}$

$\text{OQ}:\text{QB}=\text{AO}:\text{AB}$

$\qquad=4:6=2:3$ だから

$\overrightarrow{\text{OQ}}=\dfrac{2}{5}\overrightarrow{\text{OB}}$

(3) $\text{AP}=\dfrac{4}{9}\text{AB}=\dfrac{4}{9}\times6=\dfrac{8}{3}$

$\text{OI}:\text{IP}=\text{AO}:\text{AP}$

$\qquad=4:\dfrac{8}{3}=3:2$

よって，$\overrightarrow{\text{OI}}=\dfrac{3}{5}\overrightarrow{\text{OP}}$

$\qquad=\dfrac{3}{5}\left(\dfrac{5}{9}\overrightarrow{\text{OA}}+\dfrac{4}{9}\overrightarrow{\text{OB}}\right)$

$\qquad=\dfrac{1}{3}\overrightarrow{\text{OA}}+\dfrac{4}{15}\overrightarrow{\text{OB}}$

別解

$\text{OQ}=2$ だから

$\text{AI}:\text{IQ}=\text{OA}:\text{OQ}$

$\qquad=4:2=2:1$

よって，

$\overrightarrow{\text{OI}}=\dfrac{\overrightarrow{\text{OA}}+2\overrightarrow{\text{OQ}}}{2+1}=\dfrac{1}{3}\overrightarrow{\text{OA}}+\dfrac{2}{3}\overrightarrow{\text{OQ}}$

$\qquad=\dfrac{1}{3}\overrightarrow{\text{OA}}+\dfrac{2}{3}\cdot\dfrac{2}{5}\overrightarrow{\text{OB}}$

$\qquad=\dfrac{1}{3}\overrightarrow{\text{OA}}+\dfrac{4}{15}\overrightarrow{\text{OB}}$

53 直線 AB 上の点 H を
$\overrightarrow{\text{OH}}=(1-t)\overrightarrow{\text{OA}}+t\overrightarrow{\text{OB}}$ と表して，
$\overrightarrow{\text{OH}}\perp\overrightarrow{\text{AB}}$ より求める。

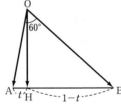

点 H は直線 AB 上の点だから
$\overrightarrow{\text{OH}}=(1-t)\overrightarrow{\text{OA}}+t\overrightarrow{\text{OB}}$ と表せる。

$\text{OH}\perp\text{AB}$ より $\overrightarrow{\text{OH}}\cdot\overrightarrow{\text{AB}}=0$

$\{(1-t)\overrightarrow{\text{OA}}+t\overrightarrow{\text{OB}}\}\cdot(\overrightarrow{\text{OB}}-\overrightarrow{\text{OA}})=0$

$(t-1)|\overrightarrow{\text{OA}}|^2+(1-2t)\overrightarrow{\text{OA}}\cdot\overrightarrow{\text{OB}}$

$\qquad\qquad\qquad+t|\overrightarrow{\text{OB}}|^2=0$

$|\overrightarrow{\text{OA}}|=4,\ |\overrightarrow{\text{OB}}|=6,$

$\overrightarrow{\text{OA}}\cdot\overrightarrow{\text{OB}}=4\cdot6\cdot\cos60°=12$ だから

$16(t-1)+(1-2t)\cdot12+36t=0$

$28t=4\ \ より\ \ t=\dfrac{1}{7}$

よって，$\overrightarrow{\text{OH}}=\dfrac{6}{7}\overrightarrow{\text{OA}}+\dfrac{1}{7}\overrightarrow{\text{OB}}$

54 $\overrightarrow{\text{OP}}=s\overrightarrow{\text{ON}}$ …①, $\overrightarrow{\text{OP}}=\overrightarrow{\text{OL}}+t\overrightarrow{\text{LM}}$ …② の2通りで表す。

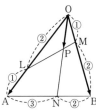

$\overrightarrow{\text{OA}}=\vec{a}$, $\overrightarrow{\text{OB}}=\vec{b}$ とすると

$\overrightarrow{\text{ON}}=\dfrac{2\vec{a}+3\vec{b}}{3+2}=\dfrac{2}{5}\vec{a}+\dfrac{3}{5}\vec{b}$

$\overrightarrow{\text{OP}}=s\overrightarrow{\text{ON}}=s\left(\dfrac{2}{5}\vec{a}+\dfrac{3}{5}\vec{b}\right)$

$=\dfrac{2}{5}s\vec{a}+\dfrac{3}{5}s\vec{b}$ ……①

$\overrightarrow{\text{OL}}=\dfrac{2}{3}\vec{a}$, $\overrightarrow{\text{OM}}=\dfrac{1}{3}\vec{b}$ だから

$\overrightarrow{\text{LM}}=\overrightarrow{\text{OM}}-\overrightarrow{\text{OL}}=\dfrac{1}{3}\vec{b}-\dfrac{2}{3}\vec{a}$

$\overrightarrow{\text{OP}}=\overrightarrow{\text{OL}}+t\overrightarrow{\text{LM}}=\dfrac{2}{3}\vec{a}+t\left(\dfrac{1}{3}\vec{b}-\dfrac{2}{3}\vec{a}\right)$

$=\dfrac{2}{3}(1-t)\vec{a}+\dfrac{1}{3}t\vec{b}$ ……②

$\vec{a}$, $\vec{b}$ は1次独立だから①＝② より

$\dfrac{2}{5}s=\dfrac{2}{3}(1-t)$……③,

$\dfrac{3}{5}s=\dfrac{1}{3}t$ ……④

$3s+5t=5$
$9s-5t=0$

③，④を解いて，$s=\dfrac{5}{12}$, $t=\dfrac{3}{4}$

$\overrightarrow{\text{OP}}=\dfrac{5}{12}\left(\dfrac{2}{5}\vec{a}+\dfrac{3}{5}\vec{b}\right)=\dfrac{1}{6}\vec{a}+\dfrac{1}{4}\vec{b}$

よって，$\overrightarrow{\text{OP}}=\dfrac{1}{6}\overrightarrow{\text{OA}}+\dfrac{1}{4}\overrightarrow{\text{OB}}$

（参考）LP：PM
$=t:1-t$ とおい
て表しても②と同
様の式になる。

$\overrightarrow{\text{OP}}$
$=(1-t)\overrightarrow{\text{OL}}+t\overrightarrow{\text{OM}}$
$=(1-t)\dfrac{2}{3}\vec{a}+t\dfrac{1}{3}\vec{b}$

55 $\overrightarrow{\text{AF}}$ を線分 CE と線分 FG のそれぞれの内分点の比として表す。

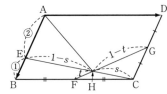

$\overrightarrow{\text{AB}}=\vec{b}$, $\overrightarrow{\text{AD}}=\vec{d}$ とする。
CH：HE$=s:(1-s)$
FH：HG$=t:(1-t)$ とおくと
$\overrightarrow{\text{AH}}=(1-s)\overrightarrow{\text{AC}}+s\overrightarrow{\text{AE}}$

$=(1-s)(\vec{b}+\vec{d})+s\dfrac{2}{3}\vec{b}$

$=\left(1-\dfrac{s}{3}\right)\vec{b}+(1-s)\vec{d}$ ……①

$\overrightarrow{\text{AH}}=(1-t)\overrightarrow{\text{AF}}+t\overrightarrow{\text{AG}}$

$=(1-t)\left(\vec{b}+\dfrac{1}{2}\vec{d}\right)+t\left(\vec{d}+\dfrac{1}{2}\vec{b}\right)$

$=\left(1-\dfrac{t}{2}\right)\vec{b}+\left(\dfrac{1}{2}+\dfrac{t}{2}\right)\vec{d}$ ……②

$\vec{b}$, $\vec{d}$ は1次独立だから ①＝② より

$1-\dfrac{s}{3}=1-\dfrac{t}{2}$ ……③

$1-s=\dfrac{1}{2}+\dfrac{t}{2}$ ……④

$3t-2s=0$
$t+2s=1$

③，④を解いて

$s=\dfrac{3}{8}$, $t=\dfrac{1}{4}$

よって，

$\overrightarrow{\text{AH}}=\dfrac{7}{8}\vec{b}+\dfrac{5}{8}\vec{d}=\dfrac{7}{8}\overrightarrow{\text{AB}}+\dfrac{5}{8}\overrightarrow{\text{AD}}$

56 (1) $|2\vec{a}-\vec{b}|^2=(2\sqrt{2})^2$ を計算する。

$|2\vec{a}-\vec{b}|^2=(2\sqrt{2})^2$ より
$4|\vec{a}|^2-4\vec{a}\cdot\vec{b}+|\vec{b}|^2=8$
$4\cdot3-4\vec{a}\cdot\vec{b}+4=8$
$-4\vec{a}\cdot\vec{b}=-8$
よって，$\vec{a}\cdot\vec{b}=2$

(2) $\overrightarrow{\text{OH}}\cdot(\vec{b}-\vec{a})=0$ を計算する。

$\overrightarrow{\text{OH}}\cdot(\vec{b}-\vec{a})$
$=(s\vec{a}+t\vec{b})\cdot(\vec{b}-\vec{a})$

$$=s\vec{a}\cdot\vec{b}-s|\vec{a}|^2+t|\vec{b}|^2-t\vec{a}\cdot\vec{b}$$
$$=2s-3s+4t-2t$$
$$=-s+2t=0$$

よって，$s=2t$

(3) 点 H が垂心ならば $\overrightarrow{OH}\perp\overrightarrow{AB}$, $\overrightarrow{AH}\perp\overrightarrow{OB}$, $\overrightarrow{BH}\perp\overrightarrow{OA}$ このうち，2つの条件から s, t を求める。

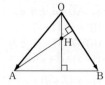

点 H が △OAB の垂心ならば
$$\overrightarrow{OH}\perp\overrightarrow{AB}\ \ \text{かつ}\ \ \overrightarrow{AH}\perp\overrightarrow{OB}$$
$\overrightarrow{OH}\perp\overrightarrow{AB}$ は(2)の結果より

$s=2t$ ……①
$$\overrightarrow{AH}=\overrightarrow{OH}-\overrightarrow{OA}=s\vec{a}+t\vec{b}-\vec{a}$$
$$=(s-1)\vec{a}+t\vec{b}$$
$$\overrightarrow{AH}\cdot\overrightarrow{OB}=\{(s-1)\vec{a}+t\vec{b}\}\cdot\vec{b}$$
$$=(s-1)\vec{a}\cdot\vec{b}+t|\vec{b}|^2$$
$$=2(s-1)+4t=0$$

よって，$s+2t=1$ ……②

①，②を解いて
$$s=\frac{1}{2},\ \ t=\frac{1}{4}$$

57

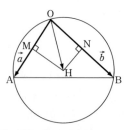

$\overrightarrow{OA}=\vec{a}$, $\overrightarrow{OB}=\vec{b}$ とすると
$$|\vec{a}|=4,\ |\vec{b}|=5$$
$AB=|\vec{b}-\vec{a}|=6$ より
$$|\vec{b}-\vec{a}|^2=|\vec{b}|^2-2\vec{a}\cdot\vec{b}+|\vec{a}|^2=6^2$$
$$5^2-2\vec{a}\cdot\vec{b}+4^2=6^2$$
$$\vec{a}\cdot\vec{b}=\frac{5}{2}$$

$$\left(\cos\angle\text{AOB}=\frac{5^2+4^2-6^2}{2\cdot5\cdot4}=\frac{1}{8}\ \text{だから}\right.$$
$$\left.\vec{a}\cdot\vec{b}=4\cdot5\cdot\cos\angle\text{AOB}=\frac{5}{2}\right)$$
として求めてもよい。

※OA, OB の中点を，それぞれ M, N とすると，OA⊥MH, OB⊥NH である。
$\overrightarrow{OH}=x\vec{a}+y\vec{b}$ とおくと
$$\overrightarrow{MH}=\overrightarrow{OH}-\overrightarrow{OM}=\left(x-\frac{1}{2}\right)\vec{a}+y\vec{b}$$
$$\overrightarrow{NH}=\overrightarrow{OH}-\overrightarrow{ON}=x\vec{a}+\left(y-\frac{1}{2}\right)\vec{b}$$
$$\overrightarrow{OA}\cdot\overrightarrow{MH}=\vec{a}\cdot\left\{\left(x-\frac{1}{2}\right)\vec{a}+y\vec{b}\right\}=0$$
$$\left(x-\frac{1}{2}\right)|\vec{a}|^2+y\vec{a}\cdot\vec{b}=0$$
$$16\left(x-\frac{1}{2}\right)+\frac{5}{2}y=0$$
$$32x+5y=16\ \ \text{……①}$$
$$\overrightarrow{OB}\cdot\overrightarrow{NH}=\vec{b}\cdot\left\{x\vec{a}+\left(y-\frac{1}{2}\right)\vec{b}\right\}=0$$
$$x\vec{a}\cdot\vec{b}+\left(y-\frac{1}{2}\right)|\vec{b}|^2=0$$
$$\frac{5}{2}x+25\left(y-\frac{1}{2}\right)=0$$
$$x+10y=5\ \ \text{……②}$$

①，②を解いて $x=\dfrac{3}{7}$, $y=\dfrac{16}{35}$

よって，$\overrightarrow{OH}=\dfrac{3}{7}\overrightarrow{OA}+\dfrac{16}{35}\overrightarrow{OB}$

※以下は，次のような別解がある。

別解（外接円の半径が等しいことを使った解法）

H が三角形の外心だから
OH＝AH＝BH である。
$\overrightarrow{OH}=\vec{h}=x\vec{a}+y\vec{b}$ とおくと
$$\overrightarrow{AH}=\overrightarrow{OH}-\overrightarrow{OA}=\vec{h}-\vec{a}$$
$$\overrightarrow{BH}=\overrightarrow{OH}-\overrightarrow{OB}=\vec{h}-\vec{b}$$
$|\vec{h}|=|\vec{h}-\vec{a}|=|\vec{h}-\vec{b}|$ より
$$|\vec{h}|^2=|\vec{h}|^2-2\vec{a}\cdot\vec{h}+|\vec{a}|^2\ \ \text{……①}$$
$$|\vec{h}|^2=|\vec{h}|^2-2\vec{b}\cdot\vec{h}+|\vec{b}|^2\ \ \text{……②}$$
①から
$$2\vec{a}\cdot(x\vec{a}+y\vec{b})=|\vec{a}|^2$$
$$2x|\vec{a}|^2+2y\vec{a}\cdot\vec{b}=|\vec{a}|^2$$
$$32x+5y=16\ \ \text{……③}$$

②から
$$2\vec{b}\cdot(x\vec{a}+y\vec{b})=|\vec{b}|^2$$
$$2x\vec{a}\cdot\vec{b}+2y|\vec{b}|^2=|\vec{b}|^2$$
$$x+10y=5 \quad \cdots\cdots④$$
③，④を解いて同様に求まる。

別解 （正射影を利用した解法）

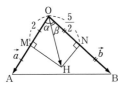

$\angle\text{HOM}=\alpha$，$\angle\text{HON}=\beta$とすると
$$\text{OM}=\text{OH}\cos\alpha=2, \quad \text{ON}=\text{OH}\cos\beta=\frac{5}{2}$$
$$\overrightarrow{\text{OA}}\cdot\overrightarrow{\text{OH}}=\text{OA}\cdot\text{OH}\cos\alpha=4\cdot2=8$$
$$\overrightarrow{\text{OB}}\cdot\overrightarrow{\text{OH}}=\text{OB}\cdot\text{OH}\cos\beta=5\cdot\frac{5}{2}=\frac{25}{2}$$
$\overrightarrow{\text{OH}}=x\vec{a}+y\vec{b}$とおくと
$$\overrightarrow{\text{OA}}\cdot\overrightarrow{\text{OH}}=\vec{a}\cdot(x\vec{a}+y\vec{b})=8$$
$$x|\vec{a}|^2+y\vec{a}\cdot\vec{b}=8$$
$$16x+\frac{5}{2}y=8$$
$$32x+5y=16 \quad \cdots\cdots①$$
$$\overrightarrow{\text{OB}}\cdot\overrightarrow{\text{OH}}=\vec{b}\cdot(x\vec{a}+y\vec{b})=\frac{25}{2}$$
$$x\vec{a}\cdot\vec{b}+y|\vec{b}|^2=\frac{25}{2}$$
$$\frac{5}{2}x+25y=\frac{25}{2}$$
$$x+10y=5 \quad \cdots\cdots②$$
①，②を解いて同様に求まる。

58 (1)
$$\boxed{\dfrac{s}{2}+\dfrac{t}{2}=1\text{ として，}\overrightarrow{\text{OP}}=s\overrightarrow{\text{OA}}+t\overrightarrow{\text{OB}}\text{ を変形。}}$$

$s+t=2$ の両辺を 2 で割って
$$\frac{s}{2}+\frac{t}{2}=1$$
$$\overrightarrow{\text{OP}}=s\overrightarrow{\text{OA}}+t\overrightarrow{\text{OB}}$$
$$=\frac{s}{2}\cdot2\overrightarrow{\text{OA}}+\frac{t}{2}\cdot2\overrightarrow{\text{OB}}$$
と変形できるから
P は $2\overrightarrow{\text{OA}}$ と $2\overrightarrow{\text{OB}}$ の終点を通る直線

上にある。
$2\overrightarrow{\text{OA}}=\overrightarrow{\text{OA}'}$，$2\overrightarrow{\text{OB}}=\overrightarrow{\text{OB}'}$ となる点をとると，
P は図の直線 A′B′ 上である。

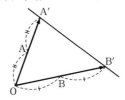

(2)
$$\boxed{\overrightarrow{\text{OP}}=\underbrace{s\overrightarrow{\text{OA}}+(-2t)\cdot\left(-\dfrac{1}{2}\overrightarrow{\text{OB}}\right)}_{s-2t=1}\text{ と変形。}}$$

$$\overrightarrow{\text{OP}}=s\overrightarrow{\text{OA}}+t\overrightarrow{\text{OB}}$$
$$=s\overrightarrow{\text{OA}}+(-2t)\cdot\left(-\frac{1}{2}\overrightarrow{\text{OB}}\right)$$
と変形できるから
P は $\overrightarrow{\text{OA}}$ と $-\dfrac{1}{2}\overrightarrow{\text{OB}}$ の終点を通る
直線上にある。
$-\dfrac{1}{2}\overrightarrow{\text{OB}}=\overrightarrow{\text{OB}'}$ となる点をとると，
P は下図の直線 AB′ 上にある。

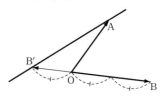

(3)
$$\boxed{s+\dfrac{2}{3}t=1\text{ として，}\overrightarrow{\text{OP}}=s\overrightarrow{\text{OA}}+t\overrightarrow{\text{OB}}\text{ を変形。}}$$

$3s+2t=3$ の両辺を 3 で割って
$$s+\frac{2}{3}t=1$$
$$\overrightarrow{\text{OP}}=s\overrightarrow{\text{OA}}+t\overrightarrow{\text{OB}}=s\overrightarrow{\text{OA}}+\frac{2}{3}t\cdot\frac{3}{2}\overrightarrow{\text{OB}}$$
と変形する。
$s\geqq0$，$t\geqq0$ の条件があるから
$\dfrac{3}{2}\overrightarrow{\text{OB}}=\overrightarrow{\text{OB}'}$ となる点をとると，
P は図の線分 AB′ 上にある。

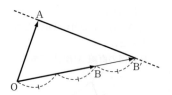

59 (1) $3s+2t=2,\ s\geqq0,\ t\geqq0$ の表す線分と $3s+2t=4,\ s\geqq0,\ t\geqq0$ の表す線分の間の領域。

$3s+2t=2$ のとき，両辺を 2 で割って

$$\frac{3}{2}s+t=1,\ s\geqq0,\ t\geqq0$$

$\overrightarrow{\text{OP}}=\dfrac{3}{2}s\cdot\dfrac{2}{3}\overrightarrow{\text{OA}}+t\overrightarrow{\text{OB}}$ と変形する。

P は $\dfrac{2}{3}\overrightarrow{\text{OA}}$ と $\overrightarrow{\text{OB}}$ の終点を通る線分 A′B 上。$\left(\text{ただし，}\overrightarrow{\text{OA}'}=\dfrac{2}{3}\overrightarrow{\text{OA}}\right)$

$3s+2t=4$ のとき，両辺を 4 で割って

$$\frac{3}{4}s+\frac{t}{2}=1,\ s\geqq0,\ t\geqq0$$

$\overrightarrow{\text{OP}}=\dfrac{3}{4}s\cdot\dfrac{4}{3}\overrightarrow{\text{OA}}+\dfrac{t}{2}\cdot2\overrightarrow{\text{OB}}$

と変形すると P は $\dfrac{4}{3}\overrightarrow{\text{OA}}$ と $2\overrightarrow{\text{OB}}$ の終点を通る線分 A″B′ 上。$\left(\text{ただし，}\overrightarrow{\text{OB}'}=2\overrightarrow{\text{OB}},\ \overrightarrow{\text{OA}''}=\dfrac{4}{3}\overrightarrow{\text{OA}}\right)$

$2\leqq3s+2t\leqq4$ のとき，P は直線 A′B と A″B′ ではさまれた下図の斜線部分を動く。ただし，境界を含む。

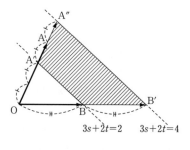

$3s+2t=2 \qquad 3s+2t=4$

(2) $s=0$ のときの $\overrightarrow{\text{OP}}=t\overrightarrow{\text{OB}}$ の存在範囲と $s=\dfrac{1}{2}$ のときの $\overrightarrow{\text{OP}}=\dfrac{1}{2}\overrightarrow{\text{OA}}+t\overrightarrow{\text{OB}}$ の存在範囲を求めて，$0\leqq s\leqq\dfrac{1}{2}$ の間を平行移動。

$s=0$ のとき

$$\overrightarrow{\text{OP}}=t\overrightarrow{\text{OB}}\ \left(\frac{1}{2}\leqq t\leqq1\right)\text{ より}$$

P は線分 B′B 上を動く。$\left(\text{ただし，}\overrightarrow{\text{OB}'}=\dfrac{1}{2}\overrightarrow{\text{OB}}\right)$

$s=\dfrac{1}{2}$ のとき

$$\overrightarrow{\text{OP}}=\frac{1}{2}\overrightarrow{\text{OA}}+t\overrightarrow{\text{OB}}\ \left(\frac{1}{2}\leqq t\leqq1\right)\text{ より}$$

P は線分 CD 上を動く。$\left(\begin{array}{l}\text{ただし，}\overrightarrow{\text{OC}}=\dfrac{1}{2}\overrightarrow{\text{OA}}+\dfrac{1}{2}\overrightarrow{\text{OB}}\\[4pt]\qquad\qquad\overrightarrow{\text{OD}}=\dfrac{1}{2}\overrightarrow{\text{OA}}+\overrightarrow{\text{OB}}\end{array}\right)$

$0\leqq s\leqq\dfrac{1}{2}$ のとき，P は B′B を CD まで平行移動した下図の斜線部分を動く。ただし，境界を含む。

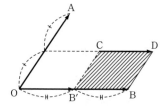

60 (1) $\overrightarrow{\text{AB}}=k\overrightarrow{\text{AC}}\Longleftrightarrow$ A, B, C は同一直線上。

3点 A, B, C が一直線上にあるとき $\overrightarrow{\text{AB}}=k\overrightarrow{\text{AC}}$ が成り立つ。
$\overrightarrow{\text{AB}}=(-1-a,\ b-3,\ -6)$
$\overrightarrow{\text{AC}}=(3-a,\ -8,\ -12)$
$\overrightarrow{\text{AB}}=k\overrightarrow{\text{AC}}$ より
$(-1-a,\ b-3,\ -6)$
$=k(3-a,\ -8,\ -12)$
$$\begin{cases}-1-a=k(3-a)\\ b-3=-8k\\ -6=-12k\end{cases}$$

これより，$k=\dfrac{1}{2}$，$b=-1$，$a=-5$

このとき

$\overrightarrow{\mathrm{AB}}=(4,\ -4,\ -6)$

$\begin{aligned}|\overrightarrow{\mathrm{AB}}|&=\sqrt{4^2+(-4)^2+(-6)^2}\\&=\sqrt{68}=2\sqrt{17}\end{aligned}$

よって，$a=-5$，$b=-1$，$AB=2\sqrt{17}$

(2) 原点と A$(2,\ 3,\ 1)$ を結ぶ直線上の点は $t\overrightarrow{\mathrm{OA}}=(2t,\ 3t,\ t)$ と表せる。

$\overrightarrow{\mathrm{OP}}=t\overrightarrow{\mathrm{OA}}=(2t,\ 3t,\ t)$

と表せるから

$\begin{aligned}\mathrm{BP}^2&=(2t-5)^2+(3t-9)^2+(t-5)^2\\&=14t^2-84t+131\\&=14(t^2-6t)+131\\&=14\{(t-3)^2-9\}+131\\&=14(t-3)^2+5\end{aligned}$

$t=3$ のとき，BP は最小になる。

よって，P$(6,\ 9,\ 3)$

(3) $\cos30^\circ=\dfrac{\vec{a}\cdot\vec{b}}{|\vec{a}||\vec{b}|}$ にあてはめて計算。

$|\vec{a}|=\sqrt{2^2+(-1)^2+1^2}=\sqrt{6}$

$\begin{aligned}|\vec{b}|&=\sqrt{(x-2)^2+(-x)^2+4^2}\\&=\sqrt{2x^2-4x+20}\end{aligned}$

$\begin{aligned}\vec{a}\cdot\vec{b}&=2\times(x-2)-1\times(-x)+1\times4\\&=3x\end{aligned}$

$\begin{aligned}\cos30^\circ&=\dfrac{\vec{a}\cdot\vec{b}}{|\vec{a}||\vec{b}|}\\&=\dfrac{3x}{\sqrt{6}\sqrt{2x^2-4x+20}}\end{aligned}$

$\dfrac{\sqrt{3}}{2}=\dfrac{3x}{2\sqrt{3}\sqrt{x^2-2x+10}}$

$x=\sqrt{x^2-2x+10}$

右辺は 0 以上だから，$x\geqq0$ のとき両辺 2 乗して

$x^2=x^2-2x+10$，$2x=10$

よって，$x=5$ （$x\geqq0$ を満たす。）

(4) 単位ベクトルを $\vec{e}=(x,\ y,\ z)$ とし $|\vec{e}|=1$，$\vec{a}\perp\vec{e}$，$\vec{b}\perp\vec{e}$ の条件をとる。

単位ベクトルを $\vec{e}=(x,\ y,\ z)$ とすると

$|\vec{e}|^2=x^2+y^2+z^2=1$ ……①

$\vec{a}\perp\vec{e}$ より　$\vec{a}\cdot\vec{e}=0$

$\vec{a}\cdot\vec{e}=3x+y+2z=0$ ……②

$\vec{b}\perp\vec{e}$ より　$\vec{b}\cdot\vec{e}=0$

$\vec{b}\cdot\vec{e}=4x+2y+3z=0$ ……③

②×2−③より

$2x+z=0$，$z=-2x$ ……④

②に代入して　$y=x$ ……⑤

④，⑤を①に代入して

$x^2+x^2+4x^2=1$ より　$x=\pm\dfrac{\sqrt{6}}{6}$

④，⑤に代入して

$x=\dfrac{\sqrt{6}}{6}$ のとき，

$y=\dfrac{\sqrt{6}}{6}$，$z=-\dfrac{\sqrt{6}}{3}$

$x=-\dfrac{\sqrt{6}}{6}$ のとき，

$y=-\dfrac{\sqrt{6}}{6}$，$z=\dfrac{\sqrt{6}}{3}$

よって，$\vec{e}=\left(\dfrac{\sqrt{6}}{6},\ \dfrac{\sqrt{6}}{6},\ -\dfrac{\sqrt{6}}{3}\right)$，

$\left(-\dfrac{\sqrt{6}}{6},\ -\dfrac{\sqrt{6}}{6},\ \dfrac{\sqrt{6}}{3}\right)$

61 $\overrightarrow{\mathrm{OA}}=\vec{a}$, $\overrightarrow{\mathrm{OB}}=\vec{b}$, $\overrightarrow{\mathrm{OC}}=\vec{c}$ として，$\overrightarrow{\mathrm{OF}}$, $\overrightarrow{\mathrm{OG}}$, $\overrightarrow{\mathrm{OR}}$ を $\vec{a}$, $\vec{b}$, $\vec{c}$ で表し，$\overrightarrow{\mathrm{OG}}=k\overrightarrow{\mathrm{OF}}$, $\overrightarrow{\mathrm{OR}}=l\overrightarrow{\mathrm{OF}}$ となることを示す。

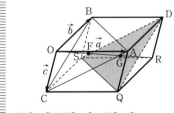

$\overrightarrow{\mathrm{OA}}=\vec{a}$, $\overrightarrow{\mathrm{OB}}=\vec{b}$, $\overrightarrow{\mathrm{OC}}=\vec{c}$ とすると

$\overrightarrow{\mathrm{OF}}=\dfrac{1}{3}(\vec{a}+\vec{b}+\vec{c})$

$\begin{aligned}\overrightarrow{\mathrm{OG}}&=\dfrac{1}{3}(\overrightarrow{\mathrm{OD}}+\overrightarrow{\mathrm{OQ}}+\overrightarrow{\mathrm{OS}})\\&=\dfrac{1}{3}(\vec{a}+\vec{b}+\vec{a}+\vec{c}+\vec{b}+\vec{c})\\&=\dfrac{2}{3}(\vec{a}+\vec{b}+\vec{c})\end{aligned}$

$\overrightarrow{OR}=\vec{a}+\vec{b}+\vec{c}$

よって、$\overrightarrow{OG}=2\overrightarrow{OF}$, $\overrightarrow{OR}=3\overrightarrow{OF}$ が成り立つ。

ゆえに、O, F, G, R は同一直線上にある。

62

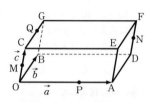

(1) $\overrightarrow{MP}$, $\overrightarrow{MQ}$ を O を始点とするベクトルで表す。

$\overrightarrow{MP}=\overrightarrow{OP}-\overrightarrow{OM}=\dfrac{3}{4}\vec{a}-\dfrac{1}{2}\vec{c}$

$\overrightarrow{MQ}=\overrightarrow{OQ}-\overrightarrow{OM}=\vec{c}+\dfrac{3}{4}\vec{b}-\dfrac{1}{2}\vec{c}$

$=\dfrac{3}{4}\vec{b}+\dfrac{1}{2}\vec{c}$

(2) $\overrightarrow{MN}=s\overrightarrow{MP}+t\overrightarrow{MQ}$ と表せることを示す。

$\overrightarrow{MN}=\vec{a}+\vec{b}$

$\overrightarrow{MN}=s\overrightarrow{MP}+t\overrightarrow{MQ}$ とおくと

$=s\left(\dfrac{3}{4}\vec{a}-\dfrac{1}{2}\vec{c}\right)+t\left(\dfrac{3}{4}\vec{b}+\dfrac{1}{2}\vec{c}\right)$

$\vec{a}+\vec{b}=\dfrac{3}{4}s\vec{a}+\dfrac{3}{4}t\vec{b}+\left(-\dfrac{s}{2}+\dfrac{t}{2}\right)\vec{c}$

$\vec{a}$, $\vec{b}$, $\vec{c}$ は 1 次独立だから

$\dfrac{3}{4}s=1$, $\dfrac{3}{4}t=1$, $-\dfrac{s}{2}+\dfrac{t}{2}=0$

これより $s=t=\dfrac{4}{3}$

よって、$\overrightarrow{MN}=\dfrac{4}{3}\overrightarrow{MP}+\dfrac{4}{3}\overrightarrow{MQ}$

と表せるから、M, N, P, Q は同一平面上にある。

(3) $\cos\theta=\dfrac{\overrightarrow{MP}\cdot\overrightarrow{MQ}}{|\overrightarrow{MP}||\overrightarrow{MQ}|}$ の値を求める。

$|\vec{a}|=|\vec{b}|=2$, $|\vec{c}|=1$,

$\vec{a}\cdot\vec{b}=0$, $\vec{b}\cdot\vec{c}=0$

$\vec{a}\cdot\vec{c}=2\cdot1\cdot\cos60°=1$ だから

$|\overrightarrow{MP}|^2=\left|\dfrac{3}{4}\vec{a}-\dfrac{1}{2}\vec{c}\right|^2$

$=\dfrac{9}{16}|\vec{a}|^2-\dfrac{3}{4}\vec{a}\cdot\vec{c}+\dfrac{1}{4}|\vec{c}|^2$

$=\dfrac{9}{16}\cdot4-\dfrac{3}{4}+\dfrac{1}{4}\cdot1=\dfrac{7}{4}$

$|\overrightarrow{MP}|=\sqrt{\dfrac{7}{4}}=\dfrac{\sqrt{7}}{2}$

$|\overrightarrow{MQ}|^2=\left|\dfrac{3}{4}\vec{b}+\dfrac{1}{2}\vec{c}\right|^2$

$=\dfrac{9}{16}|\vec{b}|^2+\dfrac{3}{4}\vec{b}\cdot\vec{c}+\dfrac{1}{4}|\vec{c}|^2$

$=\dfrac{9}{16}\cdot4+\dfrac{1}{4}\cdot1=\dfrac{5}{2}$

$|\overrightarrow{MQ}|=\sqrt{\dfrac{5}{2}}=\dfrac{\sqrt{10}}{2}$

$\overrightarrow{MP}\cdot\overrightarrow{MQ}=\left(\dfrac{3}{4}\vec{a}-\dfrac{1}{2}\vec{c}\right)\cdot\left(\dfrac{3}{4}\vec{b}+\dfrac{1}{2}\vec{c}\right)$

$=\dfrac{9}{16}\vec{a}\cdot\vec{b}+\dfrac{3}{8}\vec{a}\cdot\vec{c}$

$-\dfrac{3}{8}\vec{b}\cdot\vec{c}-\dfrac{1}{4}|\vec{c}|^2$

$=\dfrac{3}{8}-\dfrac{1}{4}\cdot1^2=\dfrac{1}{8}$

よって、

$\cos\theta=\dfrac{\overrightarrow{MP}\cdot\overrightarrow{MQ}}{|\overrightarrow{MP}||\overrightarrow{MQ}|}=\dfrac{\dfrac{1}{8}}{\dfrac{\sqrt{7}}{2}\cdot\dfrac{\sqrt{10}}{2}}$

$=\dfrac{1}{2\sqrt{70}}\left(=\dfrac{\sqrt{70}}{140}\right)$

63 正四面体の性質（各面はすべて正三角形である。）を利用する。

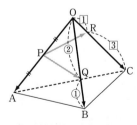

$\overrightarrow{OA}=\vec{a}$, $\overrightarrow{OB}=\vec{b}$, $\overrightarrow{OC}=\vec{c}$ とすると、

1 辺の長さが 1 の正四面体だから

$|\vec{a}|=|\vec{b}|=|\vec{c}|=1$

$$\vec{a}\cdot\vec{b}=\vec{b}\cdot\vec{c}=\vec{c}\cdot\vec{a}=1\cdot1\cdot\cos60°=\frac{1}{2}$$

(1) $\overrightarrow{PQ}=\overrightarrow{OQ}-\overrightarrow{OP}=\dfrac{2}{3}\vec{b}-\dfrac{1}{2}\vec{a}$

$$\begin{aligned}|\overrightarrow{PQ}|^2&=\left|\frac{2}{3}\vec{b}-\frac{1}{2}\vec{a}\right|^2\\&=\frac{4}{9}|\vec{b}|^2-\frac{2}{3}\vec{a}\cdot\vec{b}+\frac{1}{4}|\vec{a}|^2\\&=\frac{4}{9}-\frac{2}{3}\cdot\frac{1}{2}+\frac{1}{4}=\frac{13}{36}\end{aligned}$$

よって，$PQ=\dfrac{\sqrt{13}}{6}$

$\overrightarrow{PR}=\overrightarrow{OR}-\overrightarrow{OP}=\dfrac{1}{4}\vec{c}-\dfrac{1}{2}\vec{a}$

$$\begin{aligned}|\overrightarrow{PR}|^2&=\left|\frac{1}{4}\vec{c}-\frac{1}{2}\vec{a}\right|^2\\&=\frac{1}{16}|\vec{c}|^2-\frac{1}{4}\vec{c}\cdot\vec{a}+\frac{1}{4}|\vec{a}|^2\\&=\frac{1}{16}-\frac{1}{4}\cdot\frac{1}{2}+\frac{1}{4}=\frac{3}{16}\end{aligned}$$

よって，$PR=\dfrac{\sqrt{3}}{4}$

(2) $\overrightarrow{PQ}\cdot\overrightarrow{PR}$

$$\begin{aligned}&=\left(\frac{2}{3}\vec{b}-\frac{1}{2}\vec{a}\right)\cdot\left(\frac{1}{4}\vec{c}-\frac{1}{2}\vec{a}\right)\\&=\frac{1}{6}\vec{b}\cdot\vec{c}-\frac{1}{3}\vec{a}\cdot\vec{b}-\frac{1}{8}\vec{a}\cdot\vec{c}+\frac{1}{4}|\vec{a}|^2\\&=\frac{1}{6}\cdot\frac{1}{2}-\frac{1}{3}\cdot\frac{1}{2}-\frac{1}{8}\cdot\frac{1}{2}+\frac{1}{4}\\&=\frac{5}{48}\end{aligned}$$

(3) $\triangle PQR$

$$\begin{aligned}&=\frac{1}{2}\sqrt{|\overrightarrow{PQ}|^2|\overrightarrow{PR}|^2-(\overrightarrow{PQ}\cdot\overrightarrow{PR})^2}\\&=\frac{1}{2}\sqrt{\left(\frac{13}{36}\right)\left(\frac{3}{16}\right)-\left(\frac{5}{48}\right)^2}\\&=\frac{1}{2}\sqrt{\frac{13}{6^2}\cdot\frac{3}{4^2}-\frac{25}{6^2\cdot8^2}}\\&=\frac{1}{2}\sqrt{\frac{13\cdot3\cdot4-25}{6^2\cdot8^2}}=\frac{\sqrt{131}}{96}\end{aligned}$$

64 (1) $\boxed{\overrightarrow{OP}=t\vec{a}\ \text{として平面 OPB で考える。}}$

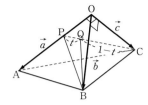

$\overrightarrow{OP}=t\vec{a}$ とすると

$\overrightarrow{OP}\cdot\overrightarrow{OB}=t\vec{a}\cdot\vec{b}=\dfrac{1}{2}$ より

$$t\cdot3\cdot2\cos\angle AOB=\frac{1}{2}$$

$$t\cdot3\cdot2\cdot\frac{1}{4}=\frac{1}{2}\quad\text{より}\quad t=\frac{1}{3}$$

よって，$\overrightarrow{OP}=\dfrac{1}{3}\vec{a}$

(2) $\boxed{PQ:QC=t:(1-t)\ \text{とおいて平面 PBC 上で PC}\perp\text{BQ の条件をとる。}}$

$PQ:QC=t:(1-t)\ (0<t<1)$ とおくと

$$\begin{aligned}\overrightarrow{BQ}&=(1-t)\overrightarrow{BP}+t\overrightarrow{BC}\\&=(1-t)(\overrightarrow{OP}-\overrightarrow{OB})+t(\overrightarrow{OC}-\overrightarrow{OB})\\&=(1-t)\left(\frac{1}{3}\vec{a}-\vec{b}\right)+t(\vec{c}-\vec{b})\\&=\frac{1}{3}(1-t)\vec{a}-\vec{b}+t\vec{c}\end{aligned}$$

$$\overrightarrow{PC}=\overrightarrow{OC}-\overrightarrow{OP}=\vec{c}-\frac{1}{3}\vec{a}$$

$\overrightarrow{PC}\cdot\overrightarrow{BQ}$

$$=\left(\vec{c}-\frac{1}{3}\vec{a}\right)\cdot\left\{\frac{1}{3}(1-t)\vec{a}-\vec{b}+t\vec{c}\right\}$$

四面体の条件より

$|\vec{a}|=3,\ |\vec{b}|=|\vec{c}|=2$

$\vec{a}\cdot\vec{b}=3\cdot2\cos\angle AOB=3\cdot2\cdot\dfrac{1}{4}=\dfrac{3}{2}$

$\vec{b}\cdot\vec{c}=\vec{c}\cdot\vec{a}=0$　だから

$\overrightarrow{PC}\cdot\overrightarrow{BQ}$

$$=t|\vec{c}|^2-\frac{1}{9}(1-t)|\vec{a}|^2+\frac{1}{3}\vec{a}\cdot\vec{b}=0$$

$$4t-(1-t)+\frac{1}{2}=0$$

$$5t=\frac{1}{2}\quad\text{より}\quad t=\frac{1}{10}$$

よって，$PQ:QC=1:9$

65 (1) 内分点の公式を利用して求める。

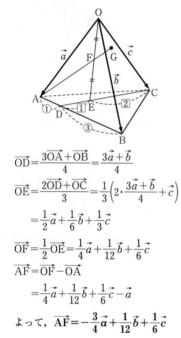

$$\overrightarrow{OD}=\frac{3\overrightarrow{OA}+\overrightarrow{OB}}{4}=\frac{3\vec{a}+\vec{b}}{4}$$

$$\overrightarrow{OE}=\frac{2\overrightarrow{OD}+\overrightarrow{OC}}{3}=\frac{1}{3}\left(2\cdot\frac{3\vec{a}+\vec{b}}{4}+\vec{c}\right)$$

$$=\frac{1}{2}\vec{a}+\frac{1}{6}\vec{b}+\frac{1}{3}\vec{c}$$

$$\overrightarrow{OF}=\frac{1}{2}\overrightarrow{OE}=\frac{1}{4}\vec{a}+\frac{1}{12}\vec{b}+\frac{1}{6}\vec{c}$$

$$\overrightarrow{AF}=\overrightarrow{OF}-\overrightarrow{OA}$$

$$=\frac{1}{4}\vec{a}+\frac{1}{12}\vec{b}+\frac{1}{6}\vec{c}-\vec{a}$$

よって，$\overrightarrow{AF}=-\frac{3}{4}\vec{a}+\frac{1}{12}\vec{b}+\frac{1}{6}\vec{c}$

(2) $\overrightarrow{OG}=\overrightarrow{OA}+t\overrightarrow{AF}$ ……①
$\overrightarrow{OG}=l\overrightarrow{OB}+m\overrightarrow{OC}$ ……②
と表して，1次独立の考えを利用。

$$\overrightarrow{OG}=\overrightarrow{OA}+t\overrightarrow{AF}$$

$$=\vec{a}+t\left(-\frac{3}{4}\vec{a}+\frac{1}{12}\vec{b}+\frac{1}{6}\vec{c}\right)$$

$$=\left(1-\frac{3}{4}t\right)\vec{a}+\frac{t}{12}\vec{b}+\frac{t}{6}\vec{c} \quad\cdots\cdots①$$

$$\overrightarrow{OG}=l\overrightarrow{OB}+m\overrightarrow{OC}=l\vec{b}+m\vec{c} \quad\cdots\cdots②$$

$\vec{a}$, $\vec{b}$, $\vec{c}$ は1次独立だから①＝②より

$$1-\frac{3}{4}t=0,\quad \frac{t}{12}=l,\quad \frac{t}{6}=m$$

これより $t=\frac{4}{3}$ $\left(l=\frac{1}{9},\ m=\frac{2}{9}\right)$

よって，$\overrightarrow{OG}=\frac{1}{9}\vec{b}+\frac{2}{9}\vec{c}$

別解

①よりGが平面OBC上にあるから，$\vec{a}$ の係数は0である。

よって，$1-\frac{3}{4}t=0$ より $t=\frac{4}{3}$

ゆえに，$\overrightarrow{OG}=\frac{1}{9}\vec{b}+\frac{2}{9}\vec{c}$

66 (1) 内分点の公式を利用して求める。

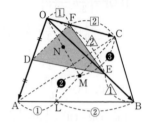

$$\overrightarrow{OM}=\frac{3\overrightarrow{OL}+2\overrightarrow{OC}}{5}$$

$$=\frac{1}{5}\left(3\cdot\frac{2\overrightarrow{OA}+\overrightarrow{OB}}{3}+2\overrightarrow{OC}\right)$$

$$=\frac{2}{5}\vec{a}+\frac{1}{5}\vec{b}+\frac{2}{5}\vec{c}$$

(2) D, E, F を通る平面の方程式を
$\vec{p}=s\overrightarrow{OD}+t\overrightarrow{OE}+u\overrightarrow{OF}$ ……①
$\overrightarrow{ON}=k\overrightarrow{OM}$ ……② として考える。

3点 D, E, F を通る平面の方程式は

$$\vec{p}=s\overrightarrow{OD}+t\overrightarrow{OE}+u\overrightarrow{OF} \quad (s+t+u=1)$$

$$=s\cdot\frac{1}{2}\overrightarrow{OA}+t\cdot\frac{2}{3}\overrightarrow{OB}+u\cdot\frac{1}{3}\overrightarrow{OC}$$

$$=s\cdot\frac{\vec{a}}{2}+t\cdot\frac{2}{3}\vec{b}+u\cdot\frac{\vec{c}}{3} \quad\cdots\cdots①$$

$$(s+t+u=1)$$

また，

$$\overrightarrow{ON}=k\overrightarrow{OM}=\frac{2}{5}k\vec{a}+\frac{k}{5}\vec{b}+\frac{2}{5}k\vec{c}$$

$$\cdots\cdots②$$

N が①の平面上にあるためには

$$\overrightarrow{ON}=\frac{4}{5}k\cdot\frac{\vec{a}}{2}+\frac{3}{10}k\cdot\frac{2}{3}\vec{b}+\frac{6}{5}k\cdot\frac{\vec{c}}{3}$$

と変形して

$$\frac{4}{5}k+\frac{3}{10}k+\frac{6}{5}k=1 \quad\text{より}\quad k=\frac{10}{23}$$

②に代入して

$$\overrightarrow{ON}=\frac{4}{23}\vec{a}+\frac{2}{23}\vec{b}+\frac{4}{23}\vec{c}$$

別解 前ページ **65** の考え方で求める。

$\vec{a}$, $\vec{b}$, $\vec{c}$ は1次独立だから①=②より

$$\begin{cases} \dfrac{s}{2}=\dfrac{2}{5}k, \quad \dfrac{2}{3}t=\dfrac{k}{5}, \quad \dfrac{u}{3}=\dfrac{2}{5}k \\ s+t+u=1 \end{cases}$$

$s=\dfrac{4}{5}k, \quad t=\dfrac{3}{10}k, \quad u=\dfrac{6}{5}k$

として，$s+t+u=1$ に代入して

$\dfrac{4}{5}k+\dfrac{3}{10}k+\dfrac{6}{5}k=1$

よって，$k=\dfrac{10}{23}$

②に代入して

$$\overrightarrow{\mathrm{ON}}=\dfrac{4}{23}\vec{a}+\dfrac{2}{23}\vec{b}+\dfrac{4}{23}\vec{c}$$

67 (1) <u>xy平面との交点は $z=0$ として求める。</u>

直線 l のベクトル方程式は
$\vec{p}=\overrightarrow{\mathrm{OA}}+t\overrightarrow{\mathrm{AB}}$
$\overrightarrow{\mathrm{AB}}=(-3, 4, -3)$ だから
$\vec{p}=(5, -1, 6)+t(-3, 4, -3)$
　$=(5-3t, -1+4t, 6-3t)$
xy 平面との交点は $z=0$ だから
　$6-3t=0$ より $t=2$
よって，**D$(-1, 7, 0)$**

(2) <u>$l\perp\overrightarrow{\mathrm{CH}}$ より $\overrightarrow{\mathrm{AB}}\cdot\overrightarrow{\mathrm{CH}}=0$ の条件を求める。</u>

H$(5-3t, -1+4t, 6-3t)$ とおくと
$\overrightarrow{\mathrm{CH}}=\overrightarrow{\mathrm{OH}}-\overrightarrow{\mathrm{OC}}$
　$=(5-3t, -1+4t, 6-3t)$
　　　　　　$-(-4, -5, 4)$
　$=(9-3t, 4+4t, 2-3t)$
$\overrightarrow{\mathrm{AB}}\perp\overrightarrow{\mathrm{CH}}$ だから $\overrightarrow{\mathrm{AB}}\cdot\overrightarrow{\mathrm{CH}}=0$
　$\overrightarrow{\mathrm{AB}}\cdot\overrightarrow{\mathrm{CH}}$
　$=-3\times(9-3t)+4\times(4+4t)$
　　　　　　　　　$-3\times(2-3t)$
　$=(-27+9t)+(16+16t)+(-6+9t)$
　$=34t-17=0$
よって，$t=\dfrac{1}{2}$ より H$\left(\dfrac{7}{2}, 1, \dfrac{9}{2}\right)$

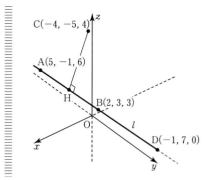

68 <u>$\pi\perp\overrightarrow{\mathrm{OP}}$ のとき，$\overrightarrow{\mathrm{AB}}\perp\overrightarrow{\mathrm{OP}}$ かつ $\overrightarrow{\mathrm{AC}}\perp\overrightarrow{\mathrm{OP}}$ である条件から $\overrightarrow{\mathrm{OP}}$ を求める。</u>

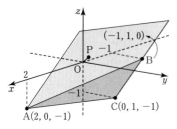

(1) 点 P が3点 A, B, C を通る平面上の点だから
$\overrightarrow{\mathrm{OP}}=\overrightarrow{\mathrm{OA}}+s\overrightarrow{\mathrm{AB}}+t\overrightarrow{\mathrm{AC}}$
　$\overrightarrow{\mathrm{AB}}=(-3, 1, 1)$, $\overrightarrow{\mathrm{AC}}=(-2, 1, 0)$
$\overrightarrow{\mathrm{OP}}=(2, 0, -1)+s(-3, 1, 1)$
　　　　　　　　　$+t(-2, 1, 0)$
　$=(2-3s-2t, s+t, -1+s)$
　　　　　　　　　　　　……①
$\pi\perp\overrightarrow{\mathrm{OP}}$ より $\overrightarrow{\mathrm{AB}}\perp\overrightarrow{\mathrm{OP}}$, $\overrightarrow{\mathrm{AC}}\perp\overrightarrow{\mathrm{OP}}$ である。
　$\overrightarrow{\mathrm{AB}}\cdot\overrightarrow{\mathrm{OP}}$
　$=-3\times(2-3s-2t)+1\times(s+t)$
　　　　　　　　　$+1\times(-1+s)$
　$=(-6+9s+6t)+(s+t)+(-1+s)$
　$=11s+7t-7=0$ ……②
　$\overrightarrow{\mathrm{AC}}\cdot\overrightarrow{\mathrm{OP}}$
　$=-2\times(2-3s-2t)+1\times(s+t)$
　　　　　　　　　$+0\times(-1+s)$
　$=(-4+6s+4t)+(s+t)$
　$=7s+5t-4=0$ ……③

②，③を解いて，

$$s=\frac{7}{6}, \quad t=-\frac{5}{6}$$

②×5－③×7 より
$$55s+35t=35$$
$$-)\underline{\,49s+35t=28\,}$$
$$6s=7$$

これを①に代入して

$$\overrightarrow{OP}=\left(2-\frac{7}{2}+\frac{5}{3},\ \frac{7}{6}-\frac{5}{6},\ -1+\frac{7}{6}\right)$$

$$=\left(\frac{1}{6},\ \frac{1}{3},\ \frac{1}{6}\right)$$

(2) 面積の公式 $S=\frac{1}{2}\sqrt{|\vec{a}|^2|\vec{b}|^2-(\vec{a}\cdot\vec{b})^2}$ を利用。

$$\triangle ABC$$
$$=\frac{1}{2}\sqrt{|\overrightarrow{AB}|^2|\overrightarrow{AC}|^2-(\overrightarrow{AB}\cdot\overrightarrow{AC})^2}$$

ここで
$$|\overrightarrow{AB}|^2=(-3)^2+1^2+1^2=11$$
$$|\overrightarrow{AC}|^2=(-2)^2+1^2+0^2=5$$
$$\overrightarrow{AB}\cdot\overrightarrow{AC}=-3\cdot(-2)+1\cdot1+1\cdot0=7$$

よって，$\triangle ABC=\dfrac{1}{2}\sqrt{11\cdot5-7^2}$

$$=\frac{\sqrt{6}}{2}$$

(3) 底面積が △ABC，高さ OP の三角錐の体積。

四面体の体積を V とすると

$$V=\frac{1}{3}\cdot\triangle ABC\cdot OP$$

$$|\overrightarrow{OP}|=\sqrt{\left(\frac{1}{6}\right)^2+\left(\frac{1}{3}\right)^2+\left(\frac{1}{6}\right)^2}=\frac{\sqrt{6}}{6}$$

よって，$V=\dfrac{1}{3}\cdot\dfrac{\sqrt{6}}{2}\cdot\dfrac{\sqrt{6}}{6}=\dfrac{1}{6}$

69 (1) $\overrightarrow{OA}\perp\overrightarrow{BC}$，$\triangle OAB=\triangle OAC$ の条件を式化する。$\overrightarrow{OA}=\vec{a}$，$\overrightarrow{OB}=\vec{b}$，$\overrightarrow{OC}=\vec{c}$ としたほうが式が見やすい。

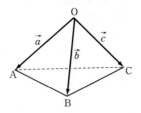

$\overrightarrow{OA}=\vec{a}$，$\overrightarrow{OB}=\vec{b}$，$\overrightarrow{OC}=\vec{c}$ とすると
$$\overrightarrow{OA}\cdot\overrightarrow{BC}=\vec{a}\cdot(\vec{c}-\vec{b})=0 \quad より$$
$$\vec{a}\cdot\vec{b}=\vec{a}\cdot\vec{c} \quad\cdots\cdots①$$

$$\triangle OAB=\frac{1}{2}\sqrt{|\vec{a}|^2|\vec{b}|^2-(\vec{a}\cdot\vec{b})^2}$$

$$\triangle OAC=\frac{1}{2}\sqrt{|\vec{a}|^2|\vec{c}|^2-(\vec{a}\cdot\vec{c})^2}$$

△OAB＝△OBC より，

$$\frac{1}{2}\sqrt{|\vec{a}|^2|\vec{b}|^2-(\vec{a}\cdot\vec{b})^2}$$
$$=\frac{1}{2}\sqrt{|\vec{a}|^2|\vec{c}|^2-(\vec{a}\cdot\vec{c})^2}$$
$$|\vec{a}|^2|\vec{b}|^2-(\vec{a}\cdot\vec{b})^2=|\vec{a}|^2|\vec{c}|^2-(\vec{a}\cdot\vec{c})^2$$

①を代入して
$$|\vec{a}|^2|\vec{b}|^2=|\vec{a}|^2|\vec{c}|^2 \quad より$$
$$|\vec{b}|=|\vec{c}| \quad\cdots\cdots②$$
よって，OB＝OC

(2) $\overrightarrow{OG}\perp\overrightarrow{BC}$ であることは $\overrightarrow{OG}\cdot\overrightarrow{BC}=0$ を示す。

$$\overrightarrow{OG}=\frac{1}{3}(\vec{a}+\vec{b}+\vec{c}), \quad \overrightarrow{BC}=(\vec{c}-\vec{b})$$

$$\overrightarrow{OG}\cdot\overrightarrow{BC}=\frac{1}{3}(\vec{a}+\vec{b}+\vec{c})\cdot(\vec{c}-\vec{b})$$

$$=\frac{1}{3}(\vec{a}\cdot\vec{c}-\vec{a}\cdot\vec{b}+\vec{b}\cdot\vec{c}-|\vec{b}|^2+|\vec{c}|^2-\vec{b}\cdot\vec{c})$$

①，②を代入して
$$\overrightarrow{OG}\cdot\overrightarrow{BC}=0 \quad よって，\overrightarrow{OG}\perp\overrightarrow{BC}$$

70 (1) $z=1+2i$　(2) $2z=2+4i$

(3) $\bar{z}=1-2i$　(4) $zi=-2+i$

(5) $z+\bar{z}=(1+2i)+(1-2i)=2$

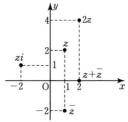

71 AB，BC，CA の3辺の長さを求める。

$$AB=|(4+10i)-(-1-2i)|$$
$$=|5+12i|$$

$$=\sqrt{5^2+12^2}=\sqrt{169}=13$$

$$\mathrm{BC}=|(11+3i)-(4+10i)|$$
$$=|7-7i|$$
$$=\sqrt{7^2+(-7)^2}=\sqrt{98}=7\sqrt{2}$$

$$\mathrm{CA}=|(-1-2i)-(11+3i)|$$
$$=|-12-5i|$$
$$=\sqrt{(-12)^2+(-5)^2}=\sqrt{169}=13$$

よって，**AB＝AC の二等辺三角形**

72 (1) $z_1+z_2=(-1+4i)+(2+i)$
$$=1+5i$$
$$z_1-z_2=(-1+4i)-(2+i)$$
$$=-3+3i$$

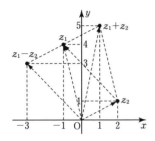

(2) 内分点，外分点の公式にあてはめる。

$$z_3=\frac{2z_1+z_2}{1+2}=\frac{2(-1+4i)+(2+i)}{3}$$
$$=3i$$

$$z_4=\frac{-z_1+3z_2}{3-1}$$
$$=\frac{-(-1+4i)+3(2+i)}{2}$$
$$=\frac{7}{2}-\frac{1}{2}i$$

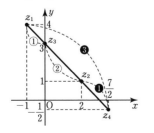

73 $|z|$ と $\arg z$（z の偏角）を求めて極形式にする。

(1) (i) $z=\dfrac{4(\sqrt{3}+i)}{(\sqrt{3}-i)(\sqrt{3}+i)}$
$$=\sqrt{3}+i$$
$$|z|=\sqrt{(\sqrt{3})^2+1^2}=2, \ \arg z=\frac{\pi}{6}$$

よって，$z=2\left(\cos\dfrac{\pi}{6}+i\sin\dfrac{\pi}{6}\right)$

(ii) $z=\dfrac{(-5+i)(2+3i)}{(2-3i)(2+3i)}$
$$=\frac{-13-13i}{13}=-1-i$$
$$|z|=\sqrt{(-1)^2+(-1)^2}=\sqrt{2},$$
$$\arg z=\frac{5}{4}\pi$$

よって，
$$z=\sqrt{2}\left(\cos\frac{5}{4}\pi+i\sin\frac{5}{4}\pi\right)$$

(2) $z+\dfrac{1}{z}=1, \ z^2-z+1=0$
$$z=\frac{1}{2}\pm\frac{\sqrt{3}}{2}i$$
$$|z|=\sqrt{\left(\frac{1}{2}\right)^2+\left(\frac{\sqrt{3}}{2}\right)^2}=1$$

$z=\dfrac{1}{2}+\dfrac{\sqrt{3}}{2}i$ のとき，
$$\arg z=\frac{\pi}{3}$$

$z=\dfrac{1}{2}-\dfrac{\sqrt{3}}{2}i$ のとき，
$$\arg z=\frac{5}{3}\pi$$

よって，$\begin{cases} z=\cos\dfrac{\pi}{3}+i\sin\dfrac{\pi}{3} \\ z=\cos\dfrac{5}{3}\pi+i\sin\dfrac{5}{3}\pi \end{cases}$

(3) $\dfrac{z-1}{z}$ の大きさが 1 で偏角が $\dfrac{5}{6}\pi$ だから

$$\frac{z-1}{z}=1\cdot\left(\cos\frac{5}{6}\pi+i\sin\frac{5}{6}\pi\right)$$
$$=-\frac{\sqrt{3}}{2}+\frac{1}{2}i$$
$$2(z-1)=(-\sqrt{3}+i)z$$

$$(2+\sqrt{3}-i)z=2$$

$$z=\frac{2}{2+\sqrt{3}-i}$$

$$=\frac{2(2+\sqrt{3}+i)}{(2+\sqrt{3}-i)(2+\sqrt{3}+i)}$$

$$=\frac{2(2+\sqrt{3}+i)}{(2+\sqrt{3})^2+1}=\frac{2+\sqrt{3}+i}{4+2\sqrt{3}}$$

$$=\frac{(2+\sqrt{3}+i)(4-2\sqrt{3})}{(4+2\sqrt{3})(4-2\sqrt{3})}$$

$$=\frac{2+(4-2\sqrt{3})i}{4}$$

$$=\frac{1}{2}+\frac{2-\sqrt{3}}{2}i$$

74 分母を実数化した値と極形式で表した式を等しくおく。

$$1+i=\sqrt{2}\left(\cos\frac{\pi}{4}+i\sin\frac{\pi}{4}\right)$$

$$1+\sqrt{3}i=2\left(\cos\frac{\pi}{3}+i\sin\frac{\pi}{3}\right)$$

$$\frac{1+\sqrt{3}i}{1+i}=\frac{2\left(\cos\frac{\pi}{3}+i\sin\frac{\pi}{3}\right)}{\sqrt{2}\left(\cos\frac{\pi}{4}+i\sin\frac{\pi}{4}\right)}$$

$$=\sqrt{2}\left(\cos\frac{\pi}{12}+i\sin\frac{\pi}{12}\right) \cdots①$$

$$\frac{1+\sqrt{3}i}{1+i}=\frac{(1+\sqrt{3}i)(1-i)}{(1+i)(1-i)}$$

$$=\frac{1+\sqrt{3}+(\sqrt{3}-1)i}{2} \cdots②$$

①，②は等しいから

$$\sqrt{2}\left(\cos\frac{\pi}{12}+i\sin\frac{\pi}{12}\right)$$

$$=\frac{1+\sqrt{3}+(\sqrt{3}-1)i}{2}$$

が成り立つ。よって，

$$\cos\frac{\pi}{12}+i\sin\frac{\pi}{12}$$

$$=\frac{\sqrt{6}+\sqrt{2}+(\sqrt{6}-\sqrt{2})i}{4}$$

これより

$$\cos\frac{\pi}{12}=\frac{\sqrt{6}+\sqrt{2}}{4},$$

$$\sin\frac{\pi}{12}=\frac{\sqrt{6}-\sqrt{2}}{4}$$

75 ド・モアブルの定理が適用できるように式を変形する。

(1) ① $1+i=\sqrt{2}\left(\cos\frac{\pi}{4}+i\sin\frac{\pi}{4}\right)$

$$1-\sqrt{3}i=2\left\{\cos\left(-\frac{\pi}{3}\right)+i\sin\left(-\frac{\pi}{3}\right)\right\}$$

$$\left(\frac{1+i}{1-\sqrt{3}i}\right)^3$$

$$=\left(\frac{\sqrt{2}\left(\cos\frac{\pi}{4}+i\sin\frac{\pi}{4}\right)}{2\left\{\cos\left(-\frac{\pi}{3}\right)+i\sin\left(-\frac{\pi}{3}\right)\right\}}\right)^3$$

$$=\left(\frac{1}{\sqrt{2}}\right)^3\left(\cos\frac{7}{12}\pi+i\sin\frac{7}{12}\pi\right)^3$$

$$=\frac{1}{2\sqrt{2}}\left(\cos\frac{7}{4}\pi+i\sin\frac{7}{4}\pi\right)$$

$$=\frac{1}{2\sqrt{2}}\left(\frac{\sqrt{2}}{2}-\frac{\sqrt{2}}{2}i\right)$$

$$=\frac{1}{4}-\frac{1}{4}i$$

② $\frac{7-3i}{2-5i}=\frac{(7-3i)(2+5i)}{(2-5i)(2+5i)}$

$$=\frac{29+29i}{29}=1+i$$

$$\left(\frac{7-3i}{2-5i}\right)^8=(1+i)^8$$

$$=\left\{\sqrt{2}\left(\cos\frac{\pi}{4}+i\sin\frac{\pi}{4}\right)\right\}^8$$

$$=(\sqrt{2})^8(\cos 2\pi+i\sin 2\pi)$$

$$=16$$

(2) 実数になるのは虚部が0のとき。

$$\frac{i}{\sqrt{3}-i}=\frac{\cos\frac{\pi}{2}+i\sin\frac{\pi}{2}}{2\left\{\cos\left(-\frac{\pi}{6}\right)+i\sin\left(-\frac{\pi}{6}\right)\right\}}$$

$$=\frac{1}{2}\left(\cos\frac{2}{3}\pi+i\sin\frac{2}{3}\pi\right)$$

$$z=\left(\frac{i}{\sqrt{3}-i}\right)^{n-4}$$

$$=\left\{\frac{1}{2}\left(\cos\frac{2}{3}\pi+i\sin\frac{2}{3}\pi\right)\right\}^{n-4}$$

$$=\frac{1}{2^{n-4}}\left\{\cos\frac{2(n-4)}{3}\pi+i\sin\frac{2(n-4)}{3}\pi\right\}$$

これが実数となるのは

$$\sin\frac{2(n-4)}{3}\pi=0 \text{ のときだから}$$

$$\frac{2(n-4)}{3}\pi=k\pi \ (k \text{ は整数})$$

$$2(n-4)=3k \quad \text{より} \quad n=\frac{3}{2}k+4$$

自然数 n の最小値は $k=-2$ のとき
$n=1$ で，このとき

$$z=\frac{1}{2^{-3}}\cos(-2\pi)=8$$

76 $z^n=a+bi$ の解を求める手順に従う。

(1) $z=r(\cos\theta+i\sin\theta)$ とおくと
$$z^2=r^2(\cos 2\theta+i\sin 2\theta) \quad \cdots\cdots ①$$
$$-i=\cos\frac{3}{2}\pi+i\sin\frac{3}{2}\pi \quad \cdots\cdots ②$$

①，②は等しいから
$$r^2=1, \quad r>0 \quad \text{より} \quad r=1$$
$$2\theta=\frac{3}{2}\pi+2k\pi \ (k \text{ は整数})$$
$$\theta=\frac{3}{4}\pi+k\pi$$

よって，
$$z_k=\cos\left(\frac{3}{4}\pi+k\pi\right)+i\sin\left(\frac{3}{4}\pi+k\pi\right)$$

$k=0, 1$ を代入して
$$z_0=\cos\frac{3}{4}\pi+i\sin\frac{3}{4}\pi$$
$$=-\frac{\sqrt{2}}{2}+\frac{\sqrt{2}}{2}i$$
$$z_1=\cos\frac{7}{4}\pi+i\sin\frac{7}{4}\pi$$
$$=\frac{\sqrt{2}}{2}-\frac{\sqrt{2}}{2}i$$

これより，求める解は
$$-\frac{\sqrt{2}}{2}+\frac{\sqrt{2}}{2}i, \ \frac{\sqrt{2}}{2}-\frac{\sqrt{2}}{2}i$$

(2) $z=r(\cos\theta+i\sin\theta)$ とおくと
$$z^6=r^6(\cos 6\theta+i\sin 6\theta) \quad \cdots\cdots ①$$
$$-1=\cos\pi+i\sin\pi \quad \cdots\cdots ②$$

①，②は等しいから
$$r^6=1, \quad r>0 \quad \text{より} \quad r=1$$
$$6\theta=\pi+2k\pi \ (k \text{ は整数})$$
$$\theta=\frac{\pi}{6}+\frac{k}{3}\pi$$

よって，

$$z_k=\cos\left(\frac{\pi}{6}+\frac{k}{3}\pi\right)+i\sin\left(\frac{\pi}{6}+\frac{k}{3}\pi\right)$$

$k=0, 1, 2, 3, 4, 5$ を代入して

$$z_0=\cos\frac{\pi}{6}+i\sin\frac{\pi}{6}=\frac{\sqrt{3}}{2}+\frac{1}{2}i$$

$$z_1=\cos\frac{\pi}{2}+i\sin\frac{\pi}{2}=i$$

$$z_2=\cos\frac{5}{6}\pi+i\sin\frac{5}{6}\pi$$
$$=-\frac{\sqrt{3}}{2}+\frac{1}{2}i$$

$$z_3=\cos\frac{7}{6}\pi+i\sin\frac{7}{6}\pi$$
$$=-\frac{\sqrt{3}}{2}-\frac{1}{2}i$$

$$z_4=\cos\frac{3}{2}\pi+i\sin\frac{3}{2}\pi=-i$$

$$z_5=\cos\frac{11}{6}\pi+i\sin\frac{11}{6}\pi$$
$$=\frac{\sqrt{3}}{2}-\frac{1}{2}i$$

これより，求める解は
$$\frac{\sqrt{3}}{2}\pm\frac{1}{2}i, \ -\frac{\sqrt{3}}{2}\pm\frac{1}{2}i, \ \pm i$$

77 $z, \bar{z}$ の共役な複素数を使って計算するか，$z=x+yi$ とおく。垂直2等分線や円は式からも判断できる。

(1) z は2点 -1，-3 から等しい距離にある点だから，この2点を結んだ線分の垂直2等分線である（下図）。

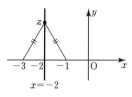

$x=-2$

別解
$z=x+yi$ $(x, y$ は実数$)$ とおくと
$$|x+yi+3|=|x+yi+1|$$
$$|(x+3)+yi|=|(x+1)+yi|$$
$$\sqrt{(x+3)^2+y^2}=\sqrt{(x+1)^2+y^2}$$
両辺を2乗して
$$x^2+6x+9+y^2=x^2+2x+1+y^2$$

36

$$4x=-8 \quad より \quad x=-2$$
よって，直線 $x=-2$

(2) $|z-3|=2|z|$ より
$$|z-3|^2=4|z|^2$$
$$(z-3)\overline{(z-3)}=4z\overline{z}$$
$$(z-3)(\overline{z}-3)=4z\overline{z}$$
$$z\overline{z}-3z-3\overline{z}+9=4z\overline{z}$$
$$z\overline{z}+z+\overline{z}=3$$
$$(z+1)(\overline{z}+1)=4$$
$$|z+1|^2=4 \quad より$$
$$|z+1|=2$$

よって，点 -1 を中心とする半径 2 の円
（下図）

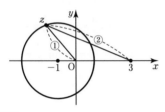

別解

$z=x+yi$ （x, y は実数）とおき，
$|z-3|=2|z|$ に代入すると
$$|x+yi-3|=2|x+yi|$$
$$|(x-3)+yi|=2|x+yi|$$
$$\sqrt{(x-3)^2+y^2}=2\sqrt{x^2+y^2}$$
両辺を 2 乗して
$$x^2-6x+9+y^2=4(x^2+y^2)$$
$$3x^2+3y^2+6x-9=0$$
$$x^2+y^2+2x-3=0$$
$$(x+1)^2+y^2=4 \quad よって，$$
点 -1 を中心とする半径 2 の円

(3) $z\overline{z}+iz-i\overline{z}=0$
$$z(\overline{z}+i)-i(\overline{z}+i)+i^2=0$$
$$(z-i)(\overline{z}+i)=1$$
$$(z-i)\overline{(z-i)}=1$$
$$|z-i|^2=1 \quad より \quad |z-i|=1$$
よって，点 i を中心とする半径 1 の円
（次図）

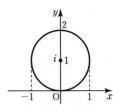

別解

$z=x+yi$ （x, y は実数）とおくと
$\overline{z}=x-yi$ これを与式に代入して
$$(x+yi)(x-yi)+i(x+yi)$$
$$-i(x-yi)=0$$
$$x^2+y^2-2y=0$$
$$x^2+(y-1)^2=1$$
よって，点 i を中心とする半径 1 の円

(4) $|3z-4i|=2|z-3i|$ より
$$|3z-4i|^2=4|z-3i|^2$$
$$(3z-4i)\overline{(3z-4i)}=4(z-3i)\overline{(z-3i)}$$
$$(3z-4i)(3\overline{z}+4i)=4(z-3i)(\overline{z}+3i)$$
$$9z\overline{z}+12zi-12i\overline{z}+16$$
$$=4(z\overline{z}+3zi-3\overline{z}i+9)$$
$$5z\overline{z}=20$$
$$|z|^2=4 \quad より \quad |z|=2$$
よって，原点 O を中心とする半径 2
の円（下図）

別解

$z=x+yi$ （x, y は実数）とおき，
$|3z-4i|=2|z-3i|$ に代入すると
$$|3(x+yi)-4i|=2|x+yi-3i|$$
$$|3x+(3y-4)i|=2|x+(y-3)i|$$
$$\sqrt{(3x)^2+(3y-4)^2}=2\sqrt{x^2+(y-3)^2}$$
両辺を 2 乗して
$$9x^2+9y^2-24y+16$$
$$=4(x^2+y^2-6y+9)$$

$5x^2+5y^2=20$

$x^2+y^2=4$

よって，原点 O を中心とする半径 2 の円

78 z を w の形で表し，w, $\overline{w}$ の共役な複素数で計算するか，$w=x+yi$ とおく。

(1) ①の $z=\dfrac{(1+i)w-i}{w-1}$ より

$\overline{z}=\dfrac{(1-i)\overline{w}+i}{\overline{w}-1}$

$z\overline{z}=|z|^2=1$ だから

$|z|^2=z\overline{z}=\dfrac{(1+i)w-i}{w-1}\cdot\dfrac{(1-i)\overline{w}+i}{\overline{w}-1}$

$=\dfrac{2w\overline{w}-(1-i)w-(1+i)\overline{w}+1}{w\overline{w}-w-\overline{w}+1}=1$

$2w\overline{w}-(1-i)w-(1+i)\overline{w}+1$
$\qquad\qquad =w\overline{w}-w-\overline{w}+1$

$w\overline{w}+iw-i\overline{w}=0$

$(w-i)(\overline{w}+i)=1$

$\qquad |w-i|^2=1 \quad$ より $\quad |w-i|=1$

よって，点 w は点 i を中心とする半径 1 の円をえがく。

別解

$w=\dfrac{z-i}{z-1-i}$ を z について解く。

$w(z-1-i)=z-i$

$z(w-1)=(1+i)w-i$

$z=\dfrac{(1+i)w-i}{w-1} \quad$ ……①

z は原点を中心とする半径 1 の円周上を動くから，$|z|=1$

$|z|=\left|\dfrac{(1+i)w-i}{w-1}\right|=1$

$|(1+i)w-i|=|w-1|$

ここで，$w=x+yi$ （$x,\ y$ は実数）とおいて代入する。

$|(1+i)(x+yi)-i|=|x+yi-1|$

$|(x-y)+(x+y-1)i|$
$\qquad\qquad =|(x-1)+yi|$

$\sqrt{(x-y)^2+(x+y-1)^2}$
$\qquad\qquad =\sqrt{(x-1)^2+y^2}$

両辺を 2 乗して

$x^2-2xy+y^2+x^2+y^2+1+2xy$
$\qquad -2y-2x=x^2-2x+1+y^2$

$x^2+y^2-2y=0$

$x^2+(y-1)^2=1$

よって，点 w は点 i を中心とする半径 1 の円をえがく。

(2) $|w|$ は原点からの点 w までの距離である。

$|w|$ の最大値は右の図から，w が点 $2i$ にあるときである。

$|2i|=2$

このとき，z は

$w=2i$ を①に代入して

$z=\dfrac{(1+i)2i-i}{2i-1}$

$=\dfrac{(i-2)(2i+1)}{(2i-1)(2i+1)}$

$=\dfrac{4+3i}{5}$

よって，$z=\dfrac{4}{5}+\dfrac{3}{5}i$ のとき最大値 2

79 (1) 共役な複素数の性質を利用して，(1)は実数，(2)は虚数である条件から求める。または，$z=x+yi$ とおいて計算する。

解1 $\dfrac{z}{2}+\dfrac{1}{z}$ が実数のとき

$\overline{\left(\dfrac{z}{2}+\dfrac{1}{z}\right)}=\dfrac{z}{2}+\dfrac{1}{z}$

が成り立つ。

$\dfrac{\overline{z}}{2}+\dfrac{1}{\overline{z}}=\dfrac{z}{2}+\dfrac{1}{z}$

両辺に $2z\overline{z}$ （$=2|z|^2$）を掛けて

$|z|^2\overline{z}+2z=|z|^2z+2\overline{z}$

$|z|^2(z-\overline{z})-2(z-\overline{z})=0$

$(z-\overline{z})(|z|^2-2)=0$

$z=\overline{z} \quad$ または $\quad |z|^2=2$

よって，z は実軸（$z \neq 0$）または

$|z|=\sqrt{2}$

（図は次のような図形をえがく）

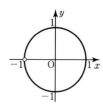

解2 $z=x+yi$ (x, y は実数)とおくと

$$\frac{z}{2}+\frac{1}{z}=\frac{x+yi}{2}+\frac{1}{x+yi}$$

$$=\frac{x+yi}{2}+\frac{x-yi}{(x+yi)(x-yi)}$$

$$=\frac{x+yi}{2}+\frac{x-yi}{x^2+y^2}$$

$$=\left(\frac{x}{2}+\frac{x}{x^2+y^2}\right)$$
$$+\left(\frac{y}{2}-\frac{y}{x^2+y^2}\right)i$$

$$=\frac{x(x^2+y^2+2)}{2(x^2+y^2)}$$
$$+\frac{y(x^2+y^2-2)}{2(x^2+y^2)}i$$

これが実数となるためには

$$y(x^2+y^2-2)=0$$

よって，**$y=0$ ($x^2+y^2\neq0$) または $x^2+y^2=2$** だから，解1のような図形をえがく。

解3 $z=r(\cos\theta+i\sin\theta)$
$$(0\leqq\theta<2\pi)$$

とおくと

$$\frac{z}{2}+\frac{1}{z}=\frac{r}{2}(\cos\theta+i\sin\theta)$$
$$+\frac{1}{r(\cos\theta+i\sin\theta)}$$

$$=\frac{r}{2}(\cos\theta+i\sin\theta)$$
$$+\frac{1}{r}(\cos\theta-i\sin\theta)$$

$$=\left(\frac{r}{2}+\frac{1}{r}\right)\cos\theta$$
$$+i\left(\frac{r}{2}-\frac{1}{r}\right)\sin\theta \quad\cdots\cdots①$$

これが実数となるためには

$$\frac{r}{2}-\frac{1}{r}=0 \quad または \quad \sin\theta=0$$

$$r^2-2=0 \quad より \quad r=\sqrt{2} \quad (r>0)$$

よって，$|z|=\sqrt{2}$

$\sin\theta=0$ より $\theta=0$, π

よって，z は実軸上

ゆえに，$|z|=\sqrt{2}$ または実軸 ($z\neq0$) だから，解1のような図形をえがく。

(2) $w=\dfrac{z+1}{1-z}$ より $w(1-z)=z+1$

$$z(w+1)=w-1$$

よって $z=\dfrac{w-1}{w+1}$ $(w\neq-1)$

($w=-1$ のとき，$0=-2$ となり成り立たない。)

解1 $z=\dfrac{w-1}{w+1}$ $(w\neq-1)$ でzが虚数であるとき，

$$\overline{\left(\frac{w-1}{w+1}\right)}=-\frac{w-1}{w+1}$$

$$\frac{\overline{w}-1}{\overline{w}+1}=-\frac{w-1}{w+1}$$

$$(\overline{w}-1)(w+1)=-(w-1)(\overline{w}+1)$$

$$w\overline{w}-w+\overline{w}-1$$
$$=-(w\overline{w}+w-\overline{w}-1)$$

$$2w\overline{w}=2 \quad よって，|w|^2=1 \quad より$$
$$|w|=1$$

ゆえに，w は原点 O を中心とする半径 1 の円をえがく。ただし，点 -1 は除く。図は次のような図形をえがく。

解2 $w=x+yi$ (x, y は実数)とおくと

$$z=\frac{x+yi-1}{x+yi+1}$$

$$=\frac{\{(x-1)+yi\}\{(x+1)-yi\}}{\{(x+1)+yi\}\{(x+1)-yi\}}$$

$$=\frac{(x^2-1)+y^2+2yi}{(x+1)^2+y^2}$$

これが純虚数になればよいから実部の分子が 0 であればよい。

よって，$x^2+y^2-1=0$

ゆえに，w は原点を中心とする半径 1 の円をえがく。ただし，点 -1 は除く。
図は解 1 のような図形をえがく。

80 不等式が表す領域は $x+yi$ とおくほうがわかりやすい。

(1) $z=x+yi$ $（x，y$ は実数$）$ として
$|z-1|\leqq 1$ に代入して
$|x+yi-1|\leqq 1$，$|(x-1)+yi|\leqq 1$
$\sqrt{(x-1)^2+y^2}\leqq 1$
より $(x-1)^2+y^2\leqq 1$ ……①
$z+\bar{z}\geqq 2$ に代入して
$x+yi+x-yi\geqq 2$ より $x\geqq 1$
……②
①，②の共通部分を図示すると，下図の斜線部分。ただし，境界を含む。

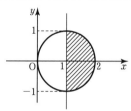

(2) $z=\dfrac{1}{w}$ $（w\neq 0）$ を与式に代入すると
$|z-1|\leqq 1$ は $\left|\dfrac{1}{w}-1\right|\leqq 1$
$\left|\dfrac{1-w}{w}\right|\leqq 1$ より
$|w-1|\leqq |w|$ ……①
$z+\bar{z}\geqq 2$ は $\dfrac{1}{w}+\dfrac{1}{\bar{w}}\geqq 2$
$w\bar{w}$ を両辺に掛けて
$2w\bar{w}\leqq w+\bar{w}$ ……②
$w=x+yi$ $（x，y$ は実数$）$ とおき，
①に代入して
$|x+yi-1|\leqq |x+yi|$
$\sqrt{(x-1)^2+y^2}\leqq \sqrt{x^2+y^2}$
両辺を 2 乗して
$x^2-2x+1+y^2\leqq x^2+y^2$
よって，$x\geqq \dfrac{1}{2}$ ……①′

②に代入して
$2(x^2+y^2)\leqq x+yi+x-yi$
$x^2+y^2\leqq x$
よって，$\left(x-\dfrac{1}{2}\right)^2+y^2\leqq \dfrac{1}{4}$ ……②′
①′，②′ の共通部分を図示すると，下図の斜線部分。ただし，境界を含む。

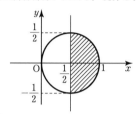

81 3点 α，β，γ に対して $\dfrac{\gamma-\alpha}{\beta-\alpha}$ を計算する。

(1) $\alpha=-1+2i$，$\beta=1+i$，$\gamma=-3+ki$
とする。
$$\dfrac{\gamma-\alpha}{\beta-\alpha}=\dfrac{(-3+ki)-(-1+2i)}{(1+i)-(-1+2i)}$$
$$=\dfrac{-2+(k-2)i}{2-i}$$
$$=\dfrac{\{-2+(k-2)i\}(2+i)}{(2-i)(2+i)}$$
$$=\dfrac{(-2-k)+(2k-6)i}{5} \cdots ①$$

(i) $AB\perp AC$ となるのは，①が純虚数のとき。
よって，$-2-k=0$ より $k=-2$

(ii) A，B，C が一直線上にあるのは，①が実数のとき。
よって，$2k-6=0$ より $k=3$

(2) O，P_1，P_2 が同一直線上にあるとき，
$\dfrac{z_2}{z_1}$ が実数であればよい。
$$\dfrac{z_2}{z_1}=\dfrac{(a+2)-i}{3+(2a-1)i}$$
$$=\dfrac{\{(a+2)-i\}\{3-(2a-1)i\}}{\{3+(2a-1)i\}\{3-(2a-1)i\}}$$
$$=\dfrac{(a+7)-(2a^2+3a+1)i}{9+(2a-1)^2}$$
これが実数になるためには，虚部$=0$
よって，$2a^2+3a+1=0$

$(2a+1)(a+1)=0$ より

$$a=-\frac{1}{2},\ -1$$

別解

$\dfrac{z_2}{z_1}$ が実数のとき，$\overline{\left(\dfrac{z_2}{z_1}\right)}=\dfrac{z_2}{z_1}$ が成り立つ。

$\overline{\left(\dfrac{z_2}{z_1}\right)}=\dfrac{z_2}{z_1}$ より $z_1\overline{z_2}=\overline{z_1}z_2$

$\{3+(2a-1)i\}\{(a+2)+i\}$
$\quad=\{3-(2a-1)i\}\{(a+2)-i\}$
$(a+7)+(2a^2+3a+1)i$
$\quad=(a+7)-(2a^2+3a+1)i$

よって，$2a^2+3a+1=0$

（以下同様）

82 (1)は $\dfrac{\gamma-\alpha}{\beta-\alpha}$ を，(2)は $\dfrac{z_1-z_3}{z_2-z_3}$ を極形式で表す。

(1) $\dfrac{\gamma-\alpha}{\beta-\alpha}=2\left\{\cos\left(-\dfrac{\pi}{6}\right)+i\sin\left(-\dfrac{\pi}{6}\right)\right\}$

$\left|\dfrac{\gamma-\alpha}{\beta-\alpha}\right|=2$

$\dfrac{\mathrm{AC}}{\mathrm{AB}}=2$ より

$\dfrac{\mathrm{AB}}{\mathrm{AC}}=\dfrac{1}{2}$

$\arg\dfrac{\gamma-\alpha}{\beta-\alpha}=-\dfrac{\pi}{6}$

だから $\angle\mathrm{BAC}=\dfrac{\pi}{6}$

（この三角形は上図のようになっている。）

(2) $z_1+iz_2=(1+i)z_3$

$z_1-z_3=-i(z_2-z_3)$

よって，$\dfrac{z_1-z_3}{z_2-z_3}=-i$

$-i=\cos\left(-\dfrac{\pi}{2}\right)+i\sin\left(-\dfrac{\pi}{2}\right)$ だから

$\left|\dfrac{z_1-z_3}{z_2-z_3}\right|=|-i|=1$

よって，$|z_1-z_3|=|z_2-z_3|$

$\arg\dfrac{z_1-z_3}{z_2-z_3}=-\dfrac{\pi}{2}$

これより，z_1，z_2，z_3 は下図のような

直角二等辺三角形をつくる。

83 $\dfrac{\alpha}{\beta}$ の値を求めて，極形式で表す。

(1) $\dfrac{\beta}{\alpha}=\dfrac{1+\sqrt{3}\,i}{2}=\cos\dfrac{\pi}{3}+i\sin\dfrac{\pi}{3}$

$\left|\dfrac{\beta}{\alpha}\right|=1$ より $|\alpha|=|\beta|$

よって，$\mathrm{OA}=\mathrm{OB}$

$\arg\dfrac{\beta}{\alpha}=\dfrac{\pi}{3}$ だから $\angle\mathrm{AOB}=\dfrac{\pi}{3}$

ゆえに，下図のような正三角形。

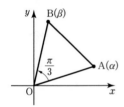

(2) $\alpha^2+\beta^2=0$ の両辺を β^2 $(\beta\neq0)$ で割ると

$$\left(\dfrac{\alpha}{\beta}\right)^2+1=0$$

よって，

$$\dfrac{\alpha}{\beta}=\pm i=\cos\left(\pm\dfrac{\pi}{2}\right)+i\sin\left(\pm\dfrac{\pi}{2}\right)$$

（複号同順）

$\left|\dfrac{\alpha}{\beta}\right|=1$ より $|\alpha|=|\beta|$

よって，$\mathrm{OA}=\mathrm{OB}$

$\arg\dfrac{\alpha}{\beta}=\pm\dfrac{\pi}{2}$ だから $\angle\mathrm{AOB}=\dfrac{\pi}{2}$

ゆえに，下図のような直角二等辺三角形。

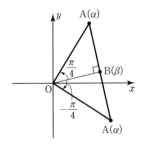

(3) $\alpha^2-2\alpha\beta+2\beta^2=0$ の両辺を β^2
($\beta\neq0$) で割ると

$$\left(\frac{\alpha}{\beta}\right)^2-2\left(\frac{\alpha}{\beta}\right)+2=0$$

よって,

$$\frac{\alpha}{\beta}=1\pm i$$

$$=\sqrt{2}\left\{\cos\left(\pm\frac{\pi}{4}\right)+i\sin\left(\pm\frac{\pi}{4}\right)\right\}$$

(複号同順)

$$\left|\frac{\alpha}{\beta}\right|=\sqrt{2} \quad \text{より} \quad |\alpha|=\sqrt{2}\,|\beta|$$

よって, $\text{OA}=\sqrt{2}\,\text{OB}$

$\arg\dfrac{\alpha}{\beta}=\pm\dfrac{\pi}{4}$ だから $\angle\text{AOB}=\dfrac{\pi}{4}$

ゆえに, 下図のような直角二等辺三角形。

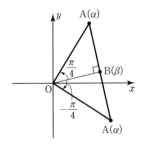

84 点 α の回りの回転移動の公式を使う。

頂点 A は点 B を中心に点 C を $\pm60°$ 回転させた点である。

(1) $(4+3i)\left\{\cos\left(\pm\dfrac{\pi}{3}\right)+i\sin\left(\pm\dfrac{\pi}{3}\right)\right\}$

より

$$(4+3i)\left(\frac{1}{2}+\frac{\sqrt{3}}{2}i\right)$$

$$=\left(2-\frac{3\sqrt{3}}{2}\right)+\left(\frac{3}{2}+2\sqrt{3}\right)i$$

$$(4+3i)\left(\frac{1}{2}-\frac{\sqrt{3}}{2}i\right)$$

$$=\left(2+\frac{3\sqrt{3}}{2}\right)+\left(\frac{3}{2}-2\sqrt{3}\right)i$$

(2) $(1+2i-3)\left\{\cos\left(\pm\dfrac{\pi}{3}\right)+i\sin\left(\pm\dfrac{\pi}{3}\right)\right\}$
$+3$

より

$$(-2+2i)\left(\frac{1}{2}+\frac{\sqrt{3}}{2}i\right)+3$$

$$=2-\sqrt{3}+(1-\sqrt{3})i$$

$$(-2+2i)\left(\frac{1}{2}-\frac{\sqrt{3}}{2}i\right)+3$$

$$=2+\sqrt{3}+(1+\sqrt{3})i$$

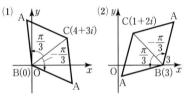

85 共役な複素数の性質を使って計算を進める。

(1) $\dfrac{\alpha}{1+\alpha^2}$ が実数となるとき

$$\overline{\left(\frac{\alpha}{1+\alpha^2}\right)}=\frac{\alpha}{1+\alpha^2}$$

が成り立つ。

$$\frac{\alpha}{1+\alpha^2}=\frac{\overline{\alpha}}{1+\overline{\alpha}^2} \quad \text{より}$$

$$\alpha(1+\overline{\alpha}^2)=(1+\alpha^2)\overline{\alpha}$$

$$\alpha+\alpha\overline{\alpha}^2=\overline{\alpha}+\alpha^2\overline{\alpha}$$

$$\alpha\overline{\alpha}\cdot\alpha-\alpha\overline{\alpha}\cdot\overline{\alpha}+\overline{\alpha}-\alpha=0$$

$$|\alpha|^2(\alpha-\overline{\alpha})-(\alpha-\overline{\alpha})=0$$

$$(\alpha-\overline{\alpha})(|\alpha|^2-1)=0$$

$\alpha\neq\overline{\alpha}$ だから $|\alpha|^2=1$

よって, $|\alpha|=1$

(2) $\left|\dfrac{\alpha+z}{1+\overline{\alpha}z}\right|<1 \Longleftrightarrow |\alpha+z|<|1+\overline{\alpha}z|$

$\cdots\cdots$①

だから

$|\alpha+z|^2<|1+\bar{\alpha}z|^2$

$(\alpha+z)\overline{(\alpha+z)}<(1+\bar{\alpha}z)\overline{(1+\bar{\alpha}z)}$

$(\alpha+z)(\bar{\alpha}+\bar{z})<(1+\bar{\alpha}z)(1+\alpha\bar{z})$

$\alpha\bar{\alpha}+\alpha\bar{z}+z\bar{\alpha}+z\bar{z}$
$\qquad\qquad<1+\alpha\bar{z}+\bar{\alpha}z+\alpha\bar{\alpha}z\bar{z}$

$|\alpha|^2|z|^2-|\alpha|^2-|z|^2+1>0$

$(|\alpha|^2-1)(|z|^2-1)>0$

$|\alpha|<1$ だから $|\alpha|^2-1<0$

よって，$|z|^2-1<0$

ゆえに，①が成り立つ必要十分条件は
$|z|^2<1$

したがって，$|z|<1$ である。

86 標準形 $y^2=4px$，$x^2=4py$ に変形する。

(1) ① $y^2=12x$ より $y^2=4\cdot3x$

よって，焦点 $(3,\ 0)$

準線 $x=-3$

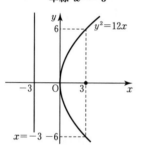

② $y=\dfrac{1}{4}x^2$ より $x^2=4\cdot1\cdot y$

よって，焦点 $(0,\ 1)$

準線 $y=-1$

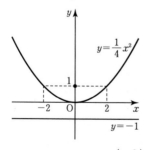

③ $y^2=-6x$ より $y^2=4\cdot\left(-\dfrac{3}{2}\right)\cdot x$

よって，焦点 $\left(-\dfrac{3}{2},\ 0\right)$

準線 $x=\dfrac{3}{2}$

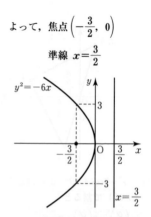

(2) 点 P と直線 $x=-2$ までの距離　と
点 P と円の中心までの距離を考える。

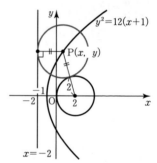

$x^2+y^2-4x=0$ より $(x-2)^2+y^2=4$

P$(x,\ y)$ とおくと，上図より円の半径
は等しいから

$|x-(-2)|=\sqrt{(x-2)^2+y^2}-2$

$x>-2$ だから $x+2>0$

ゆえに，$x+4=\sqrt{(x-2)^2+y^2}$

両辺を 2 乗して

$\quad x^2+8x+16=x^2-4x+4+y^2$

$\quad y^2=12x+12$

よって，放物線 $y^2=12(x+1)$

87 標準形 $\dfrac{x^2}{a^2}+\dfrac{y^2}{b^2}=1$ とおき，焦点の位置に
注意して a, b を決定する。

(1) 楕円の方程式を $\dfrac{x^2}{a^2}+\dfrac{y^2}{b^2}=1$ とお

くと，焦点からの距離の和が 6 だから

$2a=6$ より $a=3$

焦点が $(\pm\sqrt{5},\ 0)$ だから

$\sqrt{a^2-b^2}=\sqrt{5}$

$\sqrt{9-b^2}=\sqrt{5}$ より $b^2=4$

よって，$\dfrac{x^2}{9}+\dfrac{y^2}{4}=1$

(2) 焦点が y 軸上にあるから，楕円の方程式は

$\dfrac{x^2}{a^2}+\dfrac{y^2}{b^2}=1$ $(b>a>0)$ ……①

とおける。

焦点が $(0,\ \pm1)$ だから，

$\sqrt{b^2-a^2}=1$ ……②

$(0,\ 2)$ を通るから，①より $\dfrac{4}{b^2}=1$,

$b^2=4$

これを②に代入して $a^2=3$

よって，$\dfrac{x^2}{3}+\dfrac{y^2}{4}=1$

88 双曲線の方程式を $\dfrac{x^2}{a^2}-\dfrac{y^2}{b^2}=1$ とおくと

(1) 焦点からの距離の差が 4 だから

$2a=4$ より $a=2$

焦点が $(\pm3,\ 0)$ だから

$\sqrt{a^2+b^2}=3$

$\sqrt{4+b^2}=3$ より $b^2=5$

よって，$\dfrac{x^2}{4}-\dfrac{y^2}{5}=1$

(2) 漸近線が $y=2x$, $y=-2x$ だから

$y=\dfrac{b}{a}x \Longleftrightarrow y=2x$ より

$\dfrac{b}{a}=2$, $b=2a$ ……①

点 $(3,\ 0)$ を通るから

$\dfrac{3^2}{a^2}-\dfrac{0^2}{b^2}=1$ より $a=3$

①に代入して，$b=6$

よって，$\dfrac{x^2}{9}-\dfrac{y^2}{36}=1$

焦点は $\sqrt{a^2+b^2}=\sqrt{45}=3\sqrt{5}$ より

$(3\sqrt{5},\ 0)$, $(-3\sqrt{5},\ 0)$

89 変形した式と標準形の式から平行移動についてよみとる。

(1) $y^2-6y-6x+3=0$ より

$(y-3)^2-9=6x-3$

$(y-3)^2=6(x+1)$

この放物線は，

放物線 $y^2=4\cdot\dfrac{3}{2}x$ …①

を x 軸方向に -1, y 軸方向に 3 だけ平行移動したもの。

①の焦点は $\left(\dfrac{3}{2},\ 0\right)$, 準線は $x=-\dfrac{3}{2}$

だから，焦点 $\left(\dfrac{1}{2},\ 3\right)$, 準線 $x=-\dfrac{5}{2}$

（下図）

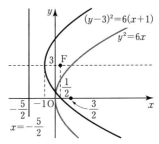

(2) $2x^2+3y^2-16x+6y+11=0$

$2(x^2-8x)+3(y^2+2y)+11=0$

$2(x-4)^2+3(y+1)^2=24$

$\dfrac{(x-4)^2}{12}+\dfrac{(y+1)^2}{8}=1$

この楕円は，

楕円 $\dfrac{x^2}{12}+\dfrac{y^2}{8}=1$ …①

を x 軸方向に 4, y 軸方向に -1 だけ平行移動したもの。

①の中心は原点 $(0,\ 0)$, 焦点は $(\pm2,\ 0)$

だから，中心 $(4,\ -1)$,

焦点 $(6,\ -1)$, $(2,\ -1)$

（図は次ページ）

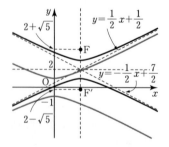

(3) $x^2-4y^2-6x+16y-3=0$

$(x^2-6x)-4(y^2-4y)-3=0$

$(x-3)^2-4(y-2)^2=-4$

$\dfrac{(x-3)^2}{4}-(y-2)^2=-1$

この双曲線は,

双曲線 $\dfrac{x^2}{4}-y^2=-1$ $\cdots$①

を x 軸方向に 3, y 軸方向に 2 だけ平行移動したもの。

①は, 焦点 $(0,\ \pm\sqrt{5})$,

漸近線は $y=\pm\dfrac{1}{2}x$

よって,

焦点 $(3,\ 2+\sqrt{5}),\ (3,\ 2-\sqrt{5})$

漸近線は $y-2=\pm\dfrac{1}{2}(x-3)$ より

$y=\dfrac{1}{2}x+\dfrac{1}{2},\ y=-\dfrac{1}{2}x+\dfrac{7}{2}$ (概形は下図)

90 2次曲線と直線の方程式を連立させて判別式を利用する。

(1) 直線の方程式を $y=2x+n$ とおいて $4x^2+y^2=4$ に代入する。

$4x^2+(2x+n)^2=4$

$8x^2+4nx+n^2-4=0$

判別式を D とすると, 接するから

$D=0$

$\dfrac{D}{4}=(2n)^2-8(n^2-4)$

$\qquad =-4n^2+32=0$ より $n=\pm2\sqrt{2}$

よって, $\boldsymbol{y=2x\pm2\sqrt{2}}$

(2) $y=mx+3$ $\cdots\cdots$①

$4x^2+y^2=4$ $\cdots\cdots$②

①を②に代入して

$4x^2+(mx+3)^2=4$

$(m^2+4)x^2+6mx+5=0$

判別式を D とすると, 接するから

$D=0$

$\dfrac{D}{4}=9m^2-5(m^2+4)=4m^2-20=0$

$m^2=5$ より $m=\pm\sqrt{5}$

第1象限で接するから $m<0$ である。

よって, $m=-\sqrt{5}$

$m=-\sqrt{5}$ のとき,

$9x^2-6\sqrt{5}x+5=0$

$(3x-\sqrt{5})^2=0$ より $x=\dfrac{\sqrt{5}}{3}$

このとき, $y=-\sqrt{5}\cdot\dfrac{\sqrt{5}}{3}+3=\dfrac{4}{3}$

よって, 接点は $\left(\dfrac{\sqrt{5}}{3},\ \dfrac{4}{3}\right)$

(3) $y=mx+2$ を $y^2=2x+3$ に代入する。

$(mx+2)^2=2x+3$

$m^2x^2+(4m-2)x+1=0$

判別式を D とすると, 接するから

$D=0$

$\dfrac{D}{4}=(2m-1)^2-m^2$

$\qquad =3m^2-4m+1$

$\qquad =(3m-1)(m-1)=0$

よって, 接するのは $\boldsymbol{m=\dfrac{1}{3},\ 1}$ のとき。

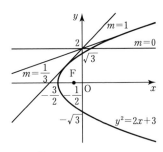

また，$\dfrac{D}{4}=(3m-1)(m-1)$ だから

$D>0$ すなわち $m<\dfrac{1}{3}$，$1<m$

のとき，共有点は 2 個

ただし，$m=0$ のときは放物線の軸と
平行になるから共有点は 1 個。

$D<0$ すなわち $\dfrac{1}{3}<m<1$ のとき，
共有点はない。よって，

　$m<0$，$0<m<\dfrac{1}{3}$，$1<m$ のとき

　　　　　　　　　　　　　2 個。

　$m=\dfrac{1}{3}$，1，0 のとき 1 個。

　$\dfrac{1}{3}<m<1$ のとき，共有点はない。

91 (1) 楕円上の点を $\mathrm{P}(x,\ y)$ または
$(\sqrt{3}\cos\theta,\ \sin\theta)$ とおいて距離を求める。

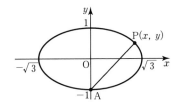

$\mathrm{P}(x,\ y)$ とすると
$\mathrm{AP}^2=x^2+(y+1)^2$

$\dfrac{x^2}{3}+y^2=1$ より $x^2=3-3y^2$

$\mathrm{AP}^2=3-3y^2+y^2+2y+1$

　　　$=-2\left(y-\dfrac{1}{2}\right)^2+\dfrac{9}{2}$

また，$x^2=3-3y^2\geqq 0$ より
$-1\leqq y\leqq 1$ だから

$y=\dfrac{1}{2}$ のとき，最大値 $\dfrac{9}{2}$ をとる。

このとき，$x^2=3-\dfrac{3}{4}=\dfrac{9}{4}$

$x\geqq 0$ だから $x=\sqrt{\dfrac{9}{4}}=\dfrac{3}{2}$

よって，$\mathrm{P}\left(\dfrac{3}{2},\ \dfrac{1}{2}\right)$ のとき

$\mathrm{AP}=\sqrt{\dfrac{9}{2}}=\dfrac{3}{\sqrt{2}}$

別解

$\mathrm{P}(\sqrt{3}\cos\theta,\ \sin\theta)$ とおくと
$\mathrm{AP}^2=(\sqrt{3}\cos\theta)^2+(\sin\theta+1)^2$

$\left(\text{ただし，}x\geqq 0\text{ より }-\dfrac{\pi}{2}\leqq\theta\leqq\dfrac{\pi}{2}\right)$

　　$=3\cos^2\theta+\sin^2\theta+2\sin\theta+1$

　　$=3(1-\sin^2\theta)+\sin^2\theta+2\sin\theta+1$

　　$=-2\sin^2\theta+2\sin\theta+4$

　　$=-2\left(\sin\theta-\dfrac{1}{2}\right)^2+\dfrac{9}{2}$

よって，$\sin\theta=\dfrac{1}{2}$ より $\theta=\dfrac{\pi}{6}$ のと

き最大値 $\dfrac{9}{2}$ をとる。

ゆえに，$\mathrm{P}\left(\dfrac{3}{2},\ \dfrac{1}{2}\right)$ のとき $\mathrm{AP}=\dfrac{3}{\sqrt{2}}$

(2) 直線 AP と楕円上の点 Q の最大値を求める。

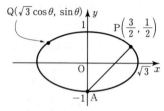

$Q(\sqrt{3}\cos\theta,\ \sin\theta)$ とおくと

AP は $y=x-1$ だから AP と Q の

距離は

$$\frac{|\sqrt{3}\cos\theta-\sin\theta-1|}{\sqrt{1+(-1)^2}}$$

$$=\frac{\left|2\sin\left(\theta-\frac{\pi}{3}\right)+1\right|}{\sqrt{2}}$$

$\theta-\frac{\pi}{3}=\frac{\pi}{2}\ \left(\theta=\frac{5}{6}\pi\right)$ のとき最大値 $\dfrac{3}{\sqrt{2}}$

となる。

このとき，Q は

$$\sqrt{3}\cos\frac{5}{6}\pi=-\frac{3}{2},\quad \sin\frac{5}{6}\pi=\frac{1}{2}$$

より $Q\left(-\dfrac{3}{2},\ \dfrac{1}{2}\right)$

$$PA=\sqrt{\left(\frac{3}{2}\right)^2+\left(\frac{3}{2}\right)^2}=\frac{3}{\sqrt{2}}$$

だから面積の最大値は

$$\triangle APQ=\frac{1}{2}\cdot\frac{3}{\sqrt{2}}\cdot\frac{3}{\sqrt{2}}=\frac{9}{4}$$

別解

$Q(\sqrt{3}\cos\theta,\ \sin\theta)$ とおくと

$$\overrightarrow{AP}=\left(\frac{3}{2},\ \frac{3}{2}\right)$$

$$\overrightarrow{AQ}=(\sqrt{3}\cos\theta,\ \sin\theta+1)$$

$$\triangle APQ$$

$$=\frac{1}{2}\left|\frac{3}{2}\cdot(\sin\theta+1)-\frac{3}{2}\cdot\sqrt{3}\cos\theta\right|$$

$$=\frac{3}{4}\left|2\sin\left(\theta-\frac{\pi}{3}\right)+1\right|$$

$\theta-\frac{\pi}{3}=\frac{\pi}{2}$ すなわち $\theta=\frac{5}{6}\pi$ のとき

最大値をとる。

よって，$\triangle APQ=\dfrac{3}{4}\cdot 3=\dfrac{9}{4}$

92 直線と楕円の方程式を連立させて，実数解を
もつ条件や解と係数の関係を利用する。

$$x+2y=k\ \cdots\cdots①,\quad x^2+4y^2=4\ \cdots\cdots②$$

①より $y=-\dfrac{1}{2}x+\dfrac{k}{2}$ を②に代入して

$$x^2+4\left(-\frac{1}{2}x+\frac{k}{2}\right)^2=4$$

$$2x^2-2kx+k^2-4=0\qquad\cdots\cdots③$$

2つの共有点をもつためには，③の判別

式を D とすると $D>0$

$$\frac{D}{4}=k^2-2(k^2-4)=-k^2+8>0$$

$$(k-2\sqrt{2})(k+2\sqrt{2})<0$$

よって，$-2\sqrt{2}<k<2\sqrt{2}$

中点を $M(X,\ Y)$ とおき，点 P，Q の x

座標を α，β とすると，解と係数の関係

から

$$X=\frac{\alpha+\beta}{2}=\frac{k}{2}$$

M は①上の点だ

から

$$Y=-\frac{1}{2}X+\frac{k}{2}$$

$$=-\frac{1}{2}\cdot\frac{k}{2}+\frac{k}{2}=\frac{k}{4}$$

よって，$M\left(\dfrac{k}{2},\ \dfrac{k}{4}\right)$

$-\sqrt{2}<\dfrac{k}{2}<\sqrt{2}$ より

M の x 座標のとりうる値の範囲は

$$-\sqrt{2}<x<\sqrt{2}$$

$X=\dfrac{k}{2}$，$Y=\dfrac{k}{4}$ から k を消去すると

$$Y=\frac{1}{2}X$$

よって，M の軌跡の方程式は

$$y=\frac{1}{2}x\ (-\sqrt{2}<x<\sqrt{2})$$

93 楕円上の点を $P(2\cos\theta,\ \sin\theta)$ と表す。

(1)

第 1 象限における楕円上の点を

$P(2\cos\theta,\ \sin\theta)\ \left(0<\theta<\dfrac{\pi}{2}\right)$ とする

と

$S=4\cdot2\cos\theta\sin\theta=4\sin2\theta$

$\sin2\theta=1$ のとき，S は最大となる。

このとき，$2\theta=\dfrac{\pi}{2}$ より $\theta=\dfrac{\pi}{4}$

よって，頂点の座標が $\left(\sqrt{2},\ \dfrac{\sqrt{2}}{2}\right)$ の

とき，S の最大値は **4**

(2) $(2\cos\theta,\ \sin\theta)$ と直線

$x+y-2\sqrt{5}=0$ との距離 d は点と直

線の公式より

$$d=\frac{|2\cos\theta+\sin\theta-2\sqrt{5}\,|}{\sqrt{1^2+1^2}}$$

$$=\frac{|\sqrt{5}\,\sin(\theta+\alpha)-2\sqrt{5}\,|}{\sqrt{2}}$$

$\left(ただし,\ \cos\alpha=\dfrac{1}{\sqrt{5}},\ \sin\alpha=\dfrac{2}{\sqrt{5}}\right)$

$-1\leqq\sin(\theta+\alpha)\leqq1$ だから

$\sin(\theta+\alpha)=1$ のとき，最小となり

$$d=\frac{|\sqrt{5}-2\sqrt{5}\,|}{\sqrt{2}}=\frac{\sqrt{5}}{\sqrt{2}}=\frac{\sqrt{10}}{2}$$

94

$\dfrac{x^2}{a^2}+\dfrac{y^2}{b^2}=1$ 上の点を $P(x_1,\ y_1)$ $(x_1>0,$

$y_1>0)$ とする。

$B(0,\ b)$，$B'(0,\ -b)$ だから

直線 PB の方程式は

$y-b=\dfrac{y_1-b}{x_1-0}x$ より $y=\dfrac{y_1-b}{x_1}x+b$

$y=0$ のとき $x=-\dfrac{bx_1}{y_1-b}$

よって，$Q\left(-\dfrac{bx_1}{y_1-b},\ 0\right)$

直線 PB′ の方程式は

$y+b=\dfrac{y_1+b}{x_1-0}x$ より $y=\dfrac{y_1+b}{x_1}x-b$

$y=0$ のとき $x=\dfrac{bx_1}{y_1+b}$

よって，$R\left(\dfrac{bx_1}{y_1+b},\ 0\right)$

$OQ\cdot OR=-\dfrac{bx_1}{y_1-b}\cdot\dfrac{bx_1}{y_1+b}$

$=-\dfrac{b^2x_1^2}{y_1^2-b^2}$

ここで，$(x_1,\ y_1)$ は楕円上の点だから

$\dfrac{x_1^2}{a^2}+\dfrac{y_1^2}{b^2}=1$ より $b^2x_1^2+a^2y_1^2=a^2b^2$

$b^2x_1^2=a^2b^2-a^2y_1^2$ を代入して

$OQ\cdot OR=-\dfrac{a^2b^2-a^2y_1^2}{y_1^2-b^2}$

$=\dfrac{a^2(y_1^2-b^2)}{y_1^2-b^2}=a^2$ （一定）

ゆえに，$OQ\cdot OR$ は P の位置に関係なく
一定である。

95 $x=r\cos\theta,\ y=r\sin\theta,\ r^2=x^2+y^2$ が代入
できるように変形する。

(1) $r=\dfrac{\sqrt{6}}{2+\sqrt{6}\,\cos\theta}$

$2r+\sqrt{6}\,r\cos\theta=\sqrt{6}$

$x=r\cos\theta$ を代入して

$2r=\sqrt{6}\,(1-x)$

両辺を 2 乗して

$4r^2=6(1-x)^2$

$r^2=x^2+y^2$ を代入して

$4(x^2+y^2)=6(1-x)^2$

$x^2-6x-2y^2+3=0$

$(x-3)^2-2y^2=6$

よって，$\dfrac{(x-3)^2}{6}-\dfrac{y^2}{3}=1$

（図は次ページの双曲線）

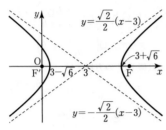

$$y=\frac{\sqrt{2}}{2}(x-3)$$

$3+\sqrt{6}$

$3-\sqrt{6}$ 3

$$y=-\frac{\sqrt{2}}{2}(x-3)$$

$\mathrm{F}(6,\ 0)$, $\mathrm{F'}(0,\ 0)$

(2) 円の方程式は

$$\left(x-\frac{1}{2}\right)^2+\left(y-\frac{\sqrt{3}}{2}\right)^2=1$$

$$x^2+y^2-x-\sqrt{3}\,y=0$$

$x=r\cos\theta$, $y=r\sin\theta$, $x^2+y^2=r^2$

を代入して

$$r^2-r\cos\theta-\sqrt{3}\,r\sin\theta=0$$

$$r(r-\cos\theta-\sqrt{3}\,\sin\theta)=0$$

$r=0$ または $r=\sqrt{3}\,\sin\theta+\cos\theta$

$$=2\sin\left(\theta+\frac{\pi}{6}\right)$$

$r=0$ は，$\theta=-\dfrac{\pi}{6}$ のとき，この式に

含まれる。

よって，$r=2\sin\left(\theta+\dfrac{\pi}{6}\right)$

96 F を極にとると，$\mathrm{PF}=r$，$\angle\mathrm{PFO}=\theta$ となる。PH を r，θ で表す。

(1)

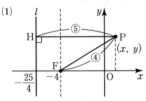

$\dfrac{\mathrm{PF}}{\mathrm{PH}}=\dfrac{4}{5}$ だから $5\mathrm{PF}=4\mathrm{PH}$

$$25\mathrm{PF}^2=16\mathrm{PH}^2$$

$$25\{(x+4)^2+y^2\}=16\left(x+\frac{25}{4}\right)^2$$

$$25x^2+200x+400+25y^2$$

$$=16x^2+200x+625$$

$$9x^2+25y^2=225$$

よって，求める軌跡の方程式は

$$\frac{x^2}{25}+\frac{y^2}{9}=1$$

の楕円である。

(2) 下図のように，F を極，$\mathrm{PF}=r$ と
すると

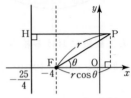

$$\mathrm{PH}=\left|r\cos\theta-4-\left(-\frac{25}{4}\right)\right|$$

$$=\left|r\cos\theta+\frac{9}{4}\right|$$

また，$5\mathrm{PF}=4\mathrm{PH}$ だから

$$5r=4\left|r\cos\theta+\frac{9}{4}\right|$$

$$5r=|4r\cos\theta+9|$$

両辺を 2 乗して

$$(5r)^2=(4r\cos\theta+9)^2$$

$$(4r\cos\theta+9-5r)(4r\cos\theta+9+5r)=0$$

$r>0$ より $4r\cos\theta+9+5r>0$ だか
ら

$$4r\cos\theta-5r+9=0$$

$$(5-4\cos\theta)r=9$$

よって，$r=\dfrac{9}{5-4\cos\theta}$